"十三五"国家重点出版物出版规划项目

中国城市地理丛书

5

中国城市空间结构

柴彦威　王　德　甄　峰　周素红／著

科学出版社
北京

内 容 简 介

本书对中国城市空间结构做了全局性透视。从中心区、旧城空间、单位空间、郊区空间等各具特色的综合性空间，全面解读中国城市空间的结构、模式与演化机理，高度概括中国城市空间结构的整体特征及演变过程，系统总结中国城市空间结构的最新进展，展望中国城市空间结构的未来发展。

本书可供城市地理学、城乡规划学、区域经济学等学科科研人员、学生及城乡规划部门参考使用。

图书在版编目（CIP）数据

中国城市空间结构 / 柴彦威等著 . —北京：科学出版社，2021.1

（中国城市地理丛书）

"十三五"国家重点出版物出版规划项目 国家出版基金项目

ISBN 978-7-03-066399-3

Ⅰ．①中… Ⅱ．①柴… Ⅲ．①城市空间－空间结构－研究－中国

Ⅳ．① TU984.11

中国版本图书馆 CIP 数据核字（2020）第 199655 号

责任编辑：石　珺　李嘉佳 / 责任校对：樊雅琼

责任印制：肖　兴 / 封面设计：黄华斌

科学出版社 出版

北京东黄城根北街16号

邮政编码：100717

http://www.sciencep.com

北京九天鸿程印刷有限责任公司 印刷

科学出版社发行　各地新华书店经销

*

2021年1月第 一 版　开本：787×1092　1/16

2021年1月第一次印刷　印张：15 1/4

字数：340 000

定价：151.00元

（如有印装质量问题，我社负责调换）

丛书序一

中国进入城市化时代，城市已成为社会经济发展的策源地和主战场。改革开放40多年来，城市地理学作为中国地理学的新兴分支学科，从无到有、从弱到强，学术影响力从国内到国际，相关的城市研究成果记录了这几十年来中国城市发展、城市化进程、社会发展和经济增长的点点滴滴，城市地理学科的成长壮大也见证了中国改革开放以来科学技术迅速发展的概貌。欣闻科学出版社获得2018年度国家出版基金全额资助出版"中国城市地理丛书"，这是继"中国自然地理丛书""中国人文地理丛书""中国自然地理系列专著"之后，科学出版社推出的又一套地理学大型丛书，反映了改革开放以来中国人文地理学和城市地理学的重要进展和方向，是中国地理学事业发展的重要事件。

城市地理学，主要研究城市形成、发展、空间演化的基本规律。20世纪60年代，随着系统科学和数量地理的引入，西方发达国家城市地理学进入兴盛时期，著名的中心地理论、城市化、城市社会极化等理论推动了人文地理学的社会转型和文化转型研究。中国城市历史悠久，但因长期处在农耕社会，发展缓慢，直到1978年以后的改革开放带动的经济持续高速发展才使其进入快速发展时期。经过40多年的发展，中国的城镇化水平从16%提升到60.6%，城市数量也从220个左右增长到672个，小城镇更是从3000多个增加到12000个左右，经济特区、经济技术开发区、高新技术开发区和新城新区这些新生事物，都为中国城市地理工作者提供了广阔的研究空间和研究素材，社会主义城市化、城镇体系、城市群、都市圈、城市社会区等研究，既为国家经济社会发展提供了研究成果和科技支撑，也在国际地理学界标贴了中国城市地理研究的特色和印记。可以说，中国城市地理学，应国家改革开放而生，随国家繁荣富强而壮，成为中国地理学最重要的研究领域之一。

科学出版社本期出版的"中国城市地理丛书"第一辑共9册，分别是：《中国城市地理基础》（张小雷等）、《中国城镇化》（顾朝林）、《中国新城》（周春山）、《中国村镇》（张小林等）、《中国城市空间结构》（柴彦威等）、《中国城市经济空间》（孙斌栋等）、《中国城市社会空间》（李志刚等）、《中国城市生活空间》（冯健等）和《中国城市问题》（高晓路等）。从编写队伍可以看出，"中国城市地理丛书"各分册作者都是中国改革开放以来培养的城市地理学家，在相关的研究领域均做出了国内外城市地理学界公认的成绩，是中国城市地理学研究队伍的中坚力量；从"中国城市地理丛书"选题看，既包括了国家层面的城市地理研究，也涵盖了城市分部门的专业研究，可以说反映了城市地理学者最近相关研究的最好成果；从"中国城市地理丛书"组织和出版看，也是科学性、系统性、可读性、创新性的有机融合。

值此新中国成立70周年之际，出版"中国城市地理丛书"可喜可贺！是为序。

中国科学院院士
原中国地理学会理事长
国际地理联合会（IGU）副主席
2019年8月

丛书序二

城市是人类文明发展的高度结晶和传承的载体，是经济社会发展的中心。城市是一种人地关系地域综合体，是人流、物流、能量流高度交融和相互作用的场所。城市是地理科学研究的永恒主题和重要方向。城镇化的发展一如既往，将是中国未来 20 年经济社会发展的重要引擎。

改革开放以来，中国城市地理学者积极参与国家经济和社会发展的研究工作，开展了城镇化、城镇体系、城市空间结构、开发区和城市经济区的研究，在国际和国内发表了一系列高水平学术论文，城市地理学科也从无到有到强，迅速发展壮大起来。然而，进入 21 世纪以来，尤其自 2008 年世界金融危机以来，中国经济发展进入新常态，但资源、环境、生态、社会的压力却与日俱增，迫切需要中国城市地理学者加快总结城市地理研究的成果，响应新时代背景下的国家战略需求，特别是国家推进新型城镇化进程的巨大科学需求。因此，出版"中国城市地理丛书"对当下城镇化进程具有重要科学价值，对推动国家经济社会持续健康发展，具有重大的理论意义和现实应用价值。

丛书主编顾朝林教授是中国人文地理学的第一位国家杰出青年基金获得者、首届中国科学院青年科学家奖获得者，是世界知名的地理学家和中国城市地理研究的学术带头人。顾朝林教授曾经主持翻译的《城市化》被评为优秀引进版图书，并被指定为干部读物，销售30000多册。参与该丛书的柴彦威、方创琳、周春山等教授也都是中国知名的城市地理研究学者。因此，该丛书作者阵容强大，可保障该丛书将是一套高质量、高水平的著作。

　　该丛书均基于各分册作者团队有代表性的科研成果凝练而成，此次推出的 9 个分册自成体系，覆盖了城市地理研究的关键科学问题，并与中国的实际需要相契合，具有很高的科学性、原创性、可读性。

　　相信该丛书的出版必将会对中国城市地理研究，乃至世界城市地理研究产生重大影响。

中国科学院院士

2019 年 10 月

丛书前言

中国是世界上城市形成和发展历史最久、数量最多、发育水平最高的国家之一。中国城市作为国家政治、经济、社会、环境的空间载体，也成为东方人类社会制度、世界观、价值观彰显的璀璨文化明珠，尤其是1978年以来的改革开放给中国城市发展注入了无尽的活力，中国城市也作为中国经济发展的"发动机"引导和推动着经济、社会、科技、文化等不断向前发展，特别是2015年以来党中央、国务院推进"一带一路（国家级顶层合作倡议）"、"京津冀协调发展"、"长江经济带和长江三角洲区域一体化"和"京津冀城市群"、"粤港澳大湾区"等建设，中国城市发展的影响力开始走向世界，也衍生为成就"中国梦"的华丽篇章。

城市地理学长期以来是中国城市研究的主体学科，城市地理学者尽管人数不多，但一直都在中国城市研究的学科前沿，尤其是改革开放以来，在宋家泰、严重敏、杨吾扬、许学强等城市地理学家的带领下，不断向中国城市研究的深度和广度进军，为国家经济发展和城市建设贡献了巨人的力量，得到了国际同行专家的羡慕和赞誉，成为名副其实"将研究成果写在中国大地"蓬勃发展、欣欣向荣的基础应用学科。

2012年党的十八大提出全面建成小康社会的奋斗目标，将城镇化作为国家发展的新战略，中国已经开始进入从农业大国向城市化、工业化、现代化国家转型发展的新阶段。2019年中国城镇化水平达到了60.6%，这也就是说中国已经有超过一半的人口到城市居住。本丛书本着总结过去、面向未来的学科发展指导思想,以"科学性、系统性、可读性、创新性"为宗旨,面对需要解决的中国城市发展需求和城市发展问题,荟萃全国最优秀的城市地理学者结集出版"中国城市地理丛书",第一期推出《中国城市地理基础》、《中国城镇化》、《中国新城》、《中国村镇》、《中国城市空间结构》、《中国城市经济空间》、《中国城市社会空间》、《中国城市生活空间》和《中国城市问题》共9册。

"中国城市地理丛书"是中国地理学会和科学出版社联合推出继"中国自然地理丛书"(共13册)、"中国人文地理丛书"(共13册)、"中国自然地理系列专著"(共10册)之后中国地理学研究的第四套大型丛书,得到傅伯杰院士、周成虎院士的鼎力支持,科学出版社李锋总编辑、彭斌总经理也对丛书组织和出版工作给予大力支持,朱海燕分社长为丛书组织、编写和编辑倾注了大量心血,赵峰分社长协调丛书编辑组落实具体出版工作,特此鸣谢。

"中国城市地理丛书"编辑委员会

2020年8月于北京

前　言

　　空间结构是透视城市的重要地理学视角。中国城市的空间结构，既具有世界上所有城市的一般性，也表现出中国城市的特殊性。特别是改革开放以来，中国城市的空间结构经历了历史性巨变，引起了国内外学者的广泛关注。

　　关于中国城市空间结构的研究成果众多，但大多从城市功能或活动类型等视角来考察，统揽中国城市空间结构总体特征及其演化趋势的著作仍然不多。本书从大的空间格局、大的空间类型出发，力求对中国城市空间结构进行全局性透视，为国内外学者及关心中国城市发展的读者提供一个理解中国城市的整体观。

　　本书对城市、城市空间、城市空间结构等进行概要性的解读之后，回顾了城市空间结构的演变过程，总结了人类社会形成发展过程中城市的空间特征与模式演化，特别是分四个时期对中国城市的空间结构演化特征与结构性规律进行了系统梳理。

　　本书的最大特色就是从城市的不同特色空间来看城市空间的结构特征，分别从中心区、旧城空间、单位空间及郊区空间等不同特色的综合性空间来整体透视中国城市空间的特点，揭示出与世界上其他城市不同的空间性；同时，对信息化时代中国城市空间的发展走势进行了展望。

　　本书的作者都是长年从事城市空间研究并对中国城市进行了大量实证研究的学者，同时都是在各个高校常年讲授城市地理学、城市社会学、城市规划学、城市空间结构、城市交通学等核心课程的教师，对城市空间、中国城市空间结构的相关理论与特点有着全面而独到的理解。本书也是这些学者对中国城市长期研究积累的结晶。各章的执笔人如下：周素红负责第一、第二章，宋江宇、谢蔚翰、何嘉明协助；甄峰负责第三、第八章，钱前、姜玉培协助；王德负责第四、第五章，谭文垦、申卓、李丹、张月鹏、俞晓天协助；柴彦威负责第六、第七章，塔娜、肖作鹏、刘天宝、杨婕协助。柴彦威负责组织策划与统稿。顾朝林主编、周春山副主编对书稿大纲及写作过程进行了全面指导，朱海燕女士、丁传标先生、赵峰社长对书稿质量给予了全程把控。

本书可供从事中国城市研究、中国城市规划与管理、地理学、经济学、社会科学等相关学科的学者、政府决策者参考，也可作为高等院校相关专业本科生及研究生的参考教材，当然也可成为每一位城市居民了解自己所生活城市的读物。

由于作者的学识有限，书中难免存在疏漏之处，敬请广大读者不吝批评指正。

著　者

2020 年 8 月

目　　录

第三章　中国城市功能空间结构

第四章　中国城市中心区

第七章　中国城市的郊区空间

第八章　中国城市空间结构的未来

第一章　概　　述

第一节　城市空间与城市空间结构

城市是在一定的自然条件下由社会、经济、政治、文化等多方面因素综合形成的空间产物（许学强等，2009）。因此，城市空间与城市空间结构是一个跨学科的研究对象。长期以来，社会学、地理学、规划学等学科均从各自的视角对城市进行了深入的研究，社会学强调城市的社会过程，地理学注重城市的空间形态和形成机制，规划学则更注重城市空间的构建。在多种动力因素的作用过程中，城市空间及其空间结构的内涵变得更为丰富，既包括了物质环境、功能结构等空间现象，也包括了造成这些空间现象的非空间过程。本节从不同角度对城市空间及城市空间结构两个概念进行解读。

一、城市空间

对地理学而言，城市空间是在城市结构的基础上增加了空间的维度，地理意义上的城市空间结构分析更多涉及与城市功能有关的地域结构变迁（顾朝林等，2000）。城市地理学对城市空间的研究主要集中在城市功能分区、城市功能区演化、城市土地利用及其社会经济过程等方面。

具体来讲，城市空间是在自然环境、历史、政治、经济、社会和文化等因素的影响下，城市发展的空间形态特征，具体指城市要素表现出来的空间物质形态和空间关系。Foley认为城市空间既包括外在的空间形态，也包括内在社会过程及其之间的相互机制，是一个非常复杂的综合体（Foley，1964）。城市系统的复杂性也决定了这种空间关系的复杂性，因此城市空间的研究视角也必然是多学科的，它所涉及的领域不仅渗透进了传统的规划学以及人文地理学的不同分支，如城市地理学、经济地理学、社会地理学、政治地理学等，还与其他学科如建筑学、社会学、人类学、经济学等相互交叉。这些学科对城市空间研究的侧重点不同，方法和理论也有所差异，从而构成了内容丰富的城市空间研究体系。从广义上看，城市空间主要由经济空间、社会空间、商业空间、文化空间等部分构成。

1. 经济空间

城市是工商活动的主要所在地，城市的经济空间也因此成为城市空间的重要组成部分。历史上，城市空间发展来源于农业和手工业的发展以及由此产生的交易活动。而在工业社会，矿产资源开发、港口运输、铁路运输等因素的介入，城市经济部门的组织过程和空间集聚也发生重构（Wilkinson，1960）。早期的城市经济空间聚焦于企业成本和城市选址之间价值关系的理论模型，以此解释各个产业部门的经济空间集聚（Weber，1909；Marshall，1920），其根本动力来自城市产业追求最大的经济效益。这种部门经济格局形成的机制，也被城市经济学用于解释城市内部空间结构聚集发展的机理（吴启焰和朱喜刚，2009）。相应地，也产生了众多理论模型。例如，垄断竞争模型解释生产者和消费者在城市空间上的集聚与分散问题（Dixit and Stiglitz，1977），局部溢出模型解释经济活动的增长和地理集聚之间相互强化的过程（Martin and Ottaviano，2001），资本创造模型（capital creative model，CC 模型）认为交易成本、区域市场规模等因素导致要素在区域之间流动（Baldwin，1999）等。在新经济地理的背景下，城市集聚经济效益一直是城市空间研究的热点，这种经济作用也会对城市空间结构及其演化产生重要的影响。

2. 社会空间

城市社会空间源于城市"社会区"概念，用来解释城市内部不同家庭状况、经济状况和种族居民的空间分布特征，识别城市中存在社会分异与群体的隔离现象（Shevky and Williams，1949）。此后，世界范围内的众多相关研究也都证实了城市社会空间分异现象的普遍存在（Burgess，1925；Hoyt，1939）。工业化的快速扩张和深化会促使城市内部形成不同的社会区，进而使人们的社会地位、生活方式、消费类型、居住环境的需求产生进一步的分化，不同社会群体聚集在不同的区位，对其他种族或社会群体存在一定的排斥倾向（Buechley et al.，1956）。从 20 世纪中后期以来，城市社会空间研究呈现多元化趋势，研究问题延伸到包括社会结构、社会组织、生活方式、社会心理、社会问题和社会发展规律等方面，主要焦点集中在社会群体不平等和城市经济重构引发的社会空间重构、社会组织与个人行为等主题上（Pahl，1968；Gottdiener and Hutchison，2011）。具体内容涉及住房问题、邻里和社区问题、内城问题、城市更新、贫困与犯罪等（许学强和周素红，2003；李志刚，2011；Gottdiener and Hutchison，2011；顾朝林，2013）。一系列错综复杂的社会网络关系以及由此形成的相互作用共同构成了独特的城市社会空间。

3. 商业空间

城市商业空间亦是城市空间的一个重要组成部分。在宏观层面，传统的商业空间研究包括城市商业区位（Jones and Simmons，1987）、商业区的空间规模与布局（Campo et al.，2000）、商业土地利用开发（Dawson，1980）和商业环境，包括消费模式和消费过程中所使用的设施（Jones and Simmons，1987）等。而在微观层面，不同类型的商业空间也有所差异，如中心商务区（central business district，CBD）（Murphy，1974）、零售业空间（Neda，1997）、大型连锁超市（Davies and Sparks，1989）、商业仓储等商业服务设施（Hesse，1995）等。由于城市商业空间由城市商业活动中的销售和消费因素相互作用，因此，除了传统物质性的城市商业活动的空间分析外，消费者的购物环境以及消费空间行为也逐渐受到关注，特别是消费者对市场区位的反应及其需求特征（Fotheringham and Trew，1993）等。消费者推动下的商业空间发展也成为城市空间扩张的重要动力。

4. 文化空间

城市空间的发展过程也是文化产生、聚集和演绎的过程。传统的城市文化空间源于以美国地理学家索尔（Sauer）为代表的文化地理学，主张地理学者应致力于探讨人类文化与景观形态之间的相互关系，如文化景观、文化区等（Sauer，1925）。而在20世纪70年代后兴起的新文化地理学则更加强调文化的空间性，如文化体验意义地图（Jackson，1989）以及新文化方向（Cosgrove and Jackson，1987）等。这些理论试图将实体空间研究与非物质的文化空间研究联系起来，阐述空间和地方如何成为驱动城市空间发展的核心力。在这个意义上，文化是城市空间研究的一个重要领域，人们通过理解空间形式所代表的文化意义，可以从物质空间的形式中感受到某种文化的力量（周尚意，2004）。

除了传统的城市空间分类以外，本书聚焦于中国独特的城市空间发展脉络的大背景，根据中国城市空间的区位和社会背景，将中国城市空间划分为城市中心区、城市旧城空间、城市单位空间以及城市郊区空间等，指代新中国成立以来不同时期的城市空间发展重点。

第一类是城市中心区。新中国成立以来，我国城市在计划经济体制下强调工业化大生产，以此实现社会主义改造。该时期的城市中心区以满足经济生产活动为主，省会城市的城市中心以行政办公功能为主。由于城市规划受功能主义思想的影响，商业规模较小，级别较低，消费和服务水平较低，计划经济色彩浓厚（梁江和孙晖，2007）。"文化大革命"期间城市中心区的建设几乎处于停滞状态。直到改革开放后，城市中心区商务功能才开始逐步发展，零售商业发挥了主要作用。目前，商务功能较为完善的城市中心区也日益变为金融中心。可见，中国城市中心区的持续快速发展，一方面得益于郊区化趋势不如西方强烈，市中心大量的常住人口支撑起了中心区的繁荣；另一方面，市区与郊区在行政上的统一管理，不仅为中心区的再开发提供财力支撑，同时也为制定中心区发展政策起到重要作用（修春亮，1998）。总而言之，由于不同时期经济社会背景差异较大，城市中心区的空间结构及特点也存在明显差异。

第二类是城市旧城空间。新中国成立以来，城市旧城空间发展主要着力于解决新中国成立前遗留下来的旧城贫困和棚户区及危旧简陋房屋的改造问题。受经济条件限制，政府对旧城主要采取"充分利用、逐步改造"的建设措施。总体而言，城市旧城建筑质量较低、生活环境较差，历史文化保护较为欠缺。到 1970 年底，我国旧城的城市更新主要任务是城市生活设施的建设，尤其是解决单位职工的住房问题。但旧城衰败的问题依然严重，基础设施落后，建筑标准较低，城市的肌理和文化特色逐渐被破坏。直到 20 世纪 90 年代后期，土地利用制度解决了旧城用地紧张问题，住房市场化成为旧城空间更新的主要动力，改造模式越来越多样，新区建设为旧城改造提供了物质基础和空间支持。当前，许多城市可开发建设用地日益稀缺，使人们将眼光再次转向旧城，希望通过城市更新挖潜存量用地，实现旧城空间改造。与此同时，旧城空间的发展变化也必然带来社会文化的融合与多元化的变迁，旧城空间也日益成为社会、文化融合的重要载体。

第三类是城市单位空间。从单位制度建立到改革的很长时间里，单位不仅是我国城市社会控制和社会整合的组织形式，也是城市空间的基本单元，深刻地影响着中国城市居民的生产生活方式（柴彦威和张艳，2009）。随着改革开放的深入，单位改革又作为城市转型的重要组成部分，其制度、空间、社会关系网络影响着中国城市的发展。因此，单位是解释中国城市空间重构的重要视角（柴彦威等，2011a）。

第四类是城市郊区空间。在城市空间重构过程中，郊区化逐渐成为中国城市空间演化的典型特征。改革开放后，我国大城市由中心区的高度集中逐渐过渡到离心分散的状态，人口和工商业先后从城市中心区向郊区外迁。城市中心区人口数量下降，郊区人口比例持续上升（周一星和孟延春，1998）。而在制度、经济、社会、规划等多重因素的相互影响下，我国城市的郊区空间成为高度异质化的城市区域，商品房社区、拆迁安置社区、城中村、开发区等不同类型的空间形式在特殊的作用力中产生。与此同时，多元化的居民群体开始生活在郊区空间。除了原住民就地非农化外，市区或外地就业者大量迁入，不同社会群体在郊区空间中产生集聚（魏立华和闫小培，2006），这也成为我国城市郊区空间的重要特征。

二、城市空间结构

城市空间结构强调城市中各个组成部分以及各种空间物质要素之间的相互关系，这也是本书探讨的核心内容。城市空间结构既包括空间要素的布局形态，也包括作为空间形态演化的社会过程及其内在机制。城市形态是城市地域内城市主要要素（如土地利用、建筑、社会群体、经济活动等）的空间安排，城市空间结构则是以一套组织规则，连接城市形态及其子系统内在的行为和相互作用（Bourne，1982）。可见，城市空间结构的内涵很丰富，包括土地利用空间结构、居住空间结构、就业空间结构、社会空间结构、交通网络结构等。

城市空间结构是指市各功能区的地理位置及其分布特征的组合关系，它是城市功能组织在空间地域上的投影（Davie，1950）。同时，城市空间可以分为静态的物质空间和动态的活动空间两方面，城市空间结构也因此包括形式和过程两方面，形式是指物质要素和活动要素的空间分布模式，过程则指要素之间的相互作用（Webber，1964）。此外，由于城市结构是易变的，还可以在城市结构的概念框架中引入时间因子（Foley，1964）。

由此可见，城市空间结构具有很强的空间物质属性和社会属性，不同时代和学科对城市空间结构的理解与侧重点也各有不同。地理意义上的城市空间结构分析更多涉及与城市功能活动有关的地域结构、变迁及相互联系。

与地理学相比，城市规划学对空间的理解更倾向于关注城市的实体空间，关注城市结构要素的空间分布和组合模式。规划学认为，由城市形体环境组成的外部空间即为城市空间，它是与实体相对的城市设计和建筑设计要素。而城市空间结构作为城市存在的理性抽象，更多强调空间场所的概念，偏重于视觉艺术及形体秩序的城市形态分析，以及城市居住、工业、商业等不同的土地利用类型的组织关系（石崧，2004；周春山，2007）。

城市在不同历史发展阶段下，其空间结构表现出不同的特征，并不断地更替演化。因此，城市空间结构本质上是人类社会经济活动在空间上的反映。独特的地理空间组织也是各时期人类在特定的经济、政治、文化和技术背景下的综合产物。在工业化大生产之前，社会分工和商品生产不发达，农耕文明和手工业是社会生产的主要动力，城市经济活动以劳动力密集型家庭小生产为主，生产力水平低下，这就导致城市空间结构更多地受到自然、政治、宗教等因素的影响。我国早期的城市以神权和君权思想为主要依托，空间结构布局强调以宗祠、王府和市场等为核心，以规整化和理想化为结构形态特征，代表了执政阶层的核心利益。古代中国的北京、长安、开封等城市的空间布局模式也都展示出这样的权力思维结构。而在工业化时期，人口大量集聚，传统家庭作坊式的城市空间格局和建筑尺度被迅速瓦解，城市发展进入了从分散走向集中的阶段（靳美娟和张志斌，2006），城市内部空间结构组织的关注点落在工业区布局以及城市产业经济功能空间形成及重构等方面。计划经济、改革开放等特殊时期的社会背景因素深刻改变了我国城市形态格局，旧城空间、郊区空间、单位大院等特殊的物质形态也恰恰反映了不同时期的空间特异性。到了后工业化时期，城市空间结构受经济结构调整的影响而开始发生转变，商品生产经济向金融商业、行政办公、生活服务等方面的转变也使得城市空间组织形式发生重组，生产性服务业在城市和区域发展中也起到了更重要的作用（Bailly，1995）。

我国正处于工业化到后工业的过渡阶段，城市空间结构仍处于动态变化调整当中，网络化、信息化、全球化等新的形势已经深入渗透到城市的交通、居住、工作和游憩等各个领域，传统的城市功能正在发生深刻的转型（周年兴等，2004），不断涌现出"信息城市""数字城市""无线城市""网络城市""智慧城市""海绵城市""低碳城市"等新的城市发展概念，极大地扩展与延伸了信息时代的城市空间模式理论，城市空间结构也必然会产生新的特征。在全球化的世界城市视角下，城市体系的等级网络进行了重新划分,跨国公司纵向生产地域分工成为世界城市空间相互联系的重要动力(Friedmann,1986)。此外,由流、连接、网络和节点所形成的城市网络流空间也在强化着城市间社会与经济的关联(Castells,1996),对城市空间产生协作效应、替代效应、衍生效应和增强效应(Graham and Marvin,2002)。

总而言之,从城市的发展演变来看,城市空间结构是在特定的自然环境的基础上,由人类政治、经济和社会文化活动等多方面动力交织作用形成的产物,不同的空间结构适应着不同时期城市的功能要求。本书关于城市空间结构的解读将聚焦在新中国成立以来,城市内部空间结构或地域结构的特点与变化,重点介绍我国中心区、旧城空间、郊区空间及单位社区等不同城市空间独特的城市形态和空间结构。

第二节　中国城市空间结构研究进展

一、中国城市空间结构研究主题

城市空间结构研究是地理学、规划学、建筑学、社会学和经济学等多学科共同关注的领域,尤其是改革开放以来,随着城市的迅速发展,研究成果日趋丰富。中国城市空间结构的系统研究开始于20世纪80年代,而90年代中期是研究的一个转折点,到21世纪初再次转向(冯健和周一星,2003a;周春山,2007;周春山和叶昌东,2013)。

首先,20世纪80年代初期到90年代中期,正是改革开放后城市土地空间拓展和形态变化、第三产业发展、住房制度探索改革的阶段。这一时期主要是引入西方的城市空间结构研究理论和方法,对中国城市空间结构进行初步的应用和实证。

其次,20世纪90年代中期到21世纪初期,是中国大城市迅速发展的时期,城市分化出多个中心,部分大城市开始显现郊区化,以城市中心商务区为中心的商业体系开始形成并逐渐分化,住房市场化,单位空间消解,出现门禁社区、贫困社区、城中村等特殊的社会空间。这一时期大量的实证研究对西方理论进行验证和补充,逐渐开始总结中国城市空间结构的特有特征。

21世纪初期,经历过快速的城镇化后,开发区、大学科技城、中心商务区、新商业空间等要素的产生重构城市空间结构,大城市普遍面临土地资源稀缺问题,由增量的空间转向存量空间的更新和再利用。这一时期有许多研究总结中国城市空间结构的模式和机制(周春山等,2006;孙斌栋等,2010;吴启焰等,2012),并朝多元化研究方向发展(黄亚平,2002)。

纵观几十年来的中国城市空间结构研究,主要涉及城市土地利用空间结构、城市社会空间结构、城市经济空间结构和城市空间联系结构等主题,并在各个时期呈现出不同的特点和趋势。

（一）城市土地利用空间结构

改革开放以来，随着快速城市化和土地使用制度的改革，城市土地利用研究受到广泛关注，相关研究包括城市土地利用结构与形态、现状评价与定级分析、土地利用演化及动力机制、土地利用管理等几大类。其中，20世纪80年代中后期以土地利用形态、现状评价与定级分析为主要题材，多停留在介绍相关理论上，实证研究以描述性为主；90年代中后期，引入地理信息系统（Geographical Information System，GIS）和遥感（Remote Sensing，RS）等技术，关注土地利用的演化机制、生态建设及市场化配置等问题；2000年以后，关注新产业空间的土地利用以及"存量"土地的再开发等问题（许学强和周素红，2003）。

20世纪80年代中后期到90年代初，城市土地利用研究主要以土地利用形态、现状评价与定级分析为题材，以描述性实证研究居多，尝试构建揭示城市土地利用结构的相关理论与研究方法。例如，于洪俊（1983）、周一星和史育龙（1995）、武进（1990）、王兴中（1989）、杨吾扬（1989）、杨吾扬和梁进社（1987）、魏心镇和林亚真（1989）对城市地域结构进行的系统研究，发展了城市地域结构研究的理论与研究方法；姚士谋和帅江平（1995）、姚士谋（1998）通过汇总中国30余个特大城市用地扩展和空间布局等方面的资料，对城市空间形态理论作了较系统的综述，为城市形态的实证研究提供了一定的理论依据；蔡渝平（1987）、武进（1990）等关注地域结构与城市形态的演变与预测。与此同时，更多的学者开展了城市地域结构、城市空间形态的实证研究。

20世纪90年代以后，随着大城市的迅速发展，以及城市化进程的加速，城市郊区化现象出现，对边缘区的研究具有很强的实践意义。顾朝林等（1993）介绍了边缘区研究的性质、概念、产生背景、研究内容、动向、意义和前景，并系统研究了中国大城市边缘区的特征（顾朝林等，1995）。崔功豪和武进（1990）、张建明和许学强（1997）、宋金平和李丽平（2000）进行了城市边缘区和郊区化的研究。同时，城市的土地利用优化配置以及空间形态的优化组织也因为时代的需求而受到关注（刘彦随，1999）。另外，在关注空间形态结构由单中心向多中心形态发展的趋势时，总结出不同城市的多中心化、分散化、破碎化趋势（石忆邵，1999；石忆邵和章仁彪，2001；孙斌栋等，2010，2013；吴启焰等，2012），探讨多中心化之后的空间组织（周春山，2007）。

在理论和实证研究发展的同时，遥感与地理信息技术的快速发展对城市土地利用空间结构研究的支持也不容忽视。陈彦光（2000）提出城市土地利用结构的信息熵和均衡度公式以测算城市土地形态的信息维。黎夏和叶嘉安（1997a，1997b）利用遥感技术有效地分析了东莞市、深圳市土地利用变化的空间过程。史培军等（2000）利用遥感图像解释深圳土地利用变化的空间过程和驱动因素。许多学者将元胞自动机技术应用于城市形态演化的模拟，取得了较好的效果（黎夏和叶嘉安，1999，2002）。

由于经历了20世纪90年代快速城市化，21世纪以来，中国土地资源已经日趋紧缺，城市更新、三旧改造、绅士化、土地利用再开发等问题受到关注（周素红等，2011；何深静和刘玉亭，2010）。

（二）城市社会空间结构

中国城市社会空间结构研究于 20 世纪 80 年代兴起，近年来受到重视，并得到较快发展。20 世纪 80 年代中后期到 90 年代初，我国的城市地理学家在引进西方理论和方法的基础上，开始研究社会空间和居住空间、城市感应空间、城市意向、迁居、城市环境质量地域分异和流动人口对城市的影响等，相关实证研究主要针对北京、广州和西安等（李郇和许学强，1993；顾朝林和宋国臣，2001；王兴中等，2000；冯健和周一星，2003b，2003c）。其成果大多属于国外研究方法在中国的运用及解析，早期研究侧重社会空间的概念界定和描述，如虞蔚（1986）将社会空间与带有阶层分化的住房空间相结合，定性地分析了上海中心城社会空间的特点及形成条件。随后，开展了一些定量研究工作。例如，许学强等（1989）采用居民出行调查及房屋普查数据，通过提取 5 个主因子对 1985 年广州城市社会空间结构进行了因子生态分析，提炼社会空间结构的模式和机制；顾朝林和克斯特洛德（1997a）利用遥感影像和地理信息系统分析流动人口的分布来描述北京社会空间分异现象；冯健和周一星（2003c）利用第三次和第五次人口普查数据划分了北京市社会区；郑静等（1995）采用第四次人口普查数据对广州市社会区的变迁进行了对比研究；张兵（1993，1995）剖析了我国的改革对城市住房空间分布的影响，预测了不同收入阶层在城市中的居住分异；柴彦威（1996）以兰州市为例探讨了以单位为基础的中国城市内部生活空间结构的三个层次，认为单位制居住空间结构还将在一定程度和范围内存在；顾朝林和克斯特洛德（1997b）分析了北京市社会空间发展的影响因素和社会极化与空间分异现象。

20 世纪 90 年代中期以来，除前一阶段的研究领域外，由于国有大中型企业的改革或改制，大量工人下岗，计划经济体制下的"单位制空间"逐步解体，1998 年国家取消福利分房政策，实行住房商品化，这一系列改革也加剧了城市社会的分化和居住的迁移并建构新的社会空间（魏立华和闫小培，2005a），新增了社会极化、社区、犯罪和社会公平等方面的研究，学界开始关注新涌现出的城市富裕阶层和贫困阶层、大城市居住空间的分异、特殊聚居区的问题等。

这个阶段，随着第五次全国人口普查数据的发布，以及学者开展的大样本量调查数据的采集，该领域出现了更多的研究。顾朝林等（2000）研究了大中城市空间集聚与扩散、社会极化与空间分异的问题；吴启焰（2001）以南京市为例进行实证研究并探讨了居住空间分异机制及演化模式；张文忠等（2003）以北京市为例，从居民居住区位偏好的角度，分析居住空间格局和影响因素；王兴中等（2000）系统探讨了西安城市社会空间结构，对城市社会空间及其宏观和微观形态与结构做了总结评价；柴彦威等（2002）借助时间地理的视角来透视社会空间演化，揭示了社会与时间、空间的有机联系。转型期中国城市物质空间与社会空间的分化不断加剧，诸如人口流动、阶层分化、空间极化、住房商品化等问题为研究者提供了丰富的素材；对贫困、城市弱势社会群体的关注也推动了城市社会空间结构的研究（李志刚等，2007）。

同时，中国城市社会空间分异也在全球化快速发展的背景下得到重视。中国城市社会空间分异、居住空间分异、社会阶层分化、居住迁移等重大城市社会空间问题的研究得以深化，对城市中特殊社区、特殊人群的关注不断增多，对动力机制和演变趋势的认识不断得到加强。最新的研究探讨了"全球城市"极化背景下的社会空间分异程度、城市跨国公司职员阶层和农民工在劳动力市场、收入和住房上的两极化现象、社会空间分异的机制等（李志刚等，2007；熊世伟和葛越峰，2000；何深静，2019）；加强了对"浙江村""新疆村""城中村"等城市中特殊社区的关注和分析（刘海泳和顾朝林，1999；田剑平等，2002）；特别关注了城市中的弱势群体和城市公共资源分配的空间公平问题（刘玉亭，2005；袁媛和许学强，2008；袁媛等，2009）。

（三）城市经济空间结构

经济和产业空间结构也是城市空间结构研究的一个重要领域。尤其是 20 世纪 80 年代以来第三产业的高速发展，市场空间、商业空间开始成为研究热点之一，内容涉及商业网点的布局、中心商务区、消费者行为、商业网点、商业中心体系、城市新产业空间等（许学强和周素红，2003）。

中国城市地理学界从 20 世纪 80 年代初开始关注城市的商业空间结构。宁越敏（1984）建立了界定商业中心地的指标，从商业中心范围、分类、等级体系等几个维度分析了上海市商业中心的区位问题，随后其他学者也开展了城市商业网点布局等实证研究，为规划决策和商业空间选址提供借鉴（冯健和周一星，2003b，2003c）。

20 世纪 90 年代以来，中国学者开始关注 CBD 等商业中心体系研究，介绍国外的研究方法和技术路线，探讨了北京、上海、广州、长春等城市 CBD 的职能特征、内部结构和整体演变机制和过程等。杨吾扬（1994）应用中心地理论的原理和方法，对北京市商业服务业的空间结构和形成机制进行了探讨，并预测了 21 世纪北京的商服中心和副中心。仵宗卿和柴彦威（1999）结合大型百货集聚程度和商业服务等级，探讨了北京商业中心地的空间等级结构。宁越敏（1984）重新界定上海市的商业中心等级体系，透视出中心地的变迁特征和分散趋势。阎小培等围绕信息产业对广州城市地域结构的影响、广州第三产业的空间分布特征、广州信息服务业增长的地域类型、办公业活动的时空差异以及广州市及周边地区商品房的开发与分布等进行研究（阎小培，1994，1999；阎小培和姚一民，1997；阎小培等，2000，2001）。许学强等（2002）利用 GIS 技术，研究了广州市大型零售商店的空间布局现状、影响因素和发展走向。王士君等（2015）研究了长春市大型商业网点的区位特征及其影响因素。

20 世纪 90 年代中后期以来，开发区、大学科技城、中心商务区、新商业空间等新产业空间在城市经济空间结构重构中发挥重要作用。针对特殊的产业及其集聚特性，王缉慈等（1996）对中关村地区高新技术企业的集聚与扩散进行了探讨。顾朝林和孙樱（1998）对高新区的形成、发展、类型、特点进行了分析，探索了我国高新技术产业发展与区域布局问题。阎小培等（2000）研究了广州CBD的功能特征与空间结构，探讨了中国特大城市CBD的功能与结构演变的一般规律。冯章献等（2010）研究了城市极化背景下的开发区功能转型与空间结构特征。同时，产业升级和信息化背景的城市空间结构也受到了关注（阎小培，1994；孙世界，2001；甄峰和顾朝林，2002；刘艳军等，2007；方远平等，2013）。

21世纪以后，除了开展上述研究领域外，研究对象从产业空间主体转向对企业和个体等主体的关注。例如，在商业空间研究方面，随着居民消费行为出现的个性化、体验性、多元化等趋势，融合购物、休闲娱乐、用餐等多种目的的消费行为兴起，促使新兴零售业态和综合性的商业中心快速发展并成为居民日常消费的重要空间载体。相关研究也关注城市商业环境设施、商业空间布局、商业空间微区位等客观环境对居民购物决策的影响以及居民社会经济属性等个体因素对商业网点布局的影响，并揭示商业中心消费活动的时空模式等（张文忠和李业锦，2006；周素红等，2008；林耿和沈建萍，2011；朱玮等，2009；傅辰昊等，2017，2018）。

（四）城市空间联系结构

城市空间结构研究除了关注空间要素外，还关注空间联系（Bourne，1982）。中国学者对空间要素联系的研究主要涉及城市居住与就业空间联系和由此产生的通勤问题，以及交通与信息流等空间联系方面。

中国城市居住空间和就业空间的关系模式受到制度转型背景和城市政策的深刻影响。不同于市场力量占主导的西方国家，中国经历了社会主义市场经济体制改革，其城市的居住和就业空间关系也因此同时受计划经济和市场经济力量的影响。新中国成立初期，"先生产、后生活"成为居住与就业空间组织的核心理念，即使改革开放后的20世纪80年代，北京、上海、广州等大城市曾经展开过全面的城市规划研究，也主要侧重于工业用地、商业用地，以及生活用地在城市空间中的部署。总体而言，以工业用地规划为主，而生活用地仅仅是作为各种生产用地的从属。相关的研究以居住空间或者就业空间为对象，鲜有揭示二者之间的关系。

进入20世纪90年代，随着城市的发展，城市交通问题成为很多城市发展的制约因素之一而受到广泛重视，成为交通、规划、地理等多学科共同关注的热点领域。有关城市交通与土地利用的研究也受到重视，学者从理论、模型和实证等角度研究城市交通与土地利用关系以及规划与对策，为城市交通的改善提供了参考（徐永健和阎小培，1999；赵童，2000；阎小培等，2006）。

21世纪以后，居住-就业空间方面的研究逐渐增加和丰富，例如，周江评（2004）通过梳理美国关于空间不匹配假设理论，总结其对中国的启示。周素红和闫小培（2005，2006）、郑思齐等（2007）对广州市和北京市的研究，分别从职住分离的现实影响、居住-就业空间特征及组织模式、城市经济空间最优化等角度，对国内的居住-就业空间展开了有益的研究和探讨。

与此同时，随着单位制改革以及住房、就业、医疗、养老等一系列的体制变革，中国社会分层开始显现，不同群体的职住模式差异以及由此引发的社会公平问题也受到研究关注（徐卜融和吴晓，2010）。很多研究涉及转型背景下中国特殊社会阶层职住模式的影响因素（周素红和刘玉兰，2010）和宏观制度性因素，如单位制度和房屋福利政策对居民职住模式的影响（柴彦威等，2011b；刘志林和王茂军，2011），以及户籍等制度对居民职住模式的影响等方面（Liu and Hou，2016）。

在研究方法方面，传统的研究采用普查和个体社会调查数据进行研究，近年来数据挖掘技术的突破和海量时空数据的生产，为传统的城市交通需求分析和职住关系研究提供了新的视角，基于手机定位、浮动车等终端数据的城市空间结构、城市网络、交通需求研究等已得到迅速发展（申悦和柴彦威，2012，2013；龙瀛等，2012；周素红等，2014；郝新华等，2016），基于网络的空间联系也受到关注（甄峰等，2012a），成为本领域的重要学术前沿，但将这些技术方法和海量时空数据与具体研究问题有机结合的方面还有待深入。

二、典型区位的城市空间结构研究

城市是活动的载体，社会经济活动与各类空间要素关联并使其相互作用。我国具有独特的城市空间发展脉络，许多研究根据空间区位和社会背景，探讨中国城市中心区、旧城空间、单位空间以及郊区空间等不同类型的城市空间结构。这几类典型城市空间结构的演化和相互作用，共同构成了中国城市空间结构的发展和重构。

（一）中国城市中心区

从古代的宫殿、行政中心区，到新中国成立初期的零售业、服务业聚集区，再到改革开放以后的中心商务区，城市中心区的构成和功能也逐步转变（杨俊宴和史北祥，2012；吴明伟等，1999a）。

城市中心区一般根据其在城市中的区位而定，因此部分研究涉及城市中心区的界定。阎小培等（1993）运用中心商业高度指数和中心商业强度指数界定了广州市 CBD 的硬核及核缘范围。还有大量的研究关注城市中心的等级体系划分和界定等工作（如：Nong et al.，2019；宁越敏和黄胜利，2005）。

CBD 作为城市中心区中高级商业功能的集聚区和城市竞争力的体现，得到了大量关注。阎小培等（2000）以广州为例研究了 CBD 的空间结构模式，并讨论了国内 CBD 的功能和结构演变的一般规律。新老 CBD 在功能上的空间分离形成了转型时期城市 CBD 空间结构的一般模式，即老 CBD 通常位于城市旧城中心，呈双核圈层结构，由计划经济时期较为低级的零售业的传统商业中心区到改革开放以后高级化，以高档零售业为主的 CBD 分区；新 CBD 有两种，一种位于新区中心，这与城市规划、税收等政府行为关系密切，另一种则自发形成在老 CBD 周围的旧城区边缘，介于老城与新城中间。新 CBD 更多集中了金融、信息、保险、房地产等高级别的产业功能，与老 CBD 形成功能互补。作为重要的业态，零售商业是中心区空间结构研究中主要关注的内容之一。许学强等（2002）利用 GIS 分析工具，研究了广州市大型零售商店的空间布局状况和发展走向，提出广州零售商店空间的五种空间分布类型，其中重要的一种类型为早期商务中心区。

（二）中国城市旧城空间

20 世纪 90 年代后，土地利用制度改革和房地产市场的发展成为旧城空间更新的主要动力，改造模式日益多元化，新区建设也为旧城改造提供了空间支持。但时至今日，许多城市可开发建设用地日渐稀缺，挖潜存量土地的城市更新成为改造工作的重点，重视物质空间改造与社会和文化的融合。

随着旧城住区改造的推进，改造内容逐渐细致，改造方式由简单化转向多样化，资金来源也由单一型向多向型转变。洪启东和童千慈（2009）以 M50 创意园改造为例，论述了旧城空间中老工业园区转变为创意产业园区的过程。另外，GIS 等技术也逐渐被应用在旧城空间更新、改造的过程中。丁一等（2014）以广州市为例，利用评价模型与 ArcGIS 分析技术，根据发达地区城市旧城的不同文化、建筑背景，提出文化保护、基础改善、以旧换新以及"退二进三"四种不同的旧城改造模式。颜文涛等（2005）提出了旧城改造开发容量的概念、模型、土地等级评价指标体系及计算土地等级评价因素权重的模型。

除了物质空间的改造和更新，越来越多的研究着眼于旧城改造产生的社会影响，关注旧城空间改造对文化的破坏，以及原住民遭受更严重的公共资源剥夺，甚至形成新的城市贫困空间等问题。袁媛等（2009）研究了转型期中国城市贫困和剥夺的空间模式，张倩（2012）研究了南京老城中的空间碎片化和绅士化问题，万艳华等（2010）认为旧城更新已发展成为融合社会、经济、文化和物质空间的全面复兴和可持续发展的城市公共政策，吴晓峰和彭建东（2012）则从生态视角思考了旧城空间改造与城市发展的关系。

（三）中国城市单位空间

已有研究从城市和单位大院两个尺度来研究单位空间（刘天宝和柴彦威，2013）。城市尺度的研究关注单位空间分布的格局、单位空间和城市形态、肌理之间的关系（郭湛，1998）。有研究指出单位用地割据妨碍空间要素的优化配置，造成土地浪费和不公平竞争（范炜，2002）。与此同时，单位大院尺度的研究以物质空间为主，包括了单位空间内分区和轴线（乔永学，2004；张艳和柴彦威，2009）。部分研究关注了单位大院内的土地结构变化、土地混合度的变化趋势，以及单位空间内部增建新建、拆旧新建等活动（王乐和梁江，2010）。

对于单位居民的行为研究主要集中在单位居民的迁居和日常活动两个方面。单位居民的迁居往往同城市社会结构结合在一起。住房制度改革后,中国城市社会空间由均质走向多元,住房产权逐渐多样化,单位居民的迁居是中国城市空间重构的重要方面(刘天宝和柴彦威,2013)。对于单位居民日常活动的研究,关注低碳城市建设背景下单位制解体前后通勤量和通勤方式的改变(Wang and Chai,2009;柴彦威等,2011a),以期针对单位空间中平衡生产和生活、职住接近、土地紧凑和设施完备等空间特点,提出新单位主义再利用的减排政策和措施(马静等,2011;塔娜和柴彦威,2010)。

另外一些研究着重讨论了单位制度的解体及其伴随的住房制度改革、中国城市空间的转型和重构、旧的单位空间的路径依赖显化或隐化对城市空间的持续影响。而一些学者基于单位视角,认为可以再利用单位空间的思想来应对中国城市发展和建设的挑战(柴彦威和张艳,2009;周建国,2009)。于文波等(2007)认为对"单位制"社区不宜全盘否定,可以将之作为地域社区回归的社区原型之一,促进新的地域社区空间的形成。

(四)中国城市郊区空间

在城市空间重构过程中,郊区化逐渐成为中国城市空间的典型特征。随着新型城镇化建设的提出,郊区化过程也进入了新的阶段:居住郊区化、工业郊区化、商业郊区化的不均衡发展使得郊区空间形成高度异质化的社会空间(柴彦威,1995;柴宏博和冯健,2014)。在制度、经济、社会、规划等多重因素的相互影响下,我国城市的郊区空间成为高度异质化的城市区域,商品房社区、拆迁安置社区、城中村、开发区等不同类型的空间形式在特殊的作用力中产生。郊区和城乡接合部的空间结构研究及其应用受到一定的关注(付承伟和陈明星,2010;罗小龙和甄峰,2000)。

在郊区化机制研究方面,武进和马清亮(1990)探讨了城市边缘区空间结构的演化机制,并对主要的影响因素做了深入分析。周一星和孟延春(1997)归纳了中国城市郊区化的机制,认为引起城市土地功能置换的土地有偿使用制度的建立至关重要,是人口和工业外迁的前提。崔功豪和武进(1990)说明了城市边缘区扩展随着经济周期波动而变化,呈现由沿轴纵向扩展到稳定,再到轴间横向填充,再次沿轴向外扩展的周期性特征。顾朝林等(1993)探讨了中国大城市边缘区土地利用特性及其空间特性,认为城市边缘区用地区别于城市核心区生产和居住相互包围的布局形态,而采取连片形式开发,进入楔形增长为主的新阶段,并概括了城市边缘区空间轴向扩展和外向扩展两种形式。

工业郊区化研究中,高新技术区、开发区等新型郊区产业空间受到关注(顾朝林和孙樱,1998)。开发区通常在城市边缘区成为一种新的城市空间(王慧,2002)。王战和和许玲(2005)认为开发区是城市空间和城市经济发展的重要增长极,在空间上与老区及整个城市之间具有联动关系。张京祥和吴缚龙(2004)提出卫星城承担某种专业职能,形成了工业郊区化后与中心城区相互作用的结构。

伴随城市土地有偿使用制度建立和住房市场化改革,城市房地产开发的区位逐渐转向城市边缘区,住宅郊区化趋势愈发明显。崔功豪和武进(1990)提出工业用地扩展对边缘区空间结构有重要影响,而居住用地扩展影响有限。除了原住民就地非农化外,市区或外地就业者大量迁入,不同社会群体在郊区空间中产生集聚(魏立华和闫小培,2006),多元化的居民群体开始生活在郊区空间,成为我国城市郊区空间的重要特征。生活活动空间的郊区化是继人口、工业、商业及办公业等郊区化浪潮之后的新趋势(张艳和柴彦威,2013a)。

三、中国城市空间结构研究新动向

以往地理学和城市规划学等学科更多关注的是城市的实体空间和土地利用结构,从芝加哥生态学派将城市空间抽象为理想化的空间结构模型,到实证主义学派采用实证方法描述城市空间,试图寻找普适性的"空间关系法则"。之后,城市空间研究出现了人本主义、行为主义、结构主义、新区域地理学等的"制度转向"、"文化转向"和"尺度转向"等多元化的转向,使得城市空间结构的研究拥有更多元的模式、方法和内涵。

(一)行为转向下的城市时空间结构研究

地理学的人文、行为主义转向使得城市空间研究重视人的因素、关注人的行为及其与城市空间的互动。城市空间结构制约和影响个人日常行为,个人日常行为反过来又塑造和重构城市空间结构。随着时间地理学研究的发展、时空模拟技术的开发和应用,以及近年来信息技术的突破和海量时空数据的生产为传统的城市空间结构研究带来一系列新的议题。时空关联视角下的社会、经济活动规律和机制,正成为解释城市空间结构形成与演化的重要方向(周素红,2015a;古杰等,2016)。

具体而言,个体与经济活动的时空约束、时空集聚、时空排斥等为研究城市社会空间和经济活动空间的形成提供新的视角。同时,随着相关研究方法和技术手段的发展,特别是城市时空间研究的时空数据采集、数据挖掘、时空模拟与可视化等,城市时空间研究得到新的发展(周素红,2015a)。哈格斯特朗认为区位既有空间坐标,也有时间坐标;区域研究中通常使用的个体集合模型缺乏对微观层面的关注,是有局限的(Hägerstrand,1970),因此,他创立了时间地理学的理论框架以研究城市时空间行为。GIS、时空棱柱等方法的应用,大大扩大了城市时空间结构研究的影响力(Kwan,2004;Shaw and Yu,2009)。

近20年时空行为研究已经成为中国城市地理学的重要领域(柴彦威和塔娜,2013)。以往城市空间结构研究往往偏向于物质性空间研究,缺乏对城市居民的关怀。实际上,居民的日常活动与城市空间结构相互作用,城市空间结构形成了特有的居民日常活动,而居民的活动反作用于空间,该研究视角和研究领域正得到重视。柴彦威及其团队最早将时间地理学分析框架引入中国,标志着中国城市时空间结构研究的开始,通过对时间地理学中经典研究方法的运用展开了中国城市的时空间结构研究(柴彦威和王恩宙，1997；柴彦威，1998；柴彦威等，2002；柴彦威和沈洁，2008）。在地理学关于时间与空间关系的讨论中，时间维度的因素被纳入研究对象，相关理论和方法也日益成熟，并已成为城市空间结构研究等领域的研究热点（刘志林和柴彦威，2001；柴彦威和沈洁，2008；周素红和邓丽芳，2010）。居民居住和就业选择行为、日常活动和交通出行行为等不同尺度的时空行为及其与空间的互动关系与机制以及基于时空行为带来的空间效应，如时空集聚与分异、时空的关联性、时空的过程等为研究城市时空间结构提供了框架（周素红，2015a）。

在此背景下，一系列相关案例研究得以展开，例如，刘玉亭（2005）对南京市贫困群体的日常活动的时空结构的分析，冯健（2005）对北京市城中村流动人口生活活动的时空间的研究，蔡晓梅和赖正均（2008）对广州市居民饮食消费行为时空间特征的研究，宋金平和李丽平（2000）对芜湖市居民购物行为的时空间特征的研究，周素红和闫小培（2005）从居民日常活动的视角对广州市城市时空间结构和户外活动的社会分异现象的研究等（Zhou et al.，2015）。这些研究都以居民日常活动的一个基本周期作为尺度，探究个人与城市空间结构的关系，使得城市空间结构调整落脚在满足居民需求上。同时，基于智能手机、全球定位系统（Global Positioning System，GPS）、社交媒体签到等时空大数据结合 GIS 技术和方法揭示高维度的城市空间结构研究近年来得到快速发展，并被广泛应用于规划实践（Kitchin，2014；古杰等，2012；关美宝等，2013）。针对中国的城市，形成一批案例和方法的研究（申悦和柴彦威，2012，2013；龙瀛，2012；王波等，2015；Zheng and Zhou，2017；王德等，2018；Nong et al.，2019）。

（二）制度转向下的城市"第三空间"研究

20 世纪 70 年代后期涌现的马克思主义地理，致力于从资本主义生产方式的固有矛盾去揭示城市空间结构及土地利用状况，将城市空间的研究上升到了制度层面，从非物质的制度、肌理上揭示城市空间的物质性。以列斐伏尔、卡斯特尔斯和哈维为代表的学者，强调资本和结构的作用，关注空间在社会理论和构建日常生活过程中所起的作用（殷洁等，2010），代表着地理学空间的"制度转向"。

列斐伏尔提出了"社会空间"的概念（Lefebvre，1991），认为空间是社会关系的重组与社会秩序实践性的建构过程，空间由社会生产，同时也生产社会。空间不仅仅是物质的空间，更是权力和策略的空间。许多学者借助空间生产的视角来研究特殊的空间，如介于城市和农村之间的城中村"第三空间"（张京祥等，2014）。索亚师承列斐伏尔，认为空间关系和社会关系辩证存在，同源于生产方式（刘怀玉，2004）。哈维（Harvey，2000）把空间引向了对资本积累、阶级和财产关系等深层制度的关注上，描述了资本的循环，强调地理空间是在资本循环、积累的支配下构造成的，应将对于城市空间结构的研究放在资本主义生产方式的基本矛盾中去分析。

中国学者借用上述相关理论开展了中国城市空间结构的研究。例如，李志刚（2012）

认为全球化背景下资本跨国循环，产生新的产业空间，同时移居移民、劳工移民和商贸移民等"跨国阶级"浮出，"跨国商贸主义"下形成的族裔聚居区、族裔经济区正重塑中国城市社会空间和产业空间。刘云刚和陈跃就广州日本移民族裔的经济和社会空间特征做出了描述，指出族裔经济根在空间上形成了族裔景观，如族裔经济区、族裔中心区等，甚至形成了"族裔CBD"雏形（刘云刚和陈跃，2014）。叶超和柴彦威认为资本、权力、阶级等空间生产理论中的要素也正在解释中国城市空间重塑的重要维度，同时，需要重视微观和宏观、时间与空间的结合（叶超和柴彦威，2011）。

（三）文化转向下的后现代城市空间研究

空间的"文化转向"强调从历史和文化的角度把握城市的时空变化，通过社会文化与政治经济相互作用的动态过程来分析区域和城市空间。索尔提出通过分析"文化景观"来研究区域和人地关系（Sauer，1925）。索加认为大文化区可由多个小文化区碎片镶拼而成，强调文化碎片不仅是物质的空间也是想象的具有隐喻的精神空间（Soja，1996）。20世纪70年代以后段义孚（Tuan，1974，1977）和雷尔夫（Relph，1976）将"地方"引入地理学空间的研究中，区分了地方和空间。威廉斯等（Williams et al.，1992）辨析了地方依赖和地方认同与地方感的关系。阿瑟认为，空间研究应当突破有限的空间类型，关注象征符号及其他社会方式对于空间的构建作用（Aase，1994）。詹姆孙（Jameson，1991）侧重于文化的意义，重塑了后现代空间观。哈维（Harvey，2000）则以批判的视角，提出诸如主题公园等空间是一种变质的"精神乌托邦"空间。

在文化转向视角下，空间不再是一种简单的物质形态，空间逐渐被文本化，成为可供分析与解读的文本，有学者开始关注文化对空间的建构与塑造作用空间背后的隐喻意义与象征性（朱竑等，2010）。

（四）信息空间与流空间的研究

信息和通信技术的发展打破了传统的地理障碍，重构了现代主义的空间（甄峰和顾朝林，2002；刘卫东和甄峰，2004；沈丽珍，2010）。贾内尔（Janelle，1969）提出了"时空收敛"，认为随着技术进步和经济的快速增长，世界空间屏障在减小，空间逐渐被时间所湮灭，需要重新审视地理学的角色（Harvey，1990；周素红，2015a）。在全球化与交通通信技术迅速发展的背景下，地理学面临"终结"（O'Brien，1991）还是面向更振奋人心的新地理学的起点（Castells，1996）成为争论的焦点。卡斯特尔（Castells，1996）从技术决定角度出发，提出流空间会取代地方空间。

中国学者对流空间的研究主要集中在对西方流空间理论的引进和信息空间功能与结构的探讨上（沈丽珍，2010；高鑫等，2012）。信息技术使得城市各要素的流动性发生变化，进而引起其空间组织模式的转变。信息技术促使网络购物、远程办公的发展，使得居住地、就业地、消费地等传统空间向功能融合的弹性空间转变，重构城市空间结构（席广亮等，2014）。信息技术也使得传统企业的区位选择和成本控制，改变了企业、产业之间的网络关系和集聚。部分学者围绕信息产业对广州市信息服务增长的地域类型、办公业活动的时空差异做了大量实证研究（阎小培和姚一民，1997），探讨了信息技术对企业空间组织的影响（刘卫东等，2004）。另外，创新网络、创新能力也得到关注，产业集群的创新网络和学习型区域强调发生在本地企业群体中的累积性学习过程（Bellandi，1996）。孵化器、众创空间、赛博空间等一系列针对新型城市空间及其结构的研究逐渐增多（张捷等，2000；周素红，2015a；周素红和裴亚新，2016）。

信息社会的城市空间是地理空间与网络空间相互依存、交织的复合式空间，在信息化推动下逐步实现数字城市、智能城市的建设，并将进一步向智慧城市转变（汪明峰和宁越敏，2002；甄峰等，2012b）。

（五）中国城市空间结构研究的其他新动向

大数据被广泛应用于城市空间结构的研究中（秦萧等，2013）。例如，用手机信令和出租车数据等新的时空数据研究居民的出行行为，了解其居住、就业与日常活动空间（冉斌，2013；任颐和毛荣昌，2014；许宁等，2014；钮心毅等，2014；周素红等，2014）；利用公共交通预付费卡的刷卡记录分析职住关系、通勤交通等（龙瀛等，2012）。

众创空间、赛博空间，同城化、城市新区等新型城市空间受到关注。随着知识和技术在生产过程中作用的不断加强，区域研究开始普遍关注创新网络、创新环境。创新区域形成了创新环境的核心，加速了空间结构的重塑。研究方向开始转向对同城化、城市新区等新型城市空间现象的分析（叶昌东等，2012；赵英魁等，2010），以及对城市地下地上空间、城市天际线等垂直方向空间结构的研究（范文莉，2007；赵景柱等，2011）。

城市生态空间也逐渐受到重视。生态保护背景下的城市空间发展研究在生态可持续城市空间发展理论、城市生态空间、低碳城市下的土地利用模式等（陈爽等，2008；顾朝林等，2000；毛小岗等，2012）；生态空间与城市实体空间的整合技术将成为城市空间结构研究领域的重要研究方向（叶玉瑶和张虹鸥，2007）。

第二章 不同时期中国城市空间结构

第一节 历史时期的中国城市空间结构

中国历史时期，即从第一个奴隶制社会——夏朝（公元前约2070—前1600）开始至1840年鸦片战争为界的古代中国。其间伴随着不同历史朝代的更替以及国家经济社会的发展，涌现了许许多多著名的古城。每座古城在当时的历史朝代中的行政职能不同，有如长安、南京、洛阳的皇城古都，也有如沿海城市广州的地方都会，还有许多分布在边远要塞的军事重镇等。即使古代城市规划与建设都受到传统儒家礼制思想的影响，但由于不同类型的城市所处的地理位置不同，职能不同，影响到最终的城市布局，形成了具有不同特点的城市空间结构。因此，根据研究对象的所处区位与职能，可以划分为三种类型，分别为皇城古都、地方都会与边远要塞。

一、皇城古都的城市空间结构

在长期的封建王朝统治过程中，随着朝代的更替，形成了一批皇城古都，尽管其建设的年代不同，这些古都在空间的总体布局上存在一定的共性，本部分以古代长安、南京和洛阳为案例，分析其主要表现。

长安是中国七大古都之一，有多个朝代在此建都。尤其是唐长安成为中国文化乃至当时东西方文化的汇聚之地。因此，长安具备了古代皇城古都营国造城的典型特征，它是中国历史上建都朝代最多、建都时间最长、影响力最大的都城，也是历史上第一座真正意义上的城市。由于建都长安的周、秦、汉、隋、唐是中国古代较强盛文明的时代，因此长安城的空间结构也充分体现了我国封建帝国深厚的历史文化背景，尤其是汉长安城与唐长安城（汪德华，1997；李小波和李强，2000）。

南京是我国四大古都之一，历来享有"六朝古都"和"十朝都会"的盛誉。其优越的自然环境与古城浑然一体，虽然历经千年，古都格局仍相对完整，明代四重城郭的格局依然可循（阳建强，2004；姚亦峰，2005）。

洛阳从中国第一个王朝夏朝开始，先后有商、西周、东周、东汉、曹魏、西晋、北魏、隋、唐等十三个王朝在此建都，拥有1500多年的建都史，因此有"千年帝都"

之称。洛阳都城的建设，是一个复杂的历史变迁过程，其都城选址与建设的整个过程，能较好地反映历史上皇城古都空间结构及其变化的主要特征（汪德华，1997）。这些皇城古都选址和空间结构的特征表现如下。

（一）都城选址时体现了尊重自然条件，效法天文的做法

作为一国之都，古代皇城古都的选址都体现了区位上优越性和对自然条件的充分考虑与利用。以汉长安城为例，其建设布局充分体现了"法天象地"的天文思想：西汉长安城规模宏大，布局精巧，在形制上与后来多数都城基于礼制的工整严密不同。汉长安城的城墙不太规则，总体上不存在明显的朝向，也没有明显的中心或中轴线，宫殿布局也较奇特，并没有将作为职能上行政中心的未央宫布局在中间，而是设置在西南角。空间结构与北斗七星、勾陈、北极、紫微右垣等星座连接起来之后的形状极为相似（图 2.1）。这是因为在汉代，观星技术进步，天人一体、天人感应的思想盛行，天文知识渗透于每一个学术门类，阴阳五行思想是当时占统治地位的世界观，并影响城市的规划建设（李小波和李强，2000）。

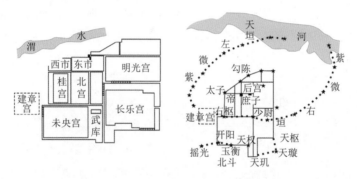

图 2.1　汉长安考古复原图与天体星图

资料来源：李小波和李强，2000

同样，南京古城的选址也体现了利用自然地理条件，依托山脉和河流水系而建，并延续到后续多次大的城市建设过程（姚亦峰，2005）。此外，古代洛阳城的选址和建设也充分体现了对自然条件利用的重视：洛阳占据平原中央洛河北阶地，背靠邙山，前临洛河，东面是夏商的西亳，西面是西周的王城。北魏时期，在南面的山口开凿了龙门石窟，进一步强化该时期洛阳城的地位。洛阳的选址和建设充分利用地形地势形成防御功能，同时，也利用河道形成便利的对外交通环境，充分体现了因地制宜的自然观（汪德华，1997）。

（二）城市空间布局受礼制影响深厚

带有明显封建礼制色彩的《周礼·考工记》对皇城古都的布局产生深远的影响，多数古都遵循"匠人营国，方九里，旁三门，国中九经九纬，经涂九轨，左祖右社，

面朝后市，市朝一夫"的布局形式。都城的空间结构往往呈现轴线对称形式，重视塑造城市中轴线，体现皇权至上、维护封建阶级的统治思想，这种理念在后续的发展演变中多次得到强化，最终形成了很多皇城古都固有的空间形态。

以唐长安为例，其空间布局虽不完全是按照这种理想模式建构空间布局，但也仍受"三门三朝"制度的影响。全城以朱雀大街为纵贯南北的中轴线，宫城、皇城布局在中轴线上，皇城南部太庙和社稷坛分列左右，市、坊依中轴线对称布局，郭城东西两侧各有三门且位置相对，形成三条横街。同时，唐长安城的里坊、寺庙、公共空间等布局也充分体现了政通人和的思想。长安城的每个里坊四周都由墙围合起来，内部有十字或者一字形的道路贯通。每个坊口有门禁，夜晚关闭，形成了安静又安全的居住空间环境。受佛教等外来文化的影响，通常在里坊中设置寺庙，寺庙也成为居民日常交往的公共活动场所。此外，唐长安城还布局了供士大夫阶级与民众共同休憩活动的公共空间，体现了当时政通人和相对开放的社会风气对城市的空间规划布局的影响（李小波和李强，2000）。

与唐长安类似的，南京古城的选址和规划布局在顺应自然条件之外，也受到礼制的影响（姚亦峰，2005），其中尤以明南京城的空间结构为典型。明南京城由宫城、皇城、京城和外廓构成，宫城位于皇城中部，以富贵山作为中轴线，宫城前部为太庙和社稷坛，符合"左祖右社"的礼制思想和秩序，充分利用周边的自然环境巧妙地处理了中轴线的问题。古代南京总共形成了三条不同的轴线，这些轴线都以宫城为中心并统领全城（阳建强，2004；姚亦锋，2005）。

二、地方都会的城市空间结构

与皇城古都相比，地方都会的城市空间结构除受到传统的儒家、礼制文化影响，体现了上述尊重自然、轴对称等特征外，更表现出明显的内部社会空间结构的分异特征以及产业空间功能分区的特征。以广州城为例，广州自古远离国都，长期以来作为珠江三角洲乃至岭南地区的政治、经济中心，自秦汉起，经历了2000多年的发展，作为地方都会，有着独特的格局特征。

（一）兼顾自然与礼制，又重视满足生产生活的实际需求

广州城的选址和建设充分尊重自然格局。其选址遵从"山南水北"的风水格局，符合风水地理关于城市聚落选址、城市布局的要求（司徒尚纪和李宁利，1998）。即位于越秀山南麓，珠江水北岸的"风水宝地"，兼顾考虑了微气候条件和水资源的供给情况。在内部结构方面，既兼顾了方格网与对称等传统礼制思路下的规划原则，又充分考虑自然地形的因素，北部街巷呈规整的方格网状结构，南部沿江呈自由发展式布局。其中，城北边内城道路呈方格网状，布局规整，多为正南北、东西走向，如光孝路、纸行路、高第街等，是中国传统府城的典型布局模式。其中，垂直于江岸形成的街巷网络，用于货品运输和生活取水，较好地满足生产生活的需求。南边的外城随

着珠江淤塞和岸线南移而逐渐建设，街巷分布和间距则较为自由，更多地体现滨河城市的街巷格局特征（周霞，2005）。城市结构充分体现了自然景观、文化景观和满足生产生活需求功能的有机结合。

（二）为满足经济社会发展的需要不断变迁

广州城的建设可以追溯到秦汉时期由任嚣在当时的南海郡治番禺筑城，后由赵佗扩建，奠定了广州城址的基础，即以今中山路以北的广东省财政厅一带高地为中心。汉代的广州古城在商业方面取得了较大的发展，为了满足商业与人口发展的需求，城郭逐渐向东、向南发展（曾昭璇，1999）。

至宋代，广州城是广东地区的政治文化中心，设有最高的地方行政机关、检察机关以及专门管理海外贸易的市舶司，城市中北部为政治中心，沿江及西部为商业居住区，此外，在这个时期城市进一步向东西两侧扩展，形成"子城、东城、西城"三城并立的格局（何嘉宁，2003）。

明代广州是广东的军事政治经济中心。由于原来的城市格局无法适应新的发展需求，进行了"三城合一、扩展北郊、修建南城"等改造。清代，广州的对外经济贸易得到了快速发展。顺治年间，为保护沿江的商贾，将明代修筑的新城分别向东西延伸，南侧紧邻河边，加建东翼城和西翼城，形成当代广州老城区的主要空间范围（曾昭璇，1999）。可见，广州城的建设过程为了满足各个时期经济社会发展的需要不断地发展变迁。

（三）构建商业型城市轴线而非单纯的礼制型轴线

北京路是广州古城历史最悠久的传统轴线之一，位于越秀山南麓。"任嚣城"和"赵佗城"则是选在北京路与中山路交叉口处开始建设城市。隋唐及南汉时期，北京路沿线店铺林立，商业服务设施较为完善。至宋代，北京路以北是衙署区，北京路沿线成为城市中心的商业区，其作为行政及商业轴线的地位不断增强。至明清时期，北京路与中山路交汇的丁字路口及周边区域是许多官员家属的住所，北京路则成为官员们通往天字码头必经之路，在他们较强消费能力的带动下，北京路逐渐成为广州规模最大、影响力最强的商业中心，也成为明清以前的城市重要轴线之一（李百浩和黄亚平，2003）。

（四）商业发展与礼制共同作用下的社会空间分异

商业发展与封建礼制共同作用于城市内部空间结构，形成了社会空间分异特征。以清代广州为例，作为地方都会，其社会空间保存着封建礼制作用下的基本格局，但同时，作为"一口通商"的城市，清代广州对外贸易逐渐繁荣，在对外交通边界的地区，尤其是滨江地带，形成了商业人口集聚的片区，呈现"西商—东官"的社会空间格局，即民间所言"东山少爷，西关小姐"的社会空间分异现象（图2.2）（魏立华等，2008）。

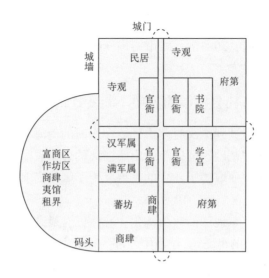

图 2.2　清代广州的社会空间格局
资料来源：魏立华等，2008

三、边远要塞的城市空间结构

边远要塞地区，由于特殊的战略地位，形成一批特殊的城市。这类城市除了具备传统城市的职能外，还承担着军事防御的职能。以榆林和山西太原为例，二者独特的自然地理位置与地势地貌及其特殊的防御地位使其成为典型的要塞城市代表。榆林城始建于明初，是明朝将蒙古骑兵击退后，为防止其再度南侵而修筑的。山西太原城也是一个历史悠久的古城，是北方长城线上"九边重镇"之一。其空间结构特征如下。

（一）城市内部空间布局因地制宜

边远要塞地区的古城营建通常遵循了因地制宜的准则，城市空间结构的布局取决于自然环境特征，城市路网和巷道复杂而多样。以榆林古城为例，该城位于陕西北部，地理位置较为偏远，主要是丘陵、沟壑与沙漠地，城市建设充分结合自然条件，形成复杂多样的路网结构（董鉴泓，2004）。同样，太原城靠山临水，地势险要，一直以来都是北方的重镇和政治中心。太原内部空间布局也不同于我国古代传统营城的做法，没有中轴线、对称的布局和居中的封建统治中心及严整的街道。虽在东南西北各设城门，但四门互相错开，前后左右并不对齐。城内只修丁字街，不修十字街（因为"丁"与"钉"谐音，认为一钉之下，永不翻身，不会再产生反抗赵宋统治的人了）。其营城理念中并没有过分强调封建礼制思想，而是因地制宜，且掺杂了部分封建统治者迷信的思想（臧筱珊，1983）。

（二）具有军事防御特征的外部空间结构

同样，作为北方的军事重镇，太原城因其特殊的地理位置，决定了它的外部空间布局首先需要满足军事上的需要。宋初在太原城的北面古城村的位置（现太原钢铁集团有限公司西南）修筑了纵横各二里的方形城，即"三交城"。同时，又在城南老军营驻兵。这南、北二寨的布局，作为太原城的外围，加以西有汾河，东有东山，太原城就固若金汤了（臧筱珊，1983）。

可见，边远城镇往往是因为其地势险要而成为国家军事要塞，因此其外部环境决定其具有军事防御的空间结构特征。另外，正是复杂的地形地貌条件使得营建时往往采用自由式的布局，因地制宜，顺应自然环境。

第二节　近代中国城市空间结构

近代中国是一个经济社会结构突变、社会观念转变的历史时期，其中发生了如鸦片战争、洋务运动、甲午中日战争、戊戌变法、庚子事变、辛亥革命、国民政府定都南京、抗日战争等一系列重大历史事件，中国由传统的封建社会向现代社会转型。1840年鸦片战争，标志着中国开始沦为半殖民地半封建社会，原有的社会经济开始逐渐解体，在城市空间变化和重构中表现出来。从鸦片战争到民国初年，租界、半殖民地城市模式使得中国近代城市空间的发展出现"二元化"现象，被动接受了西方的城市规划理念和方法；民国逐渐普及市政制度，开始主动接受现代城市规划理论和理念，并借助西方城市建造技术来规划、建设城市，影响城市空间的布局；抗日战争严重影响了中国城市建设。近代中国的时间范围从1840年鸦片战争到1949年新中国成立。

一、近代中国城市空间发展演化

中国近代饱经沧桑，政治、社会剧烈动荡，不同时期由于重大事件的影响和工商业发展程度的不同，又显现出不同的城市空间结构及其发展特点。

（一）1840～1921年：清末开埠、现代城市空间发展起步

鸦片战争后中国被迫打开国门，五口通商，小农经济开始逐渐解体，反映在城市功能上，许多城市开始由为封建皇权服务的城市，逐渐转变成为工商业、金融业、对外贸易同时发展的生产和消费城市。以官署衙门和宫殿庙宇为中心的传统建筑和街区日渐式微，部分反映新型工商业发展下城市空间秩序的转变。许多原来对公众禁止的城市空间逐渐开放为公共空间。但相对而言，非租界城市在此阶段的城市建设发展十分缓慢，内城区进一步填充，但外城区城市用地仅有部分连片。

一方面，一批城市由西方列强控制，在很多城市划定租界，直接侵犯我国的领土和主权。但另一方面，租界也给西方现代市政制度和城市规划理念的引入提供了契机。这一时期的城市空间结构带有西方古典主义和巴洛克规划的烙印，模仿西方圆形广场为中心，配置放射线、对角线等道路交通，强调中轴对称、突出几何中心等形式，并加强城

市功能分区。上海公共租界是中国第一个租界，也是发展较快且具有代表性的半殖民城市租界模式。德国将青岛市按照"花园城市"和"条带城市"规划理论为指导，将城区分为中心区、工业区、港口及居住区。九国租界的天津从传统封闭的矩形卫城，到开埠后航运中心转移，形成新、旧两个商业中心的城市空间结构，并将塘沽片区纳入城市空间，发展成为完全开放的城市空间结构（张秀芹和洪再生，2009）。武汉在汉口开埠，2.2km^{2}的汉口租界工商业迅速发展，并展现了道路、公共设施、现代建筑等城市建设的先进方面，成为当时四大名镇之首，最终形成武汉三镇在行政区、大学区、工业区和商业区的功能分区（朱哲学和张康，2013）。广州沙面也于1861年正式划定租界，相比于其他城市租界，沙面虽小，但成为广州现代城市建设的参考范例，促成了长堤的建设和修筑。

（二）1921～1931年，民国市政制度下的城市空间进一步发展

在帝国主义的冲击下，设立租界的城市空间最早按照现代城市规划理念来设计，其他城市空间也逐渐在市政公所的规划下拓展开来。与前一个时期租界空间建设被动由侵略者的控制和管理不同，1921年，《市自治制》发布并在全国推行市的行政体制，"市"成为主要管理城市区域的新型行政区划单位（吴松弟，2014）。这一时期的城市空间建设开始主动接受现代城市规划理论和理念，并借助西方城市建造技术来规划、建设城市，影响城市空间的布局和拓展。随着城市自治的盛行和部分开明军阀的建设，城市空间结构的拓展在于拆除城墙，拓宽道路，填平旧运河，突破了原有城墙的束缚。部分发展较快的城市，逐渐形成范围较大、相对独立的城乡过渡带，但一般城市还未形成过渡带，或过渡带范围十分狭小。以南京为例，1929年《首都计划》正式出台，宏观上借鉴欧美的规划模式，微观上强调中国的传统形式，在空间布局中强化功能分区，并布局了一系列大型基础设施（董佳，2012），城市建设得到一定发展。

（三）1931～1945年：抗日战争背景下的城市空间的破坏和发展停滞

以1931年开始抗日战争为起点，到日本宣布无条件投降，中国城市发展几乎停滞，尤其是被日攻占的华中地区、华南地区、华北地区共涉及13个省的100多万平方千米土地上的340多座城市受到了巨大破坏。战争火炮、高射炮等杀伤性武器直接对城市中的建筑、基础设施、商铺、工厂、民房等造成破坏，同时也毁坏了城市发展脉络、城市文明的历史积淀，使得中国工业化的进程至少延误了20年（罗荣渠，1993）。

同时中国的"大后方"——中国西南部、西北部的部分城市，由于政府机构、人口的"内迁"，却迎来了一定的城市发展（徐鹏，2016）。人口、工厂的迁移使得重庆、成都等城市建成区扩大，西部公路、铁路的建设，使得交通沿线城市如宝鸡、天水、腾冲等城市空间进一步拓展。同时，也进一步强化了这些城市的功能分区。大批的东部地区企业内迁，拓展了原有城市空间的工业用地，人口的内迁增加了住宅用地，商业区更趋繁华，各类机关、学校迁驻，著名的国立西南联合大学就在这一时期由北京、天津等地陆续进入云南昆明，成都也在成都南华西坝到城东南九眼桥一带形成了延续

至新中国成立后的著名的文化教育区（赵亮，2004）。

（四）1945～1949年：战后城市重建和城市空间恢复

随着抗日战争的结束，各城市工商业开始恢复，铁路和公路逐步修复，城市开始了缓慢的恢复与发展。以南京为例，抗日战争结束时，南京城市人口是47余万人，随着党政军机关及工商业的陆续迁回，南京城市人口迅速恢复至新中国成立前夕的70多万人（李沛霖，2011）。

二、近代中国城市空间结构特征

受到上述几个阶段的影响，近代中国城市空间结构表现出如下几个基本特点。

（一）租界建设下的城市空间带有深刻的半殖民烙印

从不平等条约的签署开始，半殖民地半封建社会特征的城市模式主要在对外开埠通商的城市，以"条约港"、租界等形式表现出来。近代中国设立的租界所在的城市，成为近代中国与世界交流的窗口及工商业贸易的交汇点，对城市空间产生了重大影响。一般而言，租界内与租界外的旧城在空间结构、基础设施、景观等方面差异巨大，外国人居住区与中国人居住区严格分开。

以大连为例，其近代城市空间的发展带有深厚的半殖民地半封建社会的烙印。1898～1905年为俄国占领，1905～1945年为日本占领。1898年俄国强租旅顺和大连为租界地之后，旨在建立远东最大的商业自由贸易港口。在城市空间结构规划上，俄国采用了古典主义规划和巴洛克规划理念。市区按照行政区、欧洲区、中国人区三个部分来划分，模仿欧洲盛行的圆形广场为中心，配置放射线、对角线等道路交通，强调中轴对称、突出几何中心等形式。在巴洛克式的城市中，广场与道路组成城市的主要结构，一条主干道连接城市中心广场（尼古拉耶夫广场，现称中山广场）、次一级的圆形广场、方形广场，次一级广场之间也相互连接，中心广场环形放射出通达城市各大方向的道路。这奠定了大连市现代城市空间结构的基本骨架。而分区是西方侵略者在开辟占领地时常用的手法，表面上营造不同人种所熟悉的传统生活环境，实际是对原住民的歧视，并且在行政区内建造集中的标志性建筑，来凸显侵略者的权威和意志。港口和铁路的设计，尽量减少铁路弯度和分隔城市，同时设计突堤式码头和顺岸式码头两类码头，这些都为现今的大连港奠定了基本格局（刘旭，2017）。

1905年，日本开始了接管大连长达40年的侵略统治。日本将大连定位为军事经济侵略基地，大规模增加军用地。为了支撑军事，以沙河口工厂建设为代表，日本在大连加大力度发展工业，工业空间快速拓展，大连也一跃发展为著名的工业城市。该时期，为了提高空间与交通的匹配，大连西部采用了方格网式的城市布局，而东部保持原来的结构，进一步建设了更细密的路网和更小的街区。随着日本移民的增加，日本人居住区已不能容纳，1906年，日本在大连设置关东都督府，促成了军用地向民用地的转变，并按城市功能特点和种族划分为海港区、工商业区、住宅区、文教区等，城市功能分区对大连后续的城市空间有重要影响。到日本侵华战争前夕，为了发展临海工业和军工厂，又规划将大连湾沿岸规划为码头（闫佳晖和万映辰，2016）。

另一个典型的城市是上海。该市在开埠之前还只是个江南水乡，随着开埠通商，上海县城之外的租界迅速扩大，使得上海成为 20 世纪初中国乃至远东最大的大都市。近代上海城市空间分为华界、法租界和公共租界三个部分，近代上海城市空间演变主要是基于租界的几次拓展。在租界内由市政委员会（工部局）管理，并制定《土地章程》，明确了城市选择和发展方向，规定了棋盘式网络结构道路，划定留居地和港口贸易，以及土地买卖的程序和审批手续。老城区延续清末的城市空间肌理，道路窄；租界空间呈现方格网分布，道路宽敞，帝国主义在租界内设置政府机构、码头、仓库、工厂、洋行等，建设了现代意义上的城市道路。在居住空间方面，里弄是这一时期上海城市居住中西结合的典型代表，主要分布在广东路、福州路等与上海县城和英租界接近的区域（牟振宇，2008）。在公共空间方面，上海的公共开敞空间，由开埠前上海县城内的街道和庙堂集会空间，拓展至租界的建设的领事馆、教堂，还有外滩。传统娱乐空间和西式娱乐空间的关系由相对独立到聚合，再到形成中心，逐渐放射扩散，在布局和建筑形态上同样受到半殖民地的影响（邓琳爽和伍江，2017）。

（二）市政制度下变化中的城市空间结构

西方的市政制度和观念逐渐影响中国的城市建设，清末民初留学生归国后担任政府官员也在一定程度上促进了城市市政的现代化。民国初期一系列市政制度得以实施，从1921 年开始推行市政制度，到 1928 年南京国民政府颁布《特别市组织法》和《普通市组织法》，市政制度得以普及。这一时期的城市空间建设开始主动接受现代城市规划理论和理念，并借助西方城市建造技术来规划、建设城市，影响城市空间的布局和拓展。

随着市政制度的实施，大批城市拆除城墙，拓宽道路，填平旧运河，突破了原有城墙的束缚，城市空间迅速拓展（广州地方志编撰委员会，1995）。该时期进一步改变近代城市空间中往往以官署衙门等行政机构为中心的格局。例如,广州的中央公园(现为人民公园)就是市政公所以清朝广东巡抚行政衙门用地改建的第一家公园，加上之后建设和开放的东较场和海珠公园、东山公园、越秀公园等数座公园，广州市初步形成了公园体系，同时也形成了近代以来新的城市空间发展轴线。这一时期广州的城市空间结构、形态和脉络，诸如西关大屋、东山官邸、沙面洋楼等住房特征，中山纪念堂的建设、海珠桥的开通，市政府合署办公大楼的建立，维新路的调整，部分骑楼商业街的设置，仍清晰体现在 21 世纪广州市的空间结构中，与现今广州的新中轴布局交相辉映（周春山等，2015）。

城市功能分区更加清晰，城市空间呈现多核发展。近代之前的中国城市，官署衙门（城市政府机构）、居住区、手工作坊、商业区等一般交错、杂乱地集中在旧城区，功能分区不清晰。近代工商业的发展，使得地租差异凸显，加上引入了西方国家城市分区的理念也对城市功能分区有所指引。例如，清末的广州城市空间为"西市东朝"的"双核心"结构，工商业的发展，使得靠近码头的西关一带演化成商业贸易区，逐渐分化为纺织机房区、上下西关涌间的高级住宅区、西濠口的洋商区等不同的住宅空间。今天河区石牌附近原是官宦衙门（行政部门）以东的一些丘陵，民国之初尚是山野林地，后来孙中山先生创建广东大学（今中山大学前身，现址为华南理工大学），把石牌一带大片清僻之地作为办学校园（郑静等，1995）。

近代南京城的规划也采用功能分区的方法，1929年编制的《首都计划》将商业区规划在明故宫旧址，使得原有的位于秦淮河、夫子庙一带的商业中心，延伸至城北下关一带，同时新街口由于接近行政中心，也发展成为一个新的商业中心。《首都计划》将工业区布置在长江南北两岸，同时将住宅区划分为三个等级：第一住宅区是上层阶级住宅区，第二住宅区是一般公务员住宅区，第三住宅区是一般职员住宅区，位于较偏的市郊，而旧城延续原有城市空间肌理，其中的旧住宅区原封不动。

第三节　计划经济时期的中国城市空间结构

新中国成立至改革开放前的近30年里，国家实行计划经济体制。在这个特殊的历史时期中，中国城市规划与城市建设取得了辉煌成就。但总体上这段时间中国的城市化发展处于滞后状态，六七十年代是我国城市建设曲折发展的阶段。不同历史时期我国城市建设的背景、需求、目标导向不同，因而每个阶段城市有不同的城市空间结构特点（王凯，2006）。

1949～1957年城市工业化时期。1953～1957年，即"一五"计划时期，是国家在经济恢复期后，进行大规模工业化建设的时期。其间共确定了156项重大工程项目，集中在兰州、西安、洛阳、包头、株洲、太原、沈阳、长春等十几个大中城市（董志凯和吴江，2004）。在这个历史时期，我国的城市规划与建设也是为了安排好这些大型工业项目，开展工业项目和建厂选址定点以及厂区与生活区的规划，并于国家"一五"计划期间编制了城市规划方案，其中实施情况较好的有西安、洛阳、兰州、沈阳等城市。

1958～1965年城市建设期。"一五"计划完成之后，新中国社会经济发展发生了一个重要的转折。1958年在全国范围内掀起了"大跃进"与人民公社化运动，城市规划与建设也进入了盲目发展阶段。其中，1958～1960年城市建设进入"大跃进"阶段，在区域层面规划建设卫星城市，开展远景规划，倡导"快速规划"的基本方法，提高城市规划的定额指标等（李浩，2012）。

1966年至改革开放前城市建设停滞期。1966～1976年，我国掀起的"文化大革命"成为新中国历史上又一个十分特殊的时期。这一时期，国家城市规划和建设的工作基本停滞，城市建设和管理进入相对混乱状态，一些地区呈现乱拆乱建、见缝插针的局面，城市建设停滞不前，因此这段时间城市空间结构基本上延续了新中国成立之初的形态格局。以广州为例，"文化大革命"期间城市基本建设投资总额每年仅有 2000 万元，占工农总产值不到 0.5%，城市建设量小而面窄（汪德华，2005）。城市对居住、商业娱乐、饮食场所的需求不高且被全面压缩，城市面貌因而停滞不前，中心城区空间结构演进长期动力不足，城市总体形态基本上延续了新中国成立之初的空间结构。

总体上，受到上述几个阶段的影响，计划经济体制下中国城市空间结构表现出中心发展受限，外围区产业优先发展，单位大院改变城市空间肌理等基本特点。

一、城市中心区的修复与发展

新中国成立后，保护历史遗迹、修复历史街区、发展工业和保障居住同时受到重视，保护和发展成为主旋律，并影响着该时期城市建设的主导思想。其中，以西安为典型的一批历史文化古城，在经历战争之后，急需开展历史遗产保护并发展工业，二者的关系协调显得尤其重要。20 世纪 50 年代西安市政府开始编制西安城市总体规划，将其定位为"以轻型精密机械制造和纺织为主的工业城市"，以旧城为中心向外扩展，将重点工业企业布局在城市的东西郊（龙小凤，2010）。总体上看，除了居住生活用地以外，这类城市的工业用地占了大部分空间，而居住用地则是以老城为中心围绕其四周向外扩散，城中还见缝插针地布局有零散的绿化用地，形成了初步的城市功能分区格局（汪德华，2005）。

同时，如何修复长期战争形成的破败街区也成为新中国成立后城市建设的重要任务。以沈阳为例，该城在经历了近代以来的军阀割据、日伪占领和国民党盘踞后，其老城区住宅老旧和残破问题已经严重危及居民的安全。因此，对破旧住宅的修建和翻建成为新中国成立初期沈阳市政府的主要工作之一。在旧城改造的同时，也开展沿道路改造带动沿线住宅、公共设施、商业服务网点同步改造的工作。此外，城市政府响应国家号召，大力发展重工业，编制城市规划以更好地满足工业城市发展的需求。该规划大部分利用现状基础，进行功能调整布局，构建了城市基本空间形态（赵辉等，2007）。

与此同时，受到当时遵循"先生产后生活"原则的影响，国家对于商业和服务业重视度不高，商业用地在城市用地中的占比较小，以商业服务业为主导的城市中心区发展受限，取而代之的，是一系列以产业和配套的居住（单位大院和单位生活区）的建设和发展。经济发展滞后于当时的就业政策，也在一定程度上强化了城市的分散化发展，中心区发展受限。

20 世纪 50 ～ 60 年代，中国的失业问题比较严重。当时政府的工作重点就是对众多的失业工人和失业知识分子进行救助，多管齐下解决不同人群的就业问题。因此，解决城市新增劳动力的就业问题成为政府工作的重中之重。我国提出了"统筹安排，城乡并举，而以上山下乡为主"的工作方针，一方面阻断农村劳动力向城市的流动，另一方面安排失业工人（主要是城市知识青年）到农村参加劳动，同时广开就业门路（赵入坤，2008）。这些举措在一定程度上决定了城市建设发展以产业为优先考虑，且随着人口向农村的转移，中心区发展进一步受到限制。

1966 ～ 1978 年，城市经济几乎处于停滞状态，原有的产业规模和结构很难接纳和消化更多的劳动力。在此背景下，当时的就业空间从城市向农村扩散，相应的，城市中心区进一步衰退。

阮智炜（2010）以广州为例，研究了1949～1978年广州市居住和就业空间发展的特征及其形成机制。

其中，国民经济恢复时期（1954～1958年），在建设生产性城市的政策目标导向下，广州的产业结构出现了变化，其传统的商业和服务业开始萎缩，工业发展进入了新的时期。在"有利生产，方便生活"的原则下，广州的旧城边缘逐渐出现了一些工业区以及为其配套建设的工人新村。广州的居住－就业空间在城市边缘区得到发展，旧城边缘逐渐出现了一些就业聚集点和与之配套的工人新村，而中心城区发展受限，该时期的广州居住空间形式为：新村－住宅群－街坊－住宅。在空间分布上，以各种分布在城区边缘区的"新村"为主要形式，部分新村是为工业区服务，随工业区配套建设的。

1958～1965年，刚步入快速发展轨道的广州经济受到一些打击。尽管如此，这期间广州市的居住－就业空间还是取得了长足的发展，特别是若干重点工业区的形成，奠定了日后广州市工业分布的基础，对广州市就业空间的拓展起了关键性的作用。而居住空间方面，则是继承前一阶段的分布模式——跟随工业区的兴建而配套大型的工人生活居住区——居住就业空间依然朝"职住合一"的方向发展。总体上，该时期广州居住和就业空间的发展突破原有的老城区外围区圈层式发展，沿珠江前航道向东、向南延伸，工业区和工人生活区匹配布局，非均质分布在珠江两岸。

1966～1978年，广州的社会经济发展停滞不前，工商业发展和住宅建设受到严重冲击，城市生活服务设施严重不足，居住区建设一度陷入停顿状态，城市建设的种种问题如居民用房紧张、市政公用设施严重不足、城市布局混乱等也暴露出来。城市居住与就业空间没有出现明显的空间扩张（图2.3）。

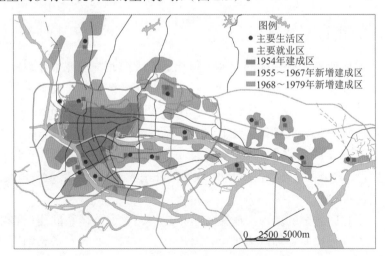

图2.3　广州市城市空间分布图（1954～1979年）

资料来源：《广州市志》、《广州工业四十年》

底图来源：阮智炜（2010）在《广州城市与产业发展的历史分析》原图基础上绘制，作者重新整理

二、产业空间与城市空间结构

计划经济时期的城市建设以服务工业生产为主要目的，优先布局工业用地，进而带动其他用地的开发建设，形成一批单位大院、单位生活区、大型工厂等。城市空间结构呈现斑块化与破碎化并存的特征。

与此同时，随着农村人民公社的推广，城市开始了城市人民公社运动。城市居住区强调"工、农、商、学、兵"结合，一些小工业被引入居民点，为了便于居民随时参加政治活动，在居民点中还布局了会议室，甚至还设置了练兵场以体现"全民皆兵"的思想（汤国良，1989）。

因此，虽然城市功能分区基本按照规划进行，但由于每个分区内部经济计划项目多，内部的功能布局具有一定的自发性，功能结构也复杂多样。总体上看，城市整体的空间结构向外拓展，同时内部也形成一系列斑块镶嵌的格局。

三、单位大院与城市空间结构

20世纪50年代尤其是"大跃进"时期，工业企业是当时国家发展的重点，这个阶段为了满足工业生产和工人生活的需求，大部分工厂在建设之初便统一规划建设了相对完整的厂区和生活区，由此形成了单位大院。单位大院的出现在一定程度上改变了城市空间肌理。一方面，其一般选址位于城市郊区，因为空地较多且用地成本低廉。另一方面，大院的建设通常由各个单位自己规划设计，缺乏整体的统筹协调。且当时受到苏联建设模式的影响，用地规划片面追求气派壮观。这些因素导致了单位大院建筑间距很大，不考虑城市景观轴线的延续、对位以及与建筑肌理的统一和协调，改变了整个城市的肌理（王乐和梁红，2010）。

四、交通与城市空间结构

快速工业化发展需要有便捷的交通体系相适应。因此，在城市建设中，道路网络和交通组织受到重视。以广州为例，计划经济时期在城市外围布局了大量工厂和员工生活区（如广州石油化工总厂和石油化工生活区，广州文冲船厂[①]和文冲生活区，员村工业区、芳村白鹤洞工业区等），随着这些片区的开发，也给中心城区与外围区之间的交通基础设施建设带来需求。因此，推动了包括珠江大桥（建于1958～1960年）和人民大桥（建于1965～1967年）及与之联系的江南大道和工业大道等道路的建设（周素红和杨文越，2012）。

类似的，该时期沈阳的城市空间结构也依托格网状道路体系的建设得以重塑。为了满足生活与工业发展对交通的需求，市政府在"一五"期间对道路网进行了一系列的改造，包括打通中山路、打通兴工北街和保工街、拓展南北两孔桥、开辟中环路等，

[①] 广州文冲船厂现为广州文冲船厂有限责任公司。

加强市内各区之间的联系。经过这一时期的建设，沈阳市内基本形成了较为合理的道路网络系统，并成为城市结构的重要基础（汪德华，2005）。

第四节　改革开放以来的中国城市空间结构

改革开放后，中国经济进入转型时期，城市化开始快速发展，人口规模显著增长，城市规模迅速增大。计划经济时期的延续与市场经济体制的转型共同作用于城市空间结构的组织，一方面，政府部门加强了对城市空间功能结构的布局规划，另一方面，除了关注生产空间外，逐步强调生活空间在城市中的重要性和优先性，重视生活空间的组织和建设。一改之前的"先生产、后生活"城市建设理念，强调生产为生活服务（图 2.4）。土地有偿使用制度的建立，使得土地价值得以体现，促进了市场投资，进而推动城市功能空间结构的重构。城市发展动力也更为多元化，使城市建设发展迅速，主要特征表现在：城市中心区的迅速崛起、单位制的解体与居住空间的分异、郊区化与新产业空间的形成、生态休闲空间的塑造等。

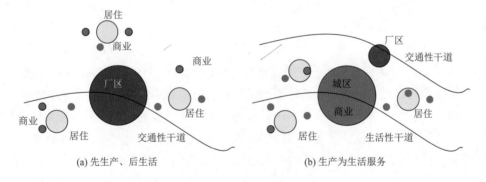

图 2.4　改革开放以来城市建设规划理念的转型

一、城市中心的迅速崛起

改革开放以后，市场经济释放了巨大的发展动力，使得城市商业服务业迅速发展，进而推动城市商业中心的发展，部分城市在规划和市场双重作用下，出现了商业中心的复核化趋势。传统商业中心从单一的商贸功能逐步发展为同时承担金融、办公、休闲娱乐等多种功能的 CBD。这一阶段，城市中心的商业功能得到极大发挥，工业、居住等功能转向城市外围。

改革开放政策和市场经济制度的实施，使中国城市进入了快速发展的社会经济转型期，市场化改革、城乡迁移、经济全球化成为推动中国转型城市发展的三个主要动力（魏立华和闫小培，2006）。在这种影响下，快速城市化为城市带来了源源不断的劳动力和经济体，极化了城市中心区，也加速了城市空间的重组。CBD 在这个过程中，受到极大的积极影响，乃至产生了一股发展热潮。从 20 世纪 90 年代初，中国主要大城市便开始 CBD 的规划尝试，随后各大城市政府纷纷启动 CBD 的规划建设，同时，房地产市场频繁地借用 CBD 概念来进行宣传和炒作，最终形成一股庞大的 CBD 规划建设热潮（陈伟新，2003；罗福源和罗寿枚，2004；蒋朝晖，2005）。此后，建设部出台了相关政策抑制了这个热潮的扩大，学界也进行了相应的检讨和反思（袁奇峰，2001；Yan et al.，2013）。在这种宏观背景下，城市多中心化（孙斌栋等，2010）和办公空间多级聚集现象（张景秋等，2010a）日益普遍，许多城市出现新老 CBD 并存、共同发展的格局，即 CBD 的"复核化"，具体指的是市场主导型和政府主导型同时存在，相互协调发展，形成多元化经济核心的过程（阎小培等，2000；Yan et al.，2013）。

　　中国城市在改革开放后进入了高速发展期，多数沿海发达城市的地区生产总值在数十年间增长了上百倍，特别是深圳。在这种趋势的影响下，城市经济快速集聚而又快速达到饱和，并发生扩散。20 世纪 90 年代初，我国主要大城市开始建设 CBD，包括北京、上海、广州和深圳，带有强烈的政府主导色彩。在激烈的城市竞争和快速城市化的双向推动下，其他城市纷纷启动 CBD 建设计划，最终形成一股庞大的 CBD 规划建设热潮。诸多城市开展 CBD 建设计划，以此吸引投资，提升城市竞争力，进行城市扩张，形成多种开发模式。这股热潮出现的主要原因来自两个方面，一方面是转型期的中国城市进入了经济高速增长和空间快速扩张期，在城市空间重构的过程中，产生了庞大的商业、商务市场需求，通过建设 CBD 可以高效率地组织城市最高端的核心经济功能，也可以作为城市新中心区开发的手段，分流城市经济；另一方面，与中国的城市管理体制有关，地方政府在城市增长的过程中具有重要的作用，拥有较大的土地管理权和财税管理权，有能力主导 CBD 的开发。这两方面的原因使得我国 CBD 建设得到快速发展，很多城市形成了复核化的 CBD 格局（图 2.5）：原有的城市中心区，在市场

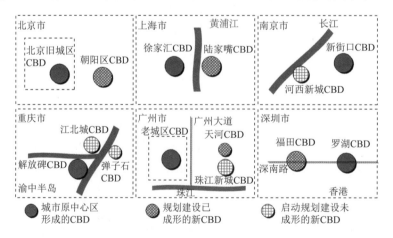

图 2.5　中国主要城市复核化的 CBD 格局示意图

资料来源：作者根据 Yan 等（2013）翻译

力的驱动下，也逐渐形成 CBD，并没有因为政府主导型 CBD 的大量建设而被取代或者消亡，最终形成了两种形式的 CBD 共同存在于一个城市中的格局，称为 CBD 的"复核结构"，其意义在于强调 CBD 运营机制的不同，而不是 CBD 数量的多少。

二、单位制度解体与居住空间分异

土地有偿使用和住房市场等新政策的推行促进了居住空间的改造与调整，老城内居住区被大规模改造和重建，房地产开发项目规模迅速增长，居住郊区化现象明显，职住分离问题凸显。住房制度改革后，中国城市社会空间由均质走向多元，住房产权逐渐多样化，单位居民的迁居是中国城市空间重构的重要方面（刘天宝和柴彦威，2013）。同时，城市快速扩张导致城中村独特的农村景观出现在城市空间中。许学强等（1989）将广州社会区分为人口密集混合功能旧城区、干部居住区、工人居住区、农业人口散居区和知识分子居住区五个类型，并大致呈向东曳长的同心椭圆分布。广州城市社会空间结构形成的原因主要是城市发展历史、住房分配制度和土地功能布局，受制于规划决策机关的决定和人们缺乏选择住房的自由度，不同于影响西方社会空间的社会经济地位、家庭和种族三个基本要素。随着住房制度的改革，经济收入状况和职业构成在我国城市社会区形成中将起到重要作用。周春山等（2006）以第五次全国人口普查数据，揭示转型时期城市社会空间结构模式。通过与 1985 年的广州社会区研究对比，发现转型期出现了基于老城区发展的、基于工业和教育飞地发展的、基于农村社会区发展的三种城市空间的新演变模式。转型期社会区变化主要是因为住房制度的改革，不同收入之间的人群通过货币选择不同区位和不同类型的住房，使得社会区之间的分异从职业差别逐渐转为收入差别。同时外来人口也成为影响社会区分异的一个重要原因。

新的社会空间及分异正在形成。袁媛等（2009）研究了转型期中国城市贫困和剥夺的空间模式，通过贫困空间和剥夺空间之间的组合关系，探讨了三类地域下城市贫困与剥夺之间的空间模式，即内城区贫困和剥夺空间重合区、外围企业配套居住区贫困与剥夺空间错位和有限分离区、外来人口聚居区贫困和剥夺分离区。但刘玉亭（2005）的研究发现，虽然新贫困的出现已经打破了计划经济时代建立的城市社会和空间结构，但并没有发现成片的贫困群体或低收入群体集聚区，贫困人口在整个城市的空间分布是分散的，但是相对集中于特定类型的社区（老城衰退邻里、退化的工人新村和农民工集聚区）。顾朝林和克斯特洛德（1997a，1997b）以北京为例说明了"浙江村""新疆村"等流动人口集聚区的特征及其与高档别墅区的分隔。李志刚等（2014）基于第六次全国人口普查数据，对广州新移民的社会空间做分析。研究结果表明广州新移民的居住空间同本地常住人口居住空间分异程度较高，空间上整体呈现从中心区的外围区域向外圈层分布，同时省内新移民多集中在近郊地区，而省外新移民分散在城市远郊，指出了中国新城市移民的社会隔离正由城乡二元转向城市内部居住分异的问题，值得关注。付磊和唐子来（2008）利用第五次全国人口普查数据，采用因子生态分析方法，提取了四个主因子（迁移特征、白领人口、低阶工作人口和人口集聚程度），研究了上海外来人口社会空间结构模式。研究得出六类不同的流动人口分布社会区，发现上海外来人口社会空间结构呈现圈层结构和多核心相结合的空间分布模式。

全球化、市场化和外来移民背景下，基于结构主义和后现代主义视角对族裔聚居区的研究也开始出现。李志刚等（2008）探讨了中国城市新的社会空间即跨国移民族裔聚居区形成的特征与演进机制。运用实证分析对广州黑人聚居状况及其同本地市场、社会和政府等要素的社会联系做了剖析，得出族裔聚居有一定主动性，通过聚居来抵抗环境不熟悉和降低信息成本；同时存在被动隔离，受到一定的社会排斥。刘云刚和陈跃就广州日本移民族裔经济和社会空间特征做出了描述，并将族裔经济空间分为两种：一种分布在跨国公司及其相关组织周围；另一种自然形成于高端移民集聚住区组团周围。研究发现，族裔经济在空间上形成了族裔景观，如族裔经济区、族裔中心区等，甚至形成了"族裔 CBD"雏形（刘云刚和陈跃，2014）。

三、园区建设与新产业空间的形成

随着城市经济的不断发展，城市发展开始强调"退二进三"以及内城更新改造，导致原有老城区的工业不断向郊外工业园区迁移，吸引了大规模投资，形成社会化生产。在这一阶段，工业园区、经济开发区等新兴的功能空间开始兴起，产业空间高度集聚趋势显著，形成了一系列新的工业园区。近期，随着创新要素在产业发展中受到重视，新产业空间也迅速形成，研究创新空间背后的机制以及新产业空间承载的土地开发模式也受到关注。

1. 在园区建设方面

王慧（2002）就不同时期的开发区的空间模式和开发区引发、加速城市空间重构效应做了总结。成型期的开发区以集聚作用为主，通常在城市边缘区，依赖母城，成为一种新的城市空间；成长期的开发区功能逐渐复合，开始发挥其扩散作用，由于与内城、周边城镇不同的"位势差"，这一时期的开发区与城市内城关系较为密切；成熟期的开发区则进一步发挥其扩散作用，全面反哺母城，并带动周边城镇和外围组团的发展；后成熟期的开发区渐渐褪去"特区"的角色，慢慢成为城市新区或新兴城市。

同时，伴随着产业的快速发展与产业升级，高新技术开发区开始在城市近郊兴建，其依附于城市经济开发区，不断吸引高技术型企业入驻。大学、科研机构、研发中心等知识密集型空间要素开始在城市内集聚，形成科技城、大学城等新城市空间。此外，伴随"大众创业、万众创新"政策的推出，经济发展水平较高的城市开始兴起众创空间等共享型空间，呈现对于高新技术开发区以及科教机构较强的依附特征。王战和和许玲（2005）总结了高新技术产业开发区的空间结构模式，认为开发区作为城市的功能区，是城市空间和城市经济发展的重要增长极，在空间上与老区及整个城市之间具有联动关系。近年来随着文化产业的发展和众创的提出，一些研究关注文化产业空间和众创空间等新型产业空间。周尚意等（2011）以 798 和 M50 两个艺术类文化创意产业集聚区比较，探讨艺术区在城市地方性塑造中的作用。指明艺术区首先是城市功能区的有机组成部分，由原来的工厂厂房改为艺术空间及配套的休闲设施，同时艺术区也是城市地方性的窗口，是城市记忆的一部分。并论述了艺术区具有嵌入地方社会文化网络的重要性。

2. 创新和创新网络的构建成为空间组织的重要考虑维度

在众创空间等新产业空间的研究方面，周素红和裴亚新（2016）探讨了非正式创新联系网络是众创空间产生的基础和核心，包含了入驻个体与团队之间的内部联系网络和内部主体与外界生产性服务企业间构成的外部联系网络，共同影响众创空间的选址和空间利用方式。并指出众创空间中的办公空间、交流空间、共享空间和虚拟的社区空间等多维空间的设计对于促进众创活动意义深远。周素红和裴亚新（2016）认为创新的过程是一个网络构建的过程，其基本运营模式与网络构建机制为：由投资方为众创空间的运营提供资金和物业支持，这些资金和物业由众创空间运营方进行分配与利用，形成众创空间为入驻团队提供的特色服务，以此来吸引创客团队的入驻。创客团队通过运营方的项目评估之后入驻众创空间，与一同入驻的企业之间产生咨询、情感等内部非正式联系和合作等内部正式联系，这些联系共同构建了内部联系网络。与此同时，生产性服务机构补足了众创空间为创客团队提供不了的生产性服务，从而形成入驻团队的对外业务联系，进而构建了外部联系网络。这两层网络共同促进了众创空间及其成员的发展。

3. 新产业空间背后的土地开发模式

随着新产业的发展、新产业空间的出现、建筑建造水平的提升，涌现了都市型工业、物流业、产业园等新产业和产业组织空间，多样、灵活的混合用地已成为城市用地发展的新趋势。张梦竹和周素红（2015）总结了新产业空间发展背景下的新型混合土地开发模式，包括物流商贸园区式、科技产业园区式、"TOD"[①] 轨道交通站点式、"工业区－商业区"演化式等。这四种用地方式的混合用地组合、混合方式等都与传统的产住混合用地有很大差异。物流商贸园、科技产业园区式的"产业－产业"类混合用地，功能一体化、开发时序性是其用地、空间建设布局特征，但在规划管理的制约下，难以灵活、高效的建设发展或处于"不合法、但合理"的灰色地带；"TOD"轨道交通站点式的"产业－公共设施"类混合用地，具有较强的政府主导的规划意识，但随着市场力量的进入，地权的垂直分离和空间利用急需出台

---

① 以公共交通为导向的开发（transit-oriented development，TOD）是规划一个居民或者商业区时，使公共交通的使用最大化的一种非汽车化的规划设计方式。

相应的规划管理规定；市场力量作用下的自由演化混合用地，在空间格局和地权关系上都处于不稳定状态，多数用地处于非法状态，市场需求与非正规用地冲突，使城市规划与市场经济处于对立状态，急需规划管理做出适当的调整和改革（表2.1）。

表2.1 新趋势下混合用地新模式及其特征

趋势动力	产业特性的改变		城市新产业空间的兴起	建筑建造水平提升
混合类别	产业–产业		产业–公共设施	自由演化
混合模式	物流商贸园区式	科技产业园区式	"TOD"轨道交通站点式	"工业区–商业区"演化式
界面特征	存在功能分区；但不一定有明确界限		明确的垂直界限	功能界限模糊
用地特点	功能一体化、开发时序性		地下的垂直用地开发	用地需求多变、非正规用地
涉及用地类型	B1商业/B2商务/R居住/M工业/W仓储/S交通	B1商业/B2商务/M工业/R居住/M1+B1研发	B1商业/B2商务/R居住/S交通	B1商业/B2商务/R居住
样式案例	乐从钢铁世界	成都天府软件园	广州中山路沿线地铁站	深圳"上步工业区–华强北"

资料来源：张梦竹和周素红，2015。

四、城乡空间分异与郊区城市化

刘望保和闫小培（2007）认为户籍制度虽然已不再是城乡和区域之间劳动力流动的主要障碍，但由于公共服务供给有限加上户籍制度等的烙印，不同身份居民依然在住房、就业、医疗卫生、教育等方面享受不同的权利和保障。黄友琴和易成栋（2009）认为流动人口仍存在的户籍制度和现有的住房制度约束下，住房选择有限且一般不能享受相关住房补贴，公租房、经适房和住房公积金、银行商业贷款都是针对本地户口居民，使得流动人口处于较为弱势的地位，集聚在如城中村、临时工厂宿舍等特殊空间，与其他居住区形成分异。住房制度改革后虽然市场提供了多种类型住房，但不同类型住房分配标准不同，造成不同身份属性居民获得住房的机会差异大，在空间上则反映为居住空间分异，以及城中村等特殊的城市空间。

与此同时，中国城市空间快速蔓延，促使郊区城市化快速发展。由于交通方式的不断变革和交通体系的不断完善，以及私家车的普及，进一步支撑和促进了城市空间向郊区扩展，城市区域一体化趋势明显。同时，互联网、智能手机等信息通信技术迅速在我国发展，改变了居民的生活方式，也影响了居民对于居住地与就业地的选择，进一步助推了郊区城市化的发展。

大量外来人口集聚于大中城市的近郊、卫星城的兴建、城市多中心化和网络化的发展是郊区化的重要表现。曹广忠和柴彦威（1998）从城市化不同阶段划分，同一时期的城市内部地域结构，有以集聚为主的城市化阶段对应混合型土地利用单中心结构，以集聚和扩散并存的郊区化初始阶段对应单中心向多中心结构转换，以扩散化为主的郊区化阶段对应多功能、多中心结构。并以大连市为例探讨城市土地利用结构在郊区化显现下，由单中心的集聚型逐渐向多中心结构演化。崔功豪和武进（1990）说明了城市边缘区扩展随着经济周期波动而变化，呈现由沿轴纵向扩展到稳定，再到轴间横向填充，再次沿轴向外扩展的周期性特征。工业用地扩展对边缘区空间结构有重要影响，居住用地扩展影响有限，尚未形成如西方国家的"居住型边缘区"。顾朝林等（1993）认为中国大城市边缘区土地利用特性及其空间特性，区别于城市核心区生产和居住相互包围的布局形态，而采取连片形式开发，进入楔形增长为主的新阶段。并概括了城市边缘区空间轴向扩展和外向扩展两种形式，轴向扩展包括工业走廊、居住走廊和综合发展走廊三种类型，外向扩展包括连片发展、独立发展和渐进发展三种形式，且描述了城市边缘区空间演化的规律。

第五节　不同时期的中国城市空间结构特征

城市的发展演变，都存在于特定的历史背景，特定的发展阶段中，因而城市存在着不同的内在发展规律，从而表现出特定的城市空间结构与形态特征。因此，梳理各个历史时期城市的物质空间形态特征及演变是认识与研究中国城市空间结构的基础。

（一）历史时期

历史时期的中国城市建设是一部辉煌的历史，东周时期的临淄，秦汉时期的咸阳、长安，隋唐时期的长安、扬州，两宋时期的平江、东京，元代的大都，明清时期的南京、北京等，都是当时世界上最著名的城市之一。在城市建设理念方面，由于古代中国在信仰上追求儒家思想的大同、平等礼制的理想社会，即"和"与"中"的标准，体现的是象天法地、地利人和的规划建设思想。因此城市空间结构趋于对称、秩序、整体、规律，达到和谐统一的效果。但是到了近代，中国城市建设受到工业化资本主义国家入侵的影响，一蹶不振，空间结构遭受破坏，没有新的演变进展。

具体来看，具有不同地理区位与职能的城市在空间结构上的特点不同。皇城古都方面，规划建设理念由"天文"到"人文"逐渐转变，受礼制思想影响深远，强调围绕中轴线布局城市空间结构，并形成不同的社会空间分异；地方都会方面，城市的功能分区、轴线沿线的功能布局等都是为城市的经济社会发展服务。轴线往往通向江河湖海等交通便捷的地方，便于开展贸易；边远要塞方面，往往由于其特殊的地理位置而成为具有军事防御职能的城市。内部空间结构布局顺应自然地形地貌，因地制宜。

（二）近代时期

近代中国是一个经济社会结构突变、社会观念转变的历史时期，1840 年鸦片战争后，原有的社会经济开始逐渐解体。中国部分城市开埠对外通商在一定程度上促进了城市工商业的发展，改变了原有的围绕皇权的城市空间布局，拓展了城市工商业空间及其他公共空间，初步形成现代城市空间。从鸦片战争到民国初年，租界、半殖民地半封建特征的城市模式使得中国近代城市空间的发展出现"二元化"现象，被动接受了西方的城市规划理念和方法，这一时期的城市空间结构带有西方古典主义规划和巴洛克规划的烙印，模仿西方圆形广场为中心，配置放射线、对角线等道路交通，强调中轴对称、突出几何中心等形式，并加强城市功能分区。随着中国市政制度的普及，城市建设开始主动接受现代城市规划理念和借助西方城市建造技术，这一时期大批城市拆除城墙，拓宽道路，填平旧运河，突破了原有城墙的束缚，城市空间迅速拓展。同时城市功能分区更加清晰，城市空间呈现多核发展，部分城市奠定了近代以来新的城市空间发展轴线。抗日战争严重影响了中国城市建设，但少数"大后方"的城市，由于战时工厂、人口的内迁以及工业、资源的需要，其城市空间获得了一定程度的发展。应该说，政治制度的变换和划定租界等重大历史事件推动的社会转型，是近代城市空间结构发展和重构的根本力量，奠定了新中国成立之后城市的基本城市空间格局。

（三）计划经济时期

新中国成立至改革开放前是我国的计划经济时期，在城市建设上不同阶段具有不同的历史背景，并产生了不同特征的城市空间结构。新中国成立之初到"文化大革命"以前是我国工业化发展导向时期，期间城市建设为工业化服务，并围绕旧城区布局工业区。为了满足工业发展对交通的需求，城市道路网进一步优化形成方格网的肌理，并通过对外交通形成了扇形的城市空间结构；另外，还出现了卫星城、单位大院等新兴空间类型。而"文化大革命"期间，城市建设基本停止，建设量小，且都是见缝插针，在老城区乱挤乱占，呈现无序混乱的状态。这段时期城市空间结构基本延续了"文化大革命"之前的空间形态。

总体上看，计划经济时期的城市建设主要集中在新中国成立初期至"文化大革命"，该时期城市空间结构的演变具有独特的特点，具体表现为：首先是工业用地往往占据城市区位优越的土地，城市中心区主要围绕工业功能进行建设开发；其次是行政办公功能，而商业功能未得到足够发展。由于工业发展的需求，在城市建设中，道路网络和交通组织受到重视，交通带动了城市空间结构的轴线扩展。特定历史背景下产生的单位大院，在空间上改变了城市用地肌理，与传统建筑机理产生一定的冲突。

（四）改革开放以来

改革开放后，我国经济进入转型时期，城镇化开始逐步走上正轨，政府部门开始对城市空间功能结构进行科学规划、统筹安排、合理布局，不仅重视生产空间，也重视生活空间。同时，这一时期土地有偿使用制度的改革使得土地价值得以体现，促进了城市功能空间结构的重构。

　　具体来看，该时期城市中心迅速崛起，中心功能多元化；园区、开发区成为新的工业发展载体，吸引了大规模投资和社会化生产，产业空间高度集聚趋势显著，新产业空间快速形成，创新网络构建及其承载的空间受到重视；而土地有偿使用、住房体系私有化以及住房市场等新政策的推行，促进了居住空间的改造与调整，老城内居住区被大规模改造和重建，居住郊区化现象明显。

　　快速城市化时期，居民出行的交通方式不断发生变革，私家车开始普及。同时，互联网、智能手机等信息通信技术迅速在我国发展，居民生活方式得到很大改变。种种因素影响了居民对于居住地、工作地的选择，最终导致城市空间快速蔓延，不断向郊区扩展。

　　该时期城市空间结构的特点主要表现为：郊区城市化迅速发展，郊区转变为城市地区，外来人口大量集聚于大中城市的近郊。同时，政府在远郊自然发展起来的小城镇或已有工业的小城镇基础上，择优进行规划建设卫星城。该时期还兴起了高新技术开发区、科技城、大学城等新城市空间。随着经济发展水平的提升，居民消费需求逐渐向具有绿色、自然、生态等特征的消费产品转移，城市中出现了以绿地、广场、公园等为表现形式的生态空间。

第三章 中国城市功能空间结构

城市功能空间是城市地理学、城市规划学等学科持续关注的重点。国外针对城市功能空间结构的研究起步较早，伯吉斯、霍伊特、哈里斯分别提出了同心圆模式、扇形模式、多核心模式（Burgess，1925；Hoyt，1939；Harris and Ullman，1945），阿隆索、米尔斯与穆斯等研究了城市土地的空间结构（Alonso，1964；Mills，1967；Muth，1969）。中国城市功能空间结构研究始于 20 世纪 80 年代，针对城市空间形态的特征及变化、城市空间扩展方式及动力机制、城市功能演变及空间分析等进行了深入研究，为城市空间组织与土地利用提供了重要的理论支撑（顾朝林和陈振光，1994；张庭伟，2001；冯健和周一星，2003a；王新生等，2005；于涛方和吴志强，2006；姚士谋等，2009；周春山和叶昌东，2013；周国磊等，2015）。

当前，中国处于快速城镇化向新型城镇化的转型发展阶段，在快速交通和信息通信技术影响下，城市功能空间重构呈现出多样化、复杂化、复合化的特征。同时，仍然面临着城市不同类型功能空间组织与布局不合理、关系失衡等问题。因此，需要加强城市功能空间特征、规律及其与城市土地利用的关系研究，为城市功能空间优化与土地利用集约高效提供理论支撑，进而促进城市功能空间的智慧、健康与协调发展。

第一节 城市功能空间结构的特点

城市内部不同功能区之间的相互关系构成了城市功能的空间结构。城市功能一旦形成，就会影响城市土地利用结构。反之，城市土地利用结构变化也会影响城市功能的演化。不同发展时期、不同类型城市的功能空间结构各有不同，理解这一点对于把握城市空间发展脉络、特点以及指导未来城市空间规划布局与发展具有重要意义。

一、不同发展阶段城市功能空间结构特点

新中国成立以来，我国经历了不同的城市化发展阶段，对应的城市功能及其空间结构也发生着相应的变化。根据叶嘉安等（2006）的研究，对城市功能空间结构特点总结如下。

（一）城市化恢复与起步期（1949～1978年）

新中国成立后，我国迅速开始了国民经济的恢复与重建，促使城市功能逐渐恢复，城市人口的持续增加。这一时期城市化与城市发展的动力主要来源于国家主导下的经济建设和工业化运动。城市被定位为生产中心而非消费中心，发展战略以"变消费型城市为生产型城市"为主（叶嘉安等，2006），土地由国家统一划拨，人口流动受到严格的户籍制度约束，城市功能空间结构主要表现为以下特点。

1. 第二产业空间为城市主导产业功能空间

城市建设以生产性功能为主，工业建设决定了城市用地结构、空间布局以及扩张速度，并直接影响其他城市功能及用地方式。具体而言，首先表现为工业用地往往占据城市区位优越的土地，进而带动居住、商业、交通用地等向外扩展；其次是依托工业发展而形成的"单位大院"，独立使用土地，内部功能混合，基础设施集中齐全，生产生活合一。同时，为配合大型工厂选址，很多城市出现围绕新建工厂开发新建城区，如长春的汽车厂区、洛阳的涧西区等。总体而言，在工业发展的主导下，该阶段第二产业空间成为城市主导功能空间，混合式工业空间单元的存在导致其呈现出一定的破碎化特征。

2. 城市中心区商业功能发展不足

工业尤其是重工业主导的城市发展模式，导致大部分城市变成了功能不全、结构失调的纯工业基地，而城市中心区商业功能空间尚未得到有效利用。具体来看，城市主要围绕工业功能进行建设开发，其次是行政办公功能，而忽视了商业的持续发展。这与我国当时经济发展遵循"先生产后生活"的原则以及国家对服务业重视度不高密切相关。这一发展模式直接导致商业用地在城市用地中的占比较小，城市中心区商业发展活力明显不足。

3. 城乡空间分割明显

计划经济体制下长期的二元户籍制度导致城乡功能呈现出明显的空间分割，具体表现为城乡劳动力流动被阻断，城乡之间的产业联系、资金联系、人流联系等均非常薄弱，即典型的城乡二元空间。

（二）城市化水平持续增长期（1978～2000年）

改革开放后，市场机制被引入传统计划经济，我国经济进入快速增长期，外资成为主要推动力。东部沿海地区凭借地缘与政策优势，吸引大量外资入驻，带动了城市经济发展的活力。同时，乡镇企业兴起，"离土不离乡，进厂不进城"的乡村工业化模式和"自下而上"的城市化过程促进了小城镇的迅速发展。伴随着快速城市化，城市规模不断扩大，城市空间扩张迅速。城市功能对城市发展的意义愈发重要，政府部门日益强调对城市空间功能结构进行科学规划、统筹安排、合理布局，表现为不仅重视生产空间，也重视生活空间。同时，这一时期土地有偿使用制度的改革使得土地价值得以提升，也加速了城市功能空间结构的重构。城市功能空间特点主要表现如下。

1. 城市中心迅速崛起

以旧城改造为契机，传统商业中心从单一的商贸功能逐步扩展到兼有金融、办公、信息、管理、休闲、娱乐等多种功能的中心商务区，这一功能空间也日渐成为城市规划建设的重点。这一阶段，城市中心的商业功能得到极大发挥，部分工业、居住等功能空间则逐渐转向或扩展至城市外围地区。

2. 园区、开发区成为新的工业发展载体

随着城市经济不断增长，城市发展开始强调"退二进三"以及内城更新改造，导致原有老城区的工业不断向郊外迁移，并逐渐集中布局于政府规划的工业园区或开发区内。随着老城区工业不断外迁、集聚以及新兴产业的成长，工业园区、经济开发区等新兴的功能空间逐渐壮大，成为城市经济的重要增长空间以及城市产业发展的主要承载体。

3. 城市居住空间分异

土地有偿使用、住房体系私有化以及住房市场等新政策的推行使得传统上以单位为中心生产、生活混杂的城市功能结构逐步瓦解，城市社区开始出现。新型社区、老旧社区、保障型社区、城中村等不同类型的社区交织分布在城市空间，城市居住功能空间呈现出显著的分异特征。

（三）城市化全面发展转型期（2000 年至今）

经过前两个阶段的快速发展，中国城市化水平有了很大的提升，同时也面临着如何实现高质量且全面发展的难题，对城市功能空间的重组与优化也提出了更高的要求。表现为交通方式不断发生变革，交通体系不断完善，私家车开始普及，进一步支撑和促进了城市郊区功能空间的发展。同时，生产性服务业在城市经济运行中的作用日益突出，创新、创意等新的城市功能空间兴起。此外，这一时期社会主要矛盾已经转化为人民日益增长的美好生活需要和不平衡不充分的发展之间的矛盾，提升居民日常生活质量成为城市发展的核心，生态、休闲等功能空间不断得到重视。这一时期城市功能空间特点主要表现如下。

1. 郊区城市化驱动城市扩展

郊区城市化指郊区转变为城市地区，包括农业用地向非农业用地转化、纯农户向兼业农户或非农户转化（张水清和杜德斌，2001），农村经济由以第一产业为主向以第二、第三产业为主转变，农村生活方式向城市生活方式转变。同时，伴随着卫星城、开发区、住宅区的建设，外来人口大量集聚于大中城市的近郊，加速了郊区的城市化（顾朝林，

1999；李晓文等，2003；滕堂伟和施春蓓，2013），多数是在远郊自然发展起来的小城镇或已有工业的小城镇基础上，择优进行规划建设，逐步扩大规模，完善配套设施，提升经济实力，以此分散对城市中心的集聚压力。

2. 区域一体化加快推进

随着交通基础设施的完善，城市外向化发展趋势越发突出，城市发展方向表现出明显的沿对外交通基础设施轴线向外扩展的特征。通过交通轴线加强城市中心、郊区、边缘以及其他城市空间之间的联系，一体化发展态势不断加快。

3. 城市创新、创意等新空间兴起

高新技术开发区开始在城市近郊兴建，其依附于城市经济开发区，不断吸引高新技术型企业入驻。同时，大学、科研机构、研发中心等具有强烈知识经济时代特征的功能空间开始在城市内集聚，形成科技城、大学城等新城市空间（高相铎等，2005；周春山和叶昌东，2013）。此外，伴随"大众创业、万众创新"政策的推出，经济发展水平较高的城市开始兴起众创空间等共享型空间，呈现出对高新技术开发区以及科教机构较强的依附特征。

4. 生态与休闲空间建设提升城市功能品质

随着经济发展水平的提升，居民消费需求逐渐向具有绿色、自然、生态等特征的消费产品转移，品质化的服务质量、生态化的消费产品、高端化的消费体验成为吸引居民的关键要素，人文意识逐渐回归，对城市功能空间结构优化提出了更高的要求。这一时期，城市中出现了大量绿地、广场、公园等生态空间，以及步行街、休闲区等休闲空间，城市空间发展模式逐渐向绿色生态导向的公共空间营建转变。

二、主要城市类型的功能空间结构特点

根据城市基本经济活动所构成的主要职能，我国城市大致可分为综合型城市、工业型城市、交通型城市、旅游型城市、商业型城市，而不同职能类型城市呈现出不同的功能空间结构特征。这一时期主要类型城市功能空间特点表现如下。

（一）综合型城市

20世纪80年代以来，全球化逐渐成为当代社会经济发展的基本特征和主要动力，它促进了资源、要素在全球范围内的流动，推动了世界城市化的快速发展。而作为全球化的主要空间载体，国际化大都市成为全球商品、服务、资本、技术、信息、人才等要素流动与扩散的重要聚集地，在全球城市网络中占据核心地位。我国北京、上海、香港、广州、深圳等城市具备综合性城市功能和较高的国际竞争力，是全球城市网络中的核心节点，在积极参与适应全球化这一过程中这些城市的功能空间结构发生了显著的变化，总体而言呈现以下特征。

1. 城市功能的国际化与多样化

全球化推动产业在世界各地的分工，促进了生产、交换、流通、消费、服务等方面的国际化。作为产业发展的重要承载体，尤其是综合型城市原本所具备的地区性或区域性功能中心逐渐拓展了全球性城市功能，如国际政治中心、商贸中心、金融中心、交通中心等。如此一来，这些城市内部也出现多样化的功能空间，以应对城市发展职能的转变，如金融中心、跨国公司管理总部、国际性机构聚集地、第三产业集聚区、文化创意中心等。

2. 城市功能的区域化

随着全球化、信息化的加速，城市间、城乡之间不同类型要素的强联系及其交互作用持续改变并塑造着城乡关系与地域空间格局（刘春芳和张志英，2018）。在区域间产业的分工与协作、城市功能地理空间结构的优化与整合、大都市区体系构建与区域城市化推进、县市域经济突破与城乡一体化、区域基础设施建设与生态环境整治等一系列举措的推动下（李诚固等，2004），城市功能的区域化特征愈加凸显。例如，上海承担着长三角城市群重要的经济、创新、交通等综合服务功能。

3. 城市功能空间结构的多中心

在全球化及国家宏观发展政策影响下，城市职能的扩展与影响层次的提升促使经济、人口要素不断向城市中心集聚，一方面使得城市中心出现用地紧张、交通拥挤、城市运行效率低等一系列问题，另一方面也驱动城市空间不断向外扩展，进而逐渐从单中心结构转变为多中心空间结构。例如，上海从20世纪50年代起规划建设卫星城，现已建成嘉定、安亭、闵行、金山、吴淞、淞江、青浦等新城镇，这些城镇各具特色，与市区交通联系也极为方便，有效分担了主城区人口、交通等压力（张娜和宁越敏，2010）。

4. 城市功能及其空间结构的柔性化

城市空间的单一功能界定及刚性空间结构的安排难以有效适应城市发展的实际需求，因此城市功能混合及柔性功能空间设置的重要性愈加凸显。伴随着城市功能的拓展与升级，综合型城市将会承载新的功能来提升其国际影响力，如生产性服务业、高新技术集聚区、科学研发基地、国际交往功能等。而通过利用城市预留用地进行柔性化的功能空间划定与安排可有效支撑城市功能的扩展，并可促进周边地区空间功能的转型升级。

（二）工业型城市

1. 工业空间主导城市功能演化与空间结构

对于工业城市而言，城市发展与规划建设以生产性功能为主，相应的工业用地占城市建设用地比重也较其他类型城市高。以工业为主导的城市功能基本奠定了城市发展及其空间结构的骨架，并对城市功能空间结构的演变产生着重要的影响。尤其是地处西北、东北的传统老工业基地城市，城市经济仍然高度依赖于传统工业，高技术产业、生产性服务业发育不足，限制了城市创新与服务功能的发展。

2. 工业空间的集中化与园区化

工业化早期，为追求规模经济效益，加强分工与协作等，工业在城市空间布局上强调向城市中心或沿主要交通线集聚。而随着产业结构升级与优化，城市功能空间置换与重塑，原有工业空间逐步向城市郊区或小城镇转移，园区成为工业发展的重要空间载体。近些年来，不同类型的产业园区通过聚焦于产业转型升级、大力发展高新技术产业和战略性新兴产业，促使园区土地使用效率不断提高，集中化的工作方式也实现了园区的高效运营，推进了城市工业空间的有序发展。

（三）交通型城市

1. 流空间成为城市空间重要组织形式

城市化与区域化加速了社会经济要素的流动，尤其是人流、技术流、信息流、资本流等在交通型城市的集聚与扩散，提出了对城市运营服务的快捷、高效、低成本等方面的要求，也使得流空间成为当代城市空间智慧化发展的重要驱动力。

2. 城市交通设施综合化与网络化

不同类型交通设施是城市流空间的重要支撑，是人流、物流、信息流等要素流动的主要通道。伴随着交通技术的进步与城市经济社会综合实力的加强，城市交通设施呈现出综合化、网络化发展趋势。城市轨道交通、地面公共交通、市郊铁路、私人交通等设施与干线铁路、城际铁路、干线公路、机场等紧密衔接，主要单体枢纽之间的快速直接连接，使各种运输方式有机衔接，最终引导城市空间形态更加紧凑、城市联系更加频繁。

3. 枢纽地区承载更多的城市区域经济服务功能

交通型城市由于其密集的经济、人口等要素的集散，衍生出一系列经济服务功能，包括新的商业中心、产业园区、空港经济区、出口加工区、物流园区等功能性空间，进而形成都市区或区域性的枢纽经济区。枢纽经济功能的强大对于扩大城市发展腹地、优化区域资源配置具有重要意义。

（四）旅游型城市

1. 特色功能空间突出

对于旅游型城市，旅游资源的空间布局形成了具有地方特色的城市功能空间。按照旅游资源的特征属性，特色功能空间主要包括彰显地方文化的人文型功能空间、突出自然风光特色的自然型功能空间，以及人文、自然特色兼具的综合型功能空间。而按照具体的空间功能，旅游型城市的特色功能空间可进一步细分为历史文化区、滨河观光带、都市风光区、特色餐饮区等独具特色的旅游空间，这些空间同时也是旅游者集聚和扩散的重要功能空间。

2. 旅游需求影响城市功能空间布局

为了进一步满足居民的旅游需求以及休闲需要，都市型旅游目的地的城市功能空间布局往往会形成环城游憩带（recreation belt around metropolis，ReBAM）以及城市游憩商业区（recreation business district，RBD）。随着城市化进程的加快，城市居民郊游、踏青、绿色康养等城郊休闲需求不断增加，由此环绕城市外围的城郊旅游资源、休闲资源得到整合，并逐渐形成游憩活动频发空间，即"环城游憩带"，不仅满足当地居民休闲需求，同时也吸引外地游客参与游憩活动（吴必虎，2001）。而"城市游憩商业区"则是为了满足游客需求而在城市内形成的集聚酒店、餐饮、休闲、娱乐、购物等商业和游憩功能的街区（Stansfield and Rickert，1970；保继刚和古诗韵，1998）。

3. 空间结构随旅游发展发生变迁

由于旅游业的不断发展，旅游城市的空间结构会受旅游业发展影响而发生演变。例如，安徽省黄山市是典型的旅游城市。20世纪90年代初，黄山被联合国教育、科学及文化组织列入世界文化与自然遗产名录，而此时黄山市的功能分区并不明显，旅游者主要围绕黄山风景区形成集聚。而随着旅游业进一步发展，黄山市西递、宏村等其他旅游资源得到开发，黄山市主城区屯溪区也进一步形成游客集散中心，由此逐步与各旅游景区以及其他区县形成"集聚—放射"的空间结构（吴立和刘红叶，2008）。同时，随着旅游业的发展，黄山市主城区用地结构也逐步得到调整，表现为工业用地显著减少，而公服设施用地、绿地面积明显增加（丁娟等，2014）。

（五）商业型城市

1. 商业体系的极化与扁平化

城市商业体系在很大程度上决定着城市的中心体系。伴随着城市商业空间拓展和功能的不断完善，以及消费需求与消费模式的变化，商业体系结构出现极化与扁平化共生的趋势。一方面，城市传统的CBD功能更加趋于综合与多样化，表现出中心区商业功能高度集聚与极化的特征，如南京新街口地区的功能极化（牟宇峰等，2014；史北祥，2018）。另一方面，城市的片区商业中心数量伴随着城市的空间拓展而增加，并且出现了郊区化布局的购物中心，推动了"多中心"及扁平化特征的商业体系的形成。在极化与扁平化的共同作用下，城市商业体系和功能日益多元和复杂，城市商业体系结构也向高度网络化演变。

2. 城市综合体与商业功能的混合化

融合商业零售、商务办公、酒店餐饮、综合娱乐等功能为一体的城市综合体，已经成为城市商业空间布局，以及城市高度集约化的组织形式（董贺轩和卢济威，2009）。城市综合体发展促使城市各类商业商务功能的联系更加紧密，相互之间的依存程度、互动程度和渗透程度更高。城市综合体的空间布局可以分为城市 CBD 中心综合体、交通枢纽型综合体、片区中心综合体、城郊接合部综合体等不同类型（黄杉等，2013）。各类城市综合体有助于推动城市商业空间的立体化发展以及地下商业空间的开发利用，并使得城市商业功能与用地形态更加混合和集约高效。

3. 社区商业功能空间的线上线下融合

互联网、物联网与传统社区商业空间的结合越来越紧密，促进了智慧商业功能、智慧社区的快速发展，尤其是移动互联网、位置服务（location-based services，LBS）、个性定制化等技术应用于社区商业服务，推动社区商业空间的线上线下融合（马妍和李苗裔，2016）。例如，在线预定与线下配送结合的社区餐饮外卖、线下便利店线上售货平台 [如社区 O2O（online to offine，即线上到线下）网站] 等的出现，改变了社区商业需求、功能组织、消费模式以及设施资源共享性。与此同时，社区商业功能与周边居住区、物流、办公楼宇等功能空间的融合和渗透作用越来越明显，并持续对传统社区商业空间的功能与土地利用模式产生影响作用。

第二节　城市土地利用空间扩展

城市土地利用是城市功能在空间上的综合体现和表达呈现出不同类型的空间结构模式。随着城市经济、社会及服务功能的不断发展，加之交通技术进步与基础设施的拓展，原有的城市空间结构逐渐不能满足城市功能的需要，城市土地利用开始在空间上不断扩展，主要表现为水平方向上的空间蔓延和垂直方向上的高空及地下空间增长。

一、城市土地利用结构典型模式

（一）集中型同心圆结构

集中型同心圆结构是我国大城市空间扩展模式之一，其发展的基本条件是城市四周用地条件较好的平原地区（杨荣南和张雪莲，1997；柴彦威，1999）。该模式下的社会经济景观围绕城市核心向外围呈规则性的圈层式扩散，形成城市中心区与城市外围功能区集中式布局，一般由内圈层、中圈层和外圈层构成。其中，内圈层为城市中心区，人口建筑密度较高，商业活动密集；中圈层为城市边缘区，呈现出半城市、半农村的状态；外圈层为城市影响区，土地利用以农业为主。该类型城市一般工业化程度较高，城市形态紧凑，是我国城市中最为常见的一种结构，如上海市就属于典型的圈层结构模式（李晓文等，2003）。这种模式依托于交通网络，形成了城市向心发展格局，可能会造成城市中心的过大压力，也会诱发形成"摊大饼"的城市形态。

（二）带状结构

由于受自然条件及环境因素等限制，城市中心区和外围功能区沿自然廊道或交通发展轴线向两侧或单侧拉伸，就会形成典型的带状城市土地利用结构与形态。河流等自然环境要素是城市生产、生活及其空间组织的限制性因素，而交通基础设施则是其重要支撑与保障。城市往往沿铁路、公路交通干线及河道等向外扩展，最终形成带状城市结构，这些交通线也逐渐成为城市社会经济要素集聚和增长的主要空间轴。带状城市结构为城市提供了与自然生态接触的机会，城市往往拥有良好的环境质量。但随着城市规模的扩大，交通压力会过于集中在城市带状空间轴线上，对城市基础设施建设及城市运营管理造成较大成本与困难。例如，地处我国西部的工业城市——兰州，就属于典型的河谷型带状结构城市（杨永春和曾尊固，2002）。其城市建设长期以沿黄河呈带状结构式发展，主要建设活动集中在城关区，但近年的城市快速发展也带来了交通拥堵、环境恶化等一系列问题。因此，如何合理引导带状城市功能集聚，进而优化城市空间结构，是需要重点考虑的问题。

（三）放射状结构

与带状城市结构相似，放射状城市结构也是沿城市主要交通走廊发展的结果。依托中心城区，城市人口和经济活动不断集聚并沿几条主要交通走廊向外扩散和辐射，加之山体、河流、基本农田等生态廊道的阻隔，就会形成城市经济社会活动沿主要交通轴线向外扩展的放射状城市空间结构。一方面，相对于圈层结构而言，放射状城市结构可以在保障外围区域与城市中心紧密联系的基础上，避免形成中心城市过度集聚及蔓延增长的格局。但另一方面，由于人口和经济活动沿主要交通走廊向外扩散，可能会导致不同走廊之间的社会经济及空间联系不够。

（四）跳跃式组团状结构

由于自然地形或其他空间要素的分割，若干个功能、用地相对独立的组团通过便捷的交通联系，就会逐渐形成一个功能上相对完整的跳跃式组团状结构。该类型城市结构避免了城市集中摊大饼发展的缺陷，与周边自然生态环境有机融合，保留了城市较大的发展空间。但由于组团规模较大，组团之间联系的加强，容易造成城市组团及不同组团间基础设施建设成本加大。例如，高山及河流的分割与阻隔，为重庆市区建设组团式城市提供了天然的基础。早期的重庆市城市总体规划即提出有机松散、分片集中的"多中心、组团式"城市结构，将母城划分为12个组团，组团与组团之间以自然景观相分隔，既相对独立，又彼此联系，组团内的工作、生活用地实现就地平衡，形成跳跃式组团式结构体系（易峥，2004）。

（五）卫星城及新城结构

一般而言，中心城区是城市的经济、文化、政治中心，而卫星城镇则具有某种专业职能，为中心城区分担部分城市功能。卫星城是地处大城市周边，具有一定人口规模，同大城市的中心城区保持一定距离且联系密切，在经济上、社会上和文化上具有城市特性的城市空间单元。例如，北京，随着人口不断流入，中心城区趋于饱和，在城市外扩过程中，北京相继建设了通州、顺义、亦庄等卫星城，通州着重物流集散功能，顺义发展为现代加工基地，亦庄则成为高新技术产业重要部分。

随着其公共服务设施、市政基础设施的完善和生态环境的改善，卫星城的城市职能更加丰富，竞争力增强，就会逐渐形成边缘新城并承担着城市副中心的功能。在该过程中，郊区发展增快，占整个城市的住房与就业比例上升，与中心城市的互补性减弱。例如，上海市重点建设的临港新城位于长江与杭州湾交汇点，逐渐建设成为港、区、城一体的综合型海滨城市，综合发展先进制造、现代物流、教育培训等产业（王宏伟，2004）。

二、 城市土地利用空间扩展过程

城市土地利用空间扩展是多种因素综合作用的结果。随着城市功能转型升级，城市土地利用空间结构与形态也会发生相应变化。城市土地利用空间扩展是基于城市土地利用空间扩展演变过程的总结，主要有紧凑扩展和松散蔓延扩展两种模式（黄晓军等，2009）。20世纪80年代以来，国内学者针对中国特色化的空间扩展过程，通过城市扩展格局、扩展方向、扩展类型等视角研究城市土地利用空间扩展模式（刘涛和曹广忠，2010；周国磊等，2015；邓羽和司月芳，2015）。基于经济发展、自然地理环境、交通建设、政策与规划控制、居民生活需求等诸多因素的分析，当前我国城市空间扩展模式主要可以分为三种类型（许彦曦等，2007；郭月婷等，2009）：①主导因子法，环境制约型、交通导向型、规划约束型（生态控制）；②几何形态法，散点式扩展、线形（带状）扩展、星型扩展、同心圆式扩展（钱紫华和陈晓键，2005；廖和平等，2007）；③非均衡法，轴线扩展（沿主要对外交通轴线带状扩展）模式、跳跃式组团扩展模式、低密度连续蔓延模式（杨荣南和张雪莲，1997）。

城市土地利用空间扩展一般包括9个发展阶段。①基本模式：扩展，即生长点的产生、散布；②基本模式：改造，即生长轴的形成、伸展；③圈域稳定，生长点稳定，即圈域形成、界定；④生长轴形成，生长点改造，即整体扩展；⑤扩展面形成，老圈域改造，即整体分化；⑥新圈域形成并改造，即核心产生；⑦圈域扩展，即新生长点产生、散布；⑧圈域融合、改造，即新圈域产生、扩展融合、分化；⑨新生长点，即新核心产生等空间生长的标准过程（图3.1）（段进，1999）。在交通带动、定向开发、集聚与扩散等规律的影响下（姚士谋等，2009），中国城市大致经历了4个主要发展时期：①城市蔓延期，农村剩余劳动力不断进入城市，致使城市功能用地不断向郊区增长；②郊区城市化期，郊区农业用地向非农用地转化、纯农户向兼农户转变、产业从第一产业主导转变为第二和第三产业主导、乡村生活方式向城市生活方式转变；③卫星城建设期，中心城带动下郊区周边小城镇快速发展，并服务于中心城区不同功能需求；④城市带或城市群发展期，受区域大型基础设施、产业区域分工等影响，城市轴向乃至网络化集群发展（顾朝林和陈振光，1994；顾朝林和吴莉娅，2008）。

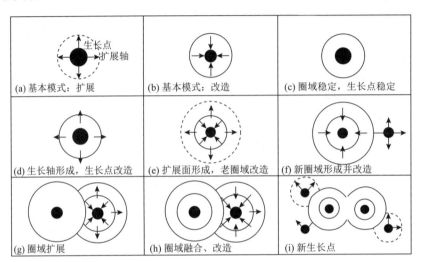

图 3.1　城市土地空间形态的扩展模式示意图

资料来源：段进，1999

　　据测算，1992 ～ 2010 年，中国所有等级城市、所有区域城市以及各个省份内城市建成区都在加速扩张（刘沁萍等，2014）。特别是，2000 年后，西部城市建成区的年均扩张速度超过了中部城市，长三角、珠三角、闽东南以及中西部的省会及其周边城市还出现了市辖区快速扩张的现象（王开泳等，2014）。同时，城市在扩张的过程中，还伴随着外部扩张和内部填充两个过程，两者交替循环，当城市以外部扩张为主时，外部空间土地利用紧凑度变小，当城市以内部填充为主时，城市外部空间土地利用紧凑度变大（刘沁萍等，2014）。

三、城市土地利用空间扩展方式

　　中国是全球城市扩张最快速的三个国家之一，诺贝尔经济学奖获得者斯蒂格利茨曾预言，中国的城镇化和以美国为首的新技术革命将成为影响人类 21 世纪的两件大事（林家彬，2013）。20 世纪 90 年代以来，中国进入快速城镇化时期，城镇化率由 1990 年的 26.41% 提升到 2011 年的 51.3%，城市人口首次超过了农村人口（王成新等，2013）。城市规模的异速扩张，也带来城市空间的快速扩展，形成以开发区、郊区睡城、"城中村"等为代表的独特城市土地扩展方式（洪世键和张京祥，2009）。

（一）开发区与新城建设

以 1980 年深圳等经济特区的设立为标志，以 1990 年上海浦东新区的建立为转折点，经历 20 世纪 90 年代初期的"过热"及其后的整顿，在城市边缘区域，新建的、以高新技术产业为特色的新型工业空间开发区逐渐成为城市土地扩张、创新经济承载的核心区。开发区建设发展一般伴随空间开发、经济要素重组、人口聚集流动、土地利用变化、新旧城区及中心与边缘区的相互作用，同时对城市的经济、社会、实体空间的演化具有强烈的催化、带动效应，加速了城市功能空间重构。开发区与其所依托的城市，受空间区位、层次等级、规模类型以及所处城市的发展条件等多种因素影响，在不同的发展阶段呈现不同的发展特征（王慧，2003；郑国和周一星，2005；罗小龙和沈建法，2006；张越等，2015）（图 3.2）。

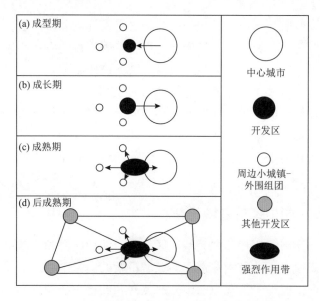

图 3.2　开发区发展阶段与城市相互关系

资料来源：王慧，2003

成型期阶段，伴随开发区设立至开发区发育成为新兴工业园区。该阶段各开发区的土地开发规模一般小于 10km²，大都选择在特大、大城市近边缘区布局，少数处于中心市区内部位置或城市"飞地"，土地扩展规模与空间联系强度均较弱。同时，开发区与城市的相互作用的合力方向是从城市中心指向开发区，呈现强烈的极化效应。

成长期阶段，伴随开发从单一的工业园区向科、工、贸、商、住多功能复合发展方向转化，逐步进化为初具规模的新城区，空间开发规模约为十几平方千米。该阶段是以工业化带动开发区城市化发展的主要阶段。开发区不只停留在土地空间的扩展，其逐渐承担和发挥更多的经济、社会功能，成为功能延伸的新城区或新城镇。

成熟期阶段，开发区逐渐分担城市中心的多样化功能，促进城市旧城改造、人口疏解、功能疏散、退二进三、产业升级，推进城市功能空间结构调整和优化，承担联结城市中心和外围城镇空间的纽带，推进城市空间"网络化""密实化"发展，进而形成科学合理的城市土地利用空间扩展格局。随着开发区城市功能的逐渐完善，开发区将进入后成熟期阶段，它不仅对城市地位提升影响巨大，在区域中也发挥着日益重要的辐射作用。

（二）住宅扩散与居住郊区化

伴随城市土地有偿使用制度的建立和住房市场化改革，我国大城市房地产开发逐渐兴起并迅速进入白热化阶段。城市土地的大规模开发使城市内部空间所剩无几，城市房地产开发逐渐转向城市边缘区和城市外围，住宅郊区化趋势愈发明显，人口及产业出现离心分散现象。

中国城市住宅扩散与居住郊区化，并非居民自发性的郊区迁居，而是由政府和企业组织下的被动搬迁，是城市土地扩展、旧城改造等工作的直接结果。早期郊区化的居住区功能多过于单一，就业岗位相对较少，服务设施不配套，一定程度上是以居住单一功能为主导的"睡城"。伴随住宅扩散与居住郊区化，商业服务、教育科研、医疗卫生、文化娱乐等其他城市功能空间也逐步向郊区扩展（柴彦威和周一星，2000；马清裕和张文尝，2006；宋金平等，2007；黄晓军等，2009；林耿，2009），由单一功能的居住区逐渐转为功能混合、独立性较强的新城，进而推进城市土地利用空间的可持续发展。

（三）城市功能集聚与老城更新

伴随市场经济体制的逐步建立，城市区域中心的功能回归，城市服务功能成长，带动了传统城市商业中心的升级改造，形成城市新的商务中心区。城市内部传统土地利用空间向心集聚，促进了传统商业中心的复兴和商务中心的兴起，通过空间内聚促进产业就业，一定程度上推进了健康城镇化的发展进程。据不完全统计，全国曾有400多个城市提出建设中心商务区，典型的中心商务区如北京的金融街、朝阳CBD、上海的外滩和浦东新区、重庆的解放碑步行街等。

在居住郊区化的同时，老城作为城市中心基础设施建设完善、公共服务优越的居住空间，是城市土地利用空间内涵扩展的重要载体。旧城更新改造重点包括对原有居住空间的升级、工业用地的置换以及其他功能用地的调整，涵盖环境整治、社会改良、职能改善、活力提升、文脉挖掘、品质彰显等诸多方面。老城更新不仅是对城市物质空间的简单更新，对城市有限空间资源的合理整合，更多的是对城市功能结构以及土地利用效率直接或间接的优化及提升。

（四）"城中村"与"村中厂"

城中村是位于城乡接合部，呈现带状或块状分散镶嵌在已经城市化的地区。伴随城市外延式扩张速度加快，大量仍然保留和实行农村集体所有制、农村经营体制的农村社区被城市建设用地包围，成为"都市里的村庄"。作为特殊的城市"功能区"，城中村具有城市的主要经济和社会功能，兼具新"移民"和老"移民"，村庄只是其存在的"物质形态"，其承载的功能已经城市化，居民社会网络也已形成（魏立华和闫小培，2005b；仝德和冯长春，2009；李志刚和刘晔，2011）。

地处城市郊区的农村自 20 世纪 80 年代开始实施"星火计划"，各类近郊村办工业、乡办工业、镇办工业兴起，形成了"村村点火、户户冒烟"的发展格局。"村中厂"是城市工业生产功能的跳跃式扩散，是城市功能的"飞地式"蔓延。这种独特的"乡村城市化"现象，在促进乡村地区发展和加强城乡联系的同时，也带来了乡村地区用地布局分散、空间统筹缺失、土地利用效率低、生态环境污染严重等问题（张小林，1996；许学强和李郇，2009）。

四、城市土地利用空间扩展机理

城市土地利用空间扩展，一方面推动城市经济增长，增加地方财政收入，进而促进城市功能空间结构的演化；另一方面，城市用地的快速扩张是以侵占生态绿地、基本农田为代价，在改变城乡生态系统服务价值的同时，也对区域生态安全产生不同程度的损害。因此，需要深入了解城市土地利用空间扩展的机理，甄别人口城镇化、经济全球化、产业高端化、政策分权化等各类驱动要素的作用方向，以期为合理科学调控用地空间扩展提供有益参考。

（一）人口城镇化

人口集聚是城市土地利用空间扩展的重要因素。一方面，伴随经济社会的发展，人们对于就业居住环境及生活品质的要求逐渐提高；另一方面，人口城镇化进程的加快，促使城市生活空间日渐拥挤、公共服务和居住环境逐步恶化，进而从供需两个方面驱动城市土地利用的空间扩展，带来郊区化蔓延和城市旧城更新。研究表明，每增加一个人需要有 0.008～0.174hm^2 的土地用于非农用途，居民点和工矿用地面积与人口数量存在幂指数的关系（梁进社，2002）。可见，人口城镇化是导致城市土地利用空间扩展的主要因素之一。

（二）经济全球化

改革开放以来，中国经济全面融入全球化进程，各类开发区建设在吸引外来投资、发展高新技术产业、推动城市发展等方面发挥了重要作用，使得开发区成为全球化影响下我国制造业发展的主要空间载体。土地成本是外商投资区位选择考虑的重要因素之一，因而地价相对低廉的城市近郊边缘区成为开发区的首要选址，外资驱动下的开发区建设成为我国城市土地利用扩张的重要动力（张晓平和刘卫东，2003）。例如，南京自 1988 年成立开发区以来，至 2012 年共有 5 个国家级开发区、9 个省级开发区。

（三）产业高端化

土地资源是产业发展的空间载体，产业落地就会形成相应的土地利用空间。城市产业结构不同，就会产生不同的企业用地需求。例如，重化工业是典型的耗地型产业，电子信息、服装加工等轻工业相对用地需求较低，服务业土地利用的集约程度则相对较高。因此，城市产业结构的转型升级，势必会带来对城市土地利用需求规模与结构的变化，进而引发城市土地利用的扩张。这一方面表现在制造业不断向城市外围迁移，以及制造业转型升级对土地规模需求增长或降低，另一方面表现为城市中心生产性服务业、商业服务业不断集聚，其结果就是城市产业的空间扩展，同时伴随着城市中心和产业园区土地利用的不断集约化。

（四）政策分权化

改革开放以来，中国的财政体制、人口迁移和户籍管理政策、住房政策、城市发展政策对城市土地利用空间扩展影响很大。我国通过经济分权与政治集权使政府能够提供足够的激励和约束，促使地方政府相互竞争，进而实现经济持续增长。经济分权的核心是财政分权，财政分权主要通过分税制来实施，土地出让是预算外资金的主要来源（李永乐和吴群，2013）。由于郊区县级政府可以留置大部分的土地出让金，土地财政收入的竞争成为市级政府和区县政府博弈的焦点。市政府通过城区的土地空间和指标，获取更多的土地出让收益，区县政府通过乡镇总体规划的审批获取土地出让收益。政策控制与分权化一定程度上带来城镇空间在城市近郊蔓延增长，也推动了多中心城镇空间格局的形成，是土地利用空间扩展的重要因素（陈江龙等，2014）。

第三节 城市功能空间结构的调整与优化

城市功能空间结构是自然环境、人口、经济、资本等诸多要素在城市地域空间相互作用的结果，也是一个持续动态变化的过程。随着城市的扩张与发展、人口的增长及土地需求的变化，传统的规划理念、功能结构会逐渐难以满足现阶段及未来城市持续发展的需要。因此，需要基于对城市功能空间演化规律分析的基础上，充分考虑新的内外部发展环境与要素构成，对城市功能空间结构进行适应性调整与优化，以解决和匹配城市在发展中出现的问题及新的需求。

一、城市功能空间结构的演变趋势

（一）城市功能由"功能分区"转向"功能混合"

从长远来看，城市功能空间呈现出"混杂—分区—混合"的渐进演变过程。计划经济时期，步行是主要交通方式，人的活动区域较小，这一时期形成了城市功能在街区、街坊尺度内的混合，但低效的交通方式，导致城市各区域之间的联系不紧密，带来城市破碎化现象严重等问题。改革开放后，随着工业化和城镇化的发展，经济建设成为主要任务和城市空间扩展的驱动力，为解决工业、居住混杂带来的卫生、交通和环境问题，提高产业发展效率，功能分区成为城市规划与建设的主导思想与策略。伴随城镇化发展由速度向质量的转型，以及城市服务业尤其是生产性服务业的发展，单一的、大尺度的功能分区已不再满足城市功能发展的需求，加之严格的功能分区带来的交通、环境等问题，"混合功能"逐渐成为信息化时代推进新型城镇化、实现城市可持续发展的新规划范式。

（二）土地利用由"增量扩张"转向"存量更新"

在城市发展过程中，中国冒进式城镇化导致"土地城镇化"速度过快，城镇建设用地盲目扩张和无序蔓延（陆大道，2007），城市呈现出"摊大饼"式的发展态势，带来城市功能错置（功能重置、不当和缺失）、居民职住分离、土地利用效率低、基础设施不完善等一系列空间结构问题。同时，城市边缘区的低密度开发和大规模建设，也阻碍了城市的可持续发展（王振坡等，2014）。盲目热衷于城市规模扩张的中小城市因增长动力不足面临严峻的挑战，部分城市特别是资源型城市已出现衰退危机，即收缩城市现象（杨振山和孙艺芸，2015）。因此，紧缺的资源与严格管制的约束使城市空间发展方式转向集约化内涵式为主，控制增量、盘活存量成为当前城市空间发展方式的主要形式（张京祥等，2013）。

二、城市功能空间结构存在的问题

中国城市功能空间结构是城市空间在规模、要素、结构、形态等方面变化的表现。社会经济体制改革、工业化与城镇化的快速推进，以及经济全球化、知识化、生态化等国内外形势变化对此产生深刻的影响。因此，不同发展阶段城市功能空间结构呈现不同的发展特征，也面临诸多典型问题。

当前城市功能空间结构普遍存在的问题主要包括：①功能分区明显，导致"单一卧城""交通拥堵""活力不足"等问题。"功能主义"规划思想下发展的城市，功能分区明显，不同需求的人群在不同时段呈现区域流动和集聚现象，原本的城市功能难以适应不同人群的需求，如大规模的单一居住区容易形成白天活力不足、夜间人口集中的"卧城"现象，进而带来一系列交通、生态环境及社会秩序等问题。②新城发展滞后，功能转移疏解不合理、空间格局不完善等问题逐渐凸显。随着人口与经济的发展，城市形态往往经历"单中心"到"多中心"的演变过程，但由于历史发展原因，在城市空间结构演变过程中多数城市功能仍然集中在中心城，新城建设滞后，对中心城功能疏解缺乏足够吸引力，呈现经济功能和公共服务功能弱、居住功能强的功能混合配置等不合理"城业失衡"现象（张越等，2015）。③城市功能空间不匹配，即功能供给与居民需求不相适应。一方面，居住空间与公共服务配套不匹配，教育、医疗、文体配置难以满足居民需求，降低了城市的运行效率与宜居程度；另一方面，居住空间与就业空间不匹配，形成"钟摆式"通勤格局，不仅增加通勤时间和成本，还带来大量的城市资源消耗与严重的环境污染等问题（孟斌，2009；魏立华和刘玉亭，2010）。

三、 城市功能空间结构调整与优化策略

自"混合功能发展"提出以来，各城市通过区域功能混合推进城市功能空间布局优化，但由于城市建设的历史遗留等问题，功能混合的实践效果在很多城市仍不显著。面向未来，"混合功能发展"仍是今后城市功能空间调整与优化的重要路径和手段。"混合功能发展"应坚持"以人为本"的建设理念，针对城市居住区、工业园区、公共交通三类城市重要功能板块，在系统研究的基础上，提出城市功能空间结构优化方向与策略。

（一）以居住区为核心的功能混合开发策略

自 20 世纪 50 年代起，我国开始兴建各类居住区，自市中心区向外大致可分为旧居住区、单位居住区和新居住区三类。旧居住区是以旧城区为主的市中心区居住用地，遵循现代主义"功能分区"和"邻里单位"等理论。单位居住区是围绕旧城区、以单位式建设而成的居住区。新居住区多为 80 年代后在建成区周围开发、建设的郊区居住地区（顾朝林等，2002）。不同类型的居住区存在功能单一、尺度不当、街道消失、居住分异等一系列问题。

结合社区生活圈规划等，着力营造功能适度混合、小街区尺度的居住区。具体而言，居住区建设，要合理配套教育、医疗、商业、文化体育、金融邮电、行政管理、市政公用、工业等设施，同步建设、共筑社区以满足社区居民物质与生活的多层次需要（孙道胜和柴彦威，2017；郭嵘等，2019）。主要包括：①地块功能的混合，打破小区边界，实现与周边商业、工业等功能的混合；②建筑功能的混合，建构立体功能空间结构；③居住规模的控制，控制人口规模与配套设施，协调供需配置；④旧居住区功能的置换，加强居住区维护，推进旧城改造等。

（二）以工业园区为核心的功能混合开发策略

在现代功能主义城市规划的思想下，我国建设了大量功能单一的高新科技园区、产业园区和大学城等单一功能区，并逐步显现出越来越多的城市问题，主要包括钟摆通勤、活力不足、生活不便等问题（梁鹤年，1999）。工业区适度功能混合开发，可以有效避免单一功能大规模聚集所带来的问题，缩短通勤距离和时间，方便工作与生活，推进工业园区的可持续发展，优化城市功能空间（魏宗财等，2015）。工业园区的混合开发主要遵循以下五个原则：①整体性原则，既不是单纯的产业功能与配套功

能，也不是大而全、小而全的产业研发、生产单位，而是产业研发、公共服务配套和多样化居住空间的系统组合，在一定区域范围内相互影响、相互依存；②弹性原则，即功能混合布局可以伴随城市的发展、园区发展条件的变化而动态调整，适当预留发展弹性；③紧凑高效原则，即城市空间的利用，不仅促进功能区之间的融合和互补，而且创造积极有效的物质空间环境，推进功能在混合中相互促进与激发，提高功能使用效率；④功能模糊性原则，即园区建筑及公共设施承担多元复合的功能，满足多元化主题的要求；⑤公共服务设施与城市互动原则，即空间优化调整和公共服务设施配套不应就园区论园区，应从区域和城市的角度合理配置，促进园区融入城市，成为城市功能的重要组成。

（三）以公共交通为核心的功能混合开发策略

功能主义视角发展下的城市，由于功能区分割，居民活动对机动车出行的要求较高，带来交通拥堵、环境污染等一系列问题，而目前在土地资源约束和小汽车大量增加的背景下，通过传统的城市更新方式又面临成本高昂、交通拥堵进一步恶化、社会分化加剧等困境。为解决此类问题，通过"高密度开发－公共交通"耦合模式进行城市更新与开发，是促进城市系统有序、可持续发展的合理模式（李郇和李灵犀，2006），公共交通导向的城市开发模式是促进城市功能空间混合的重要举措。

公共交通导向模式是以公共交通站点为核心，聚商业、办公、居住、生态为一体的开发区域，并通过公共交通将各个站点联为一体，促进城市各区域及各功能的互联互通，实现站点附近经济发展的一种开发模式。典型的TOD包括公交站点、核心商业区、办公区、开敞空间、居住区、次级区域等功能，通过TOD模式优化城市功能空间主要体现在城市更新的选址、功能定位、规划设计三个方面。选址上尽可能靠近公交站点，充分利用公交的运能和物业增值效应；功能上通过公共交通将居住、就业和休憩功能联系起来，维持城市运行与发展，满足城市居民的生活需求；设计上实现高密度紧凑发展，提高项目本身和整个站点地区的混合度，实现商业、居住、公共服务等不同城市功能的混合，减少机动化出行，进而缓解交通、环境等一系列问题（田宗星和李贵才，2017）。

第四章 中国城市中心区

第一节 城市中心区的形成与基本特征

一、城市中心区的定义及范围界定

（一）城市中心区的定义

"城市中心区"是城市结构研究中的重要概念，目前国内外尚无统一的定义，不同的专业领域从其自身研究角度出发对其进行讨论与研究，因此它的定义具有多样性与复杂性。吉伯德等提出，"城市中心是城市的主要行政管理、商业、文化和娱乐中心的整体，是城市各行业的中心和交通系统的焦点，同时也应是城市最繁华、最生气勃勃的地方和城市生活的焦点"（吉伯德等，1983）。李国豪指出，"城市中心是供市民集中进行公共活动的地方，可以是一个广场、一条街道或一片地区，又称为城市公共中心。城市公共中心往往集中体现城市的特性和风格面貌"（李国豪，1991）。吴明伟等则认为，"城市中心区是一个综合的概念，是城市结构的核心地区和城市功能的重要组成部分，是城市公共建筑和第三产业的集中地，为城市及城市所在区域集中提供经济、政治、文化、社会等活动设施和服务空间，并在空间特征上有别于城市其他地区"（吴明伟等，1999a，1996b）。

对于城市中心区一般意义的理解是，位于城市功能结构的核心地带，以高度集聚的公共设施及街道交通为空间载体，以特色鲜明的公共建筑和开放空间为景观形象，以种类齐全完善的服务产业和公共活动为经营内容，凝聚着市民心理认同的物质空间形态。按主导功能的不同，可以是一个商业商务中心、政务中心、科技创新中心或者文化娱乐中心；按承担活动目的的不同，可以是一个生活中心或是就业中心。城市中心区较为广泛接受的理解是指城市的商业商务中心。

国外有以下几种对城市中心区的称谓：downtown，一般是指中小城市的商业繁华区域；CRD（central retailing district），即中心商业区；CBD（central business district），即中心商务区；CA（central area），即中心区域，北美国家较多使用。

CBD概念起源于芝加哥学派社会学家伯吉斯1923年提出的城市同心圆理论模式，在该模式中，位于五个同心层圆心的CBD被概括为以零售、办公、俱乐部、金融、宾馆、剧院等功能为核心的城市商业活动、社会活动、市民生活和城市交通的焦点。城市地理学将商务功能在城市空间内大规模产生和聚集作为CBD的本质，而认为特定的都市景观、指数指标会因地域间基础和传统的不同产生差异，是CBD外在或侧面的表现（陈联，1995）。

一般认为，城市中心区的构成和功能经历了从古代社会的宫殿、庙宇区，到工业化社会的零售业、服务业聚集地，进而发展到信息化社会的CBD这三个主要的发展阶段。即"小商业点（以商业为中心）—传统商业中心（商业、办公业混杂）—现代CBD（以商务办公为中心）"这样一个由初级向高级过渡的过程。除了（特）大型城市的中心区，并非所有的城市中心区均完整地经历了以上三个发展阶段。

（二）城市中心区的空间范围定性界定

城市中心区的空间范围可从以下四方面定性的界定。

1. 功能界定

城市中心区以商务办公、信息服务、生活服务、社会服务、专业市场、行政管理等功能为主，居住功能相对较弱，是城市中功能高度集聚和混合的核心发展区域。

2. 密度界定

城市中心区相对于城市其他区域，总是表现出具有较高的人口密度、建筑密度和功能密度的特征。首先，城市中心区是城市中人口密度最大，活动最集中的地区；其次，由于城市中心区具有最大的区位优势和明显的聚集效益，因此"寸土寸金"是对城市中心区最形象、最恰如其分的描述，并以建筑密度高、建筑体量大作为其主要的环境特征；最后，城市中心区高密度、高强度地利用城市土地的同时，城市中各种功能也在中心区高度集中，其最直接的表现是城市功能在中心区的活动量明显大于城市其他区域。

3. 形态界定

城市中心区往往位于特定城市区域中的地价峰值区段，开发强度高，各种城市功能空间、交通空间和生活空间在区内高强度交叠和融汇，在空间形态上也表现出与周边城市区域差异明显的高密度、立体化发展趋向和特征。因此，普通市民往往可以通过直观的观察就能够大致确定城市中心区的范围。

4. 边界界定

城市中心区通常没有一个严格的地域范围，所谓的"中心"只是一个相对的概念，任何一个物质实体空间范围的界定，都是为了研究的需要而人为设定的。因此城市中心区并没有固定的边界。一般而言，根据研究目的，将相关中心区表征指标的显著变化区设定为边界，即在边界的左右指标产生较为明显的突变。

上海市商业中心的分布形式有两种格局：一种是集中于一段街道的两旁，形成条带形的商店街，如南京路、淮海中路等；另一种是围绕着交叉路口发展，形成商店聚核体，如曹家渡、提篮桥等。两种形式中以第一种为主，它们通常都被称为商业中心。由于商业中心内部商店密集，所形成的景观与周围有明显差异，因此上海市区商业中心的边界大都比较清楚，其范围也较易确定（宁越敏，1984）。即为一种根据形态特征定性确定商业中心范围的方法。

（三）城市中心区的空间范围定量界定

经典城市中心区的定量研究方法主要集中于对 CBD 范围的研究。西方城市地理学者在进行 CBD 的研究中，曾提出多种确定 CBD 范围的方法，如墨菲指数法、居住人口分析法、就业模式分析法、功能单元分析法、交通流量分析法、地价租金分析法、用地存量分析法等。它们均是基于 CBD 某些易于度量的特征发展而成，通过这些易于量化的因素，制定相应的度量标准，最终界定 CBD 的空间范围（沈磊，2014）。其中，最具代表性的定量研究方法，也是国内使用较广泛、影响较大的方法，主要包括墨菲指数法、地价峰值法（秦波等，2003）。

国内最早出现的划分方法是运用中心商业高度指数（central business height index，CBHI）和中心商业强度指数（central business intensity index，CBII）对广州市 CBD 的硬核及核缘范围进行的界定（阎小培等，1993），其方法如下：

第一，进行实地调查，了解每条街整栋楼宇的临街宽度、高度及楼宇各层的功能。

第二，划分中心商业和非中心商业两类土地利用（图 4.1）。

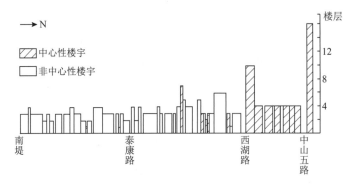

图 4.1 北京路西面街剖面图

资料来源：阎小培等，1993

第三，计算调查区内每栋楼宇的 CBHI 和 CBII。

$$CBHI = \frac{总中心商业建筑面积}{总建筑基底面积}$$

$$CBII = \frac{总中心商业建筑面积}{总建筑面积}$$

第四，划分中心性楼宇和非中心性楼宇。CBHI $\geqslant$ 2.00 和 CBII $\geqslant$ 50.0% 的楼宇称为中心性楼宇，否则称为非中心性楼宇。以此为标准，将调查区域划分成 CBD 的硬核和核缘（图 4.2）。

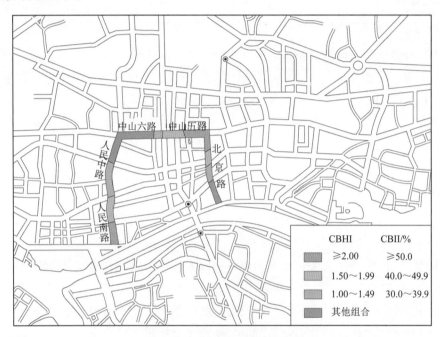

图 4.2　广州市 CBD 硬核及核缘范围

资料来源：阎小培等，1993

根据上海 CBD 主要道路的 CBHI 和 CBII 调查分析，CBD 的雏形是由北京路、西藏路、金陵路、外滩为周边界线所围成的一个连续的街区，面积约 3km²，占规划 CBD 总面积 5km² 的 60%；浦东的"小陆家嘴"隔江呼应将共构规划的 CBD（宁越敏和侯学钢，1998）。

二、城市中心区的形成

经济活动是城市中心区形成和发展的最主要的动力源泉，这源于城市中心区所独有的、为其他任何地域所无法替代的空间效率。人类文明的发展历史表明，由于农业的边际收益递减、农产品的需求弹性较低，而第二、第三产业所生产的非农产品需求弹性较高，且具有明显的集聚效益和规模经济，经济的因素推动了人类社会的城市化。城市的中心部位是城市各类交流活动最便捷的空间场所，它所提供的交流效率决定了它在城市经济和社会活动中的中心地位。当城市发展到一定的规模，中心部位的交流活动相应达到较为密集和复杂的程度，同时其空间范围和结构也从起初很小的简单一块扩展成为比较复杂的一个区域，这一区域在整个城市的建成区中以自己在结构和功能上的特殊性而著称，大中城市的中心区就这样形成了（楚义芳，1992）。

我国的城市中心区，按其规划建设的历史时序和空间特征，其形成大致可以分为以下四种模式。

1. 封建传统模式

我国部分城市中心区的商业街区是在传统商业街的基础上形成的，如北京的前门，沈阳的中街等。传统商业街的商业活动始于明清时代，在民国时期得到发展并形成一定规模和影响。由于历史悠久，这类商业街区往往是各类老店、名店集中的地方，既有传统特色，又有现代经营规模。时至今日，在这些传统商业街区基础上发展起来的现代商业街区，既是外地游客经常光顾的地方文化中心，也是当地居民日常购物的商业中心。

2. 近代租借地模式

鸦片战争以前，中国城市在封建制度的影响下，城市功能简单、经济发展缓慢、城市规模很小，建筑形式单一。中国与外国签订了一系列的不平等条约后，广州、上海、武汉等80多个沿海、沿江城市开放了对外通商口岸。外国侵略者采用多种方式侵占中国土地，包括租界、租借地、铁路附属地、外国人居留地等。这些土地满足了外国人在中国的经商、贸易、工业以及生活居住的要求，成为西方列强工业产品的加工基地、工业产品倾销地和原料输出地，城市的功能开始复杂化。由于受到近代西方城市规划理念的影响，这些城市不同程度地出现了一些与传统中国城市截然不同的西式街区。时至今日，这些街区已经发展成为城市中具有主导地位的商业中心，聚集了金融、办公、商业等城市职能。目前，这些城市中心区的西式环境和建筑风貌依然保留相对完整。

3. 计划经济模式

新中国成立以后，实行计划经济体制，在城市发展上采用了重生产、轻消费的政策。因此，城市从消费型向工业型转变，成为社会主义改造的首要任务之一。政府行政管理机构的职能范围不断扩大。于是，城市中心区从以经济活动为主，转向以政治活动为核心。1950～1966年，许多城市尤其是直辖市和省会城市的发展规模较大，如北京、西安等。当时新建的城市中心区多以行政办公功能为主，兼有公共文化和生活服务等性质。1966～1976年，由于受外部因素影响，城市中心建设一直处于停滞甚至萎缩的状态。1978～1989年，随着商品经济市场的繁荣，原有城市中心的经济职能得到不断完善和加强，同时也出现了一些地区性商业服务中心，如西安市的小寨等地区。

20世纪50～80年代兴建的城市中心区，其形态特征都带有比较明显的计划经济特色。尽管1978年推行改革开放政策，但受政治制度和思维方式惯性的影响，城市中心区仍然沿袭传统计划经济的规划建设模式。在该时期，城市集中力量发展工业生产，限制消费。城市土地不具有商品属性，由政府根据城市建设的力量统一划拨。各种基础设施与公用设施规模小、数量少、水平低，仅能满足城市功能与市民生活的最低要求。中心区受政策限制较大，发展相对缓慢。该时期的中心区以行政办公功能为主，兼有公共文化和生活服务等性质。实际上，市场经济对城市空间结构的影响，在20世纪90年代才开始凸显。

4. 现代新区模式

随着改革开放的步伐加快，国民经济的迅速发展，城市化水平低不断提高，20世纪90年代的城市建设逐渐步入沿市场经济发展的轨道。许多开放程度较高的城市都进行了新一轮的城市中心区的规划与建设工作。我们把20世纪90年代规划或建设的中心区统称为新兴中心区。它们多是市级或区级的行政文化和商务中心，在规划上具有先进的综合交通体系，完善的城市基础设施，便捷的通信信息网络和良好的城市景观环境。它们是集行政办公、金融、贸易、商业、信息、文化、体育、旅游、居住等性质为一体的，现代化、国际化、高标准、多功能、综合性的中心区；不仅具备完善的金融商业功能，而且力求提供良好的市民休憩、交流、娱乐的场所。

新兴中心区的规划建设历史很短。尽管有若干新中心区已经初具规模，永久性地改变了城市的空间结构，但也存在部分中心区实际发展情况和规划蓝图相差较大的情况。

三、城市中心区的基本特征

一般认为，CBD具有如下基本特征（楚义芳，1992）：第一，CBD具有区域（乃至全国、世界）中最高的中心性；第二，CBD具有最高的可达性和拥挤程度；第三，CBD具有最高的人际和信息交流量，它的24h人口拥有量最高，但24h人口变化的对比值也最高；第四，CBD具有最高的土地价格；第五，CBD具有最集中和最高档的零售业；第六，CBD具有最高的服务集中性。并且，CBD的六个特征之间是相互联系着的。

这些基本特征，反映在空间结构上，就形成了城市中心区的特征。中心区是由土地、交通、人口、产业等多个子系统组成的复杂系统，内部结构的作用是联系协调各子系统的发展，促进城市竞争力提升、特色增强和人居环境的优化（赵燕菁，2004）。因此，中心区的空间结构特征可从土地利用、道路交通、人口分布、开发利用强度以及公共空间等方面进行总结。

（一）土地利用类型混合

城市中心作为城市发展重要的功能聚集区域，承载了城市中的多种功能，土地利用类型通常较为混合。城市中心区功能混合的基本方式大致有两种。

1. 土地使用功能的混合和高强度开发

土地高强度混合开发，使各种功能的建筑群在城市中心区的空间分布上相对均衡，以兼顾不同时段对城市中心区中各个功能的有效使用。

通常这种多元混合的特征是长期演变而来的：从用地类型来看，非中心区类型被中心区所"替代"，表现为用地性质、功能以及空间形式被中心区所"替代"；从产业类型来看，在中心区内部，低端功能被高端功能所"替代"；从空间类型来看，开发强度低的功能被高强度功能所"替代"。与此同时，中心区的范围也会逐渐变大。南京新街口中心区范围在30年间的变化显示：1978～1988年，中心区处于发展的弱势期，空间扩展缓慢地带动了各类功能的增长，并开始向着多元化方向发展，但此时的中心区尚处于相对原始的状态；1988～2003年，中心区开始大规模建设，在空间上也先后跨越了太平路和珠江路，延伸至大行宫和鼓楼，从产业职能上看，商务功能的迅速崛起为中心区的发展注入新的活力，也促使中心区发生服务产业的调整升级而进入多元化发展时期，中心区逐渐由单纯的商业中心走向商业商务混合中心；从空间上看，中心区由单核结构进入多核发展时期。2003～2008年，中心区发展进入成熟稳定期，空间扩展突破上海路和莫愁路的限制，形成"十"字形态结构（杨俊宴，2012）。

2. 建筑单体功能的复合多样化

发挥建筑功能综合化和集约化的特征，采用立体空间的功能分布（沈磊，2014）。中心区的功能混合主要是把各功能设置在不同的空间位置，并将其叠合进建筑各楼层而产生的，经历了建筑体量从多层到高层，建筑功能从简单到复杂的变化（图4.3）。

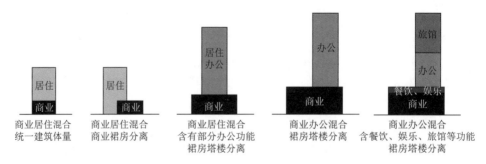

图4.3　城市中心区功能空间混合模式示意图

资料来源：沈磊，2014

这一变化过程经过了 4 个阶段：其一，统一建筑体量。中心区发展初期，混合功能仅有商业居住混合的形式，对应的建筑体量也是原始的底层商业，上层居住的统一形式。其二，商业裙房分离。随着经济社会的发展及住区新观念的引入，商业体量逐渐从住宅中分离出来，以裙房的形式围绕在住区外围。这种形式更方便于住区的管理，以及商业功能的发展，可以很好地形成商业街的氛围。其三，裙房塔楼分离。随着高层建筑的出现，在中心区内住宅商业化的基础上，形成了裙房商业服务，塔楼居住功能的空间分离，相对的建筑体量也出现了明显变化。同时，中心区进一步的发展，主导功能的转变，也使居住功能中开始出现一些商务办公功能。而商务办公功能发展早期，为适应中心区的商业发展要求，以商业办公混合形式为主，成为混合功能的另一种主要形式，空间上也采取裙房发展商业、塔楼发展办公的叠合形式。其四，楼层的划分。中心区发展至现阶段，逐渐走向成熟，核心圈内的功能混合趋势更为明显，裙房和塔楼空间都出现了进一步的分隔。一般情况下，裙房的上层会被餐饮和文化娱乐功能所占据，而部分塔楼上部会被旅馆功能替代。随着轨道交通及地下空间的发展，大量的餐饮、服务功能与地铁站点结合移入地下，部分商业零售功能也进入地下空间。

在市场经济条件下，中心区的零售商业迅速增长，商业区范围扩大，商业建筑密集度加大，金融和商业机构向市中心集中。中心区用地结构中工业、仓储、行政办公用地比例大幅下降，道路比例逐渐增加，商办混合用地、底商住宅用地大幅增加，用地开发方式更趋向综合性开发。综合而言，整体用地结构向着商业、居住功能为主转化。

（二）完善的道路交通网络

在趋于多元化的城市交通体系中，中心区占据了快速道路网、公共交通系统、步行系统等交通服务的最佳区域，同时中心区内外交通的连接在三维空间展开，形成便捷的核心交通网络，以提供商务活动者于单位时间内最高的办事通达机会。对城市整体而言中心区具备优越的综合可达性，这是公共活动运行的普遍要求，也是中心区产生的根源。

从交通目的来看，可以将城市车流分为到达交通与穿越交通两种基本类型，这代表了两种不同的价值追求，即"快速"与"可达"，到达交通需要的是可达，穿越交通需要的是快速。城市的不同地段对两者的追求是各有偏重的，作为空间、产业、人流最聚集的中心区，其商业商务活动密集的特征以及高昂的地价决定了路网的可达性追求才是第一位的，应最大限度地保证到达交通，限制穿越交通。

通常来说，为了快速建设和统一管理，中国新兴的中心区（如上海浦东新区、青岛东部新区、苏州西部新区等）主要采用了近似网格式道路骨架，且均比较注意地下交通的开发和地下空间的利用。在人车空间分离的基础上，结合地铁和（或）轻轨建设，组织轨道交通、公共交通、步行交通的高效换乘系统，形成空中、地面、地下多层次的立体综合交通体系。例如，上海陆家嘴中心区的地下交通包括了机动车隧道、人行隧道、地铁轻轨通道和地下行车道等组成部分，其地下和半地下道路用地比率为5.65%，已经是地面道路用地率的1/4（李东君，1997）。深圳福田中心区的交通规划也综合考虑了高架轻轨、地铁、公交系统、自行车系统以及地面、地下、地上多层次的人行交通流线。新中心区规划注意加强道路和交叉口的便捷通畅，提高停车位的建设标准，采用高科技手段进行交通管制，注重道路景观环境建设等。相比较而言，从古代或者近代演化而来的城市中心区的道路交通组织则更为复杂。

（三）开发利用强度高

城市用地的利用强度是非均质的，单位用地面积出现最高建筑容量的情况以地价水平为基础，以功能活动的需求为条件。在城市演进的过程中，商业、商务等公共活动与这些条件趋于吻合，高强度的开发成为稀释高地价，提高地租承受能力的必然选择，加上公共活动本身的聚集要求，逐渐导致了中心区建筑空间的密集化，并向周围扩展成为连续的地区。

中心区内部的利用强度也存在空间差异。越靠近商业中心，空间利用强度越大，同时不同空间在不同时间段的利用强度变化较大。以南京新街口地区为例，利用百度热力图和实测数据，中心区的空间利用显示明显的商业中心指向特征（汪程，2016）。正洪街广场周围遍布大量商业设施，并具有联通东南西北的作用，故而成为传统意义上的商业核心区，空间利用的强度最大；广场周围的百货商场、交通枢纽等空间的利用强度次之；随着空间外移，利用强度也逐渐降低，距离核心较远的旅馆、商务、居住空间等的利用强度最低。

（四）高度标识性且充满活力的公共空间

中心区是一个城市最具标识性的地区，中心区内公共建筑的密集化，在城市空间景观上产生标志性影响。独特造型的标志性建筑和高低起伏的天际轮廓线为中心区提供了其特有的可识别性。这些标志性的建筑和建筑群不仅满足市民公共活动的需求，同时也满足其精神层面的需求，更能体现城市的魅力和内涵。

活力是城市中心空间的最大特点。作为体现城市空间特色的重要区域，在现代城市化进程中，充分利用和继承传统空间要素，融合现代城市的特征，大部分城市中心地位得到加强，取得发展，形成人气旺盛、充满活力的空间场所。

城市中心区是以集聚各项城市公共活动以及在此空间中的活动具有多样性为特征的，这种多样性显示了不同类型的人在同一空间中从事着各种不同的活动，或者是由于不同的目的来到同一空间。因此在空间上，任何城市中心都是以人的行动轨迹为依凭而形成城市公共空间的连续，这种连续借助于建筑物对公众的友善和开放。

第二节　城市中心区的结构与模式

一、中心区类型划分

由于城市中心区之间存在着较大的差异，因此存在多种城市中心区的分类。从主导功能角度看，可分为综合服务中心、商务金融中心、传统商业中心、零售商业中心、休闲娱乐中心、会议展览中心、体育健身中心、文化艺术中心、行政办公中心、交通枢纽中心、科研教育中心等；从产业特征角度看，可分为以商务办公、金融保险等服务产业为主导的生产性服务业中心，以及生活性服务业中心，公益性服务业中心；从经营模式角度看，可分为经营性公共服务中心和保障性公共服务中心。聚焦于空间结构特征的分类，可基于等级规模视角进行划分。表4.1为北京首都功能专门化中心区。

表4.1　北京首都功能专门化中心区

首都功能和首都经济专门化类型	行政区划名称	2008年从业规模/万人	主导部门及其就业规模	2008年人均主营业务/万元
国家行政中心	东华门街道	13.09	公共管理和社会组织：2.5万人	38.6550
国家金融决策和管理中心	金融街、月坛街道、展览馆路、广安门内街道	51.83	金融业：14.6万人	138.9257
国家创新中心	中关村街道、海淀街道、北下关街道	45.39	信息产业：11万人；研发：8.4万人	100.7033
商务和金融中心	朝阳门街道、建外街道、朝外街道	29.9	金融：3.5万人；商务租赁：9.3万人	353.1036
使馆区－商务租赁中心	呼家楼街道、三里屯街道、团结湖街道、左家庄街道	20.92	商务租赁：8.8万人	82.5247
教育科研中心	清华园街道、燕园街道	6.32	教育：2.8万人	64.7380

资料来源：于涛方和吴唯佳，2016。

城市中心区作为城市内不同规模序列和空间范围的公共服务核心，体现出来的一个重要特征就是等级性，即城市中心体系。城市中心体系可看作是城市内部各中心区构成的整体，作为城市内部公共服务设施的空间核心点，其主要的构成单元为城市主中心－副中心－区级中心（杨俊宴等，2012）。

城市主中心指中心区辐射区域覆盖整个城市甚至更大区域范围的公共服务中心，构成了城市中心体系中最为核心的部分，拥有城市内大多数的商业零售、商务办公、金融保险、贸易咨询等高端服务机构，作为城市的功能核心提供经济、文化、社会等公共活动设施和活动场所。城市主中心区的发育程度直观地反映出城市服务产业的发展状况，同时也从侧面反映了城市中心体系的整体发展状况，是城市文化特色和城市

中国城市空间结构

景观形象的展示窗口。相对于城市主中心区，城市副中心通常扮演着与主中心功能互补的角色（表4.2）。

表4.2　中国主要城市副中心的特色功能建设

城市	副中心名称	副中心特色功能建设
上海	徐家汇	已初步建成综合性副中心。商业、办公、文化功能突出，服务对象的职业层次较高
	浦东花木	以行政、会展为特色功能的副中心。目前已建成行政中心、科技展览中心、儿童科教中心等，待建项目有国际会议中心、世界博览中心等
	五角场	以零售和科技产业为特色功能的副中心。正在全面改造原五角场商业中心，已建成太平洋百货等商业大楼，规划建设多幢商业、办公大楼，全面提升业态层次，启动科技园区建设
	真如	以零售和物流为特色的副中心。已建成多家大型零售业态，并建成包括汽车、电器、水果、农副产品等的商品批发市场，已形成大卖场和市场群落
北京	西城	以金融为特色，集中了主要的国家银行总部
	东三环	以中央商务为主要特色，正在筹建一个高等级的商务办公区，因邻近使馆区，有利于外商机构活动
重庆	沙坪坝	以商业、文化为特色功能，服务于沙坪坝文化区，已建成以零售业为主的步行街北段，已启动文化气息浓厚的步行街南段建设
	南坪	以旅游、餐饮为主要特色的副中心，已初步建成南坪旅游步行街
	杨家坪	规划建设成综合性副中心，力图成为重庆市"解放碑第二"
	北部新城	以金融和贸易为特色，充分利用紧靠国际机场和高速公路的优势，规划建设成"重庆的浦东"
深圳	福田	以中心商务区为主要特色，成为全市行政、金融、贸易、信息、服务中心，以及会展中心、文化中心等多功能的商务中心
大连	青泥洼桥	以零售业为特色功能，初步建成大连的购物副中心，大街内侧为步行购物区
	星海湾	以高级商务为特色的副中心。利用背山滨海和紧靠星海公园海滨旅游区的优美环境，填海造陆建设现代化的会展中心及一批高级办公楼宇，供国内外商家租赁
广州	天河	以购物和文化为特色的副中心，利用周边高校云集的优势，建了广州购物中心、天河体育中心、天河购物中心，并向东连接天河高新技术开发区
南京	夫子庙	以旅游、休闲为特色功能的副中心。依靠秦淮河夫子庙的文化底蕴，修复明清建筑和茶肆酒楼，提供旅游、休闲和购物服务

资料来源：陈瑛，2005。

片区级中心区又称区级中心，是城市二级中心，主要为空间分区相对独立的地区提供服务的中心区。它是片区内部服务功能的载体，作为城市片区功能体的经济、政治、文化等活动的集聚核，对所服务的片区起到综合服务职能，根据其服务范围的不同，区级中心的用地规模、业态档次相差很大。片区级中心区的服务范围并不是单纯行政区界限范围，而是受城市功能板块和人口分布的制约。

从北上广这些国内特大城市来看，按照等级规模划分城市中心体系的特征较为显著。

从"密度—规模—专业化"、"首都功能—城市化经济—地方化经济"的分析发现：北京都市区中心体系包括中心区、中心城区次中心（五环以内）、城郊次中心（五环以外）和其他分散次中心四大类，共包括东华门街道、金融街、建外街道、中关村街道、清华园街道、三里屯街道 6 个"中心区"和 38 个"次中心"。这些中心在 2008 年的正规就业人数高达 517 万人，占北京全市中心体系内总就业人口的 74%：其中，6 个"中心区"总就业 167 万人，38 个"次中心"就业总量超过 350 万人（于涛方和吴唯佳，2016）。

国内学者从购物出行角度也有印证。上海城市商业空间结构研究显示不同商品的购物出行空间表现出比较清晰的空间等级结构，基本符合中心地理论中的规模等级关系，等级最高的高档服装类商品其购物出行的市场等级也最高，蔬菜食品类商品其出行市场等级最低（图 4.4）（柴彦威等，2008a）。

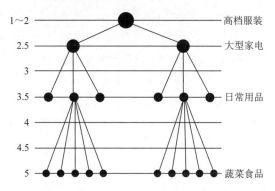

图 4.4　不同商业购物出行相对空间等级结构

左侧数字表示中心地等级

目前，广州城市中心体系由北京路中心区、珠江新城中心区 2 个主中心区和三元里、环市东路、上下九 3 个次中心区组成，它们构成了广州城市中心体系的骨架，服务于广州全市乃至华南地区。通过计算城市中心体系总用地面积、总建筑面积和各中心区的主导功能、用地结构等，得出广州市城市中心体系总用地面积 1503.1hm²，总建筑规模 3260.5 万 m²，分布在主城环市路沿线，以解放路、广州大道和中山路形成"两纵一横"的轴线骨架（表 4.3）。

表 4.3　广州各中心区统计汇总

中心区名称	总用地面积/hm²	建筑规模/万 m²	主导功能	硬核规模/万 m²	硬核用地面积/hm²	土地利用强度	CBHI	CBII/%
北京路	387.8	947.1	零售商业、贸易咨询、行政办公	414.2	56.1	2.4	1.03	50
珠江新城	623.3	1286.6	贸易咨询、零售商业、金融保险	343.3	160.7	2.1	1.22	50
三元里	259.3	423.3	会展、贸易咨询、零售商业	121.2	67.8	1.6	0.81	50

续表

中心区名称	总用地面积 /hm²	建筑规模 /万 m²	主导功能	硬核规模 /万 m²	硬核用地面积 /hm²	土地利用强度	CBHI	CBII/%
环市东路	138.0	385.1	贸易咨询、宾馆酒店、零售商业	36.4	12.0	2.8	1.60	50
上下九	94.7	218.4	零售商业、贸易咨询、宾馆酒店	—	—	2.3	1.16	50

资料来源：杨俊宴，2011。

二、城市中心区的空间结构

城市中心区的空间结构主要是指城市中心区空间范围之内，各功能载体的空间分布及其发展演化，从空间的角度表述城市中心区形态和内部的相互作用网络。城市中心区的形态与内部作用是空间结构的两个重要内容。为了获得规模经济效益，城市中心区系统内具有相同或相近功能的要素倾向小范围内集中，各种要素按照自身的特性在城市中心区空间中有规律地分布、流动，从而形成了城市中心区的空间结构。按所处的发展阶段不同，一般分单核结构、圈核结构和多核连绵结构。

（一）单核结构模式

单核结构城市中心区是传统城市中心区的最典型模式，其规模等级也由于城市人口、中心区等级等原因而差异极大，但其仍存在一定的量化规律，其规模指标具备可供参考的价值，明显存在着极限规模。

单核结构并非仅是中小城市所特有的中心区结构形态，其同样存在于北京、上海、广州等一线城市的副中心内。从空间形态理论来解释，当单一核心发展到一定规模后，经济活动需求增长，公共服务机构的聚集逐渐表现为多核心结构的规模增长。原有的中心区扩大成长为圈核结构或多核连绵结构中心区，而其中的部分职能分散到城市的其他地区，形成新的单核结构城市副中心区。这类特大城市中的单核结构中心区往往承担着行政、会展、商业、商务等明确的主导职能，如北京中关村中心区为电子类产品的 IT 商业中心、南京夫子庙为传统商业中心等。

在市场条件下，不同公共服务设施的空间分布点位取决于对最优位置的市场竞争。服务设施预计获得的利润、正常运营的空间特征需求和已有设施的影响决定其愿意付出的成本，因此，主干服务设施在中心区具体地段的集聚由地价承租能力、运营空间需求、业态相互关联三方面因素决定，不同设施功能出现各自的空间分布规律。但是对于单核城市中心区总体而言，相应的核心业态设施还是趋向于聚集主核，形成相对独立的功能活动区域，其他中低档服务设施和配套辅助设施依次分布在周边外围地区，形成"主核区 – 阴影区 – 边缘区"圈层式结构。

1. 主核区

主核区主要分布大型综合性设施和高档专业性设施，内外交通的连接在三维空间展开，形成便捷的核心交通网络，以提供公共服务活动者最高的办事通达机会。由于地价高昂，在土地利用上具有高开发强度、高密度的特征。主核集中反映了中心区功能、景观等方面的特征，是中心区和城市的名片。

2. 阴影区

阴影区主要是指紧邻核心的中心地区出现的大片发展程度低、公共设施零散、业态低档、建筑形态老旧的街区，与近在咫尺的硬核公共设施建筑形成鲜明对比。这是城市第三产业的高速发展过程中，服务机构向城市中心地区集聚的空间不平衡发展规律所决定的。

3. 边缘区

边缘区是中低档服务设施和独立性的行政、文化、居住等配套辅助设施分布在主核区之外所形成，是为核心服务职能起到配套作用的边缘圈层区。

（二）圈核结构模式

中心区空间演化发展过程中，各空间圈层用地呈现出"整体中心集聚"和"圈层内局部集聚"的总体特征：作为中心区的主导职能的金融证券、贸易咨询、酒店宾馆等行业资金密集，投入产出比高、建设强度大、区位敏感，逐步占据中心区最核心的圈层，形成发展核心并从中心向四周衰减。但这种核心用地的衰减并不是均质递减的，而随距离产生起伏。各外围圈层同时存在功能的局部空间集聚的特征，如教育、医疗等产业在外部圈层局部空间的集中分布。

各圈层的用地构成变化均与中心区的发展阶段有着较为密切的联系，其发生变化的时间节点均是两个发展阶段交接的时间节点（表4.4）。在此基础上，把性质、功能、作用相同或相近的圈层进行整合和归并，形成四大圈层。以南京新街口中心区结构为例对圈核结构模式的特征进行说明（图4.5）。其中，第1圈层始终以中心区主要功能为主，决定着中心区的性质，加之其包含了绝大部分的新街口核心圈，因此，把第1圈层定义为"主核圈层"。第3、第4、第5圈层在各阶段的主导功能几乎完全相同，功能也逐渐随中心区性质向主导功能转变，且距离主核圈层有一定距离，包括了珠江路节点、大行宫节点、洪武南路节点等，可以称为"亚核圈层"。而第2圈层处于"主核圈层"与"亚核圈层"之间，功能较为复杂，辅助、过渡性质明显，且受两个圈层影响较大，处于其"阴影"影响之下，因此，定义为"阴影圈层"。第6圈层则是纯粹的以辅助功能为主，而第7圈层的功能构成以教育、医疗、邮电和居住为主，主要为辅助性的市政办公职能，因此可以把第6、第7圈层统一称为"辅助圈层"（杨俊宴和史北祥，2012）。

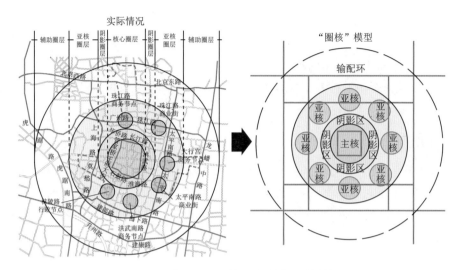

图 4.5　中心区"圈核"结构模型的提炼

资料来源：杨俊宴等，2012

表 4.4　城市中心区各圈层主导功能变迁

圈层		中心区缓慢发展阶段	中心区跨越发展阶段	中心区壮大发展阶段
主核圈层	第 1 圈层	附属功能 商业功能	商业功能	商业办公混合功能 商业功能、商务功能
阴影圈层	第 2 圈层	附属功能	教育功能	商业居住混合功能
亚核圈层	第 3 圈层	附属功能	商务功能 附属功能	商务功能 商业居住混合功能
	第 4 圈层	附属功能	附属功能	商务功能 商业居住混合功能
	第 5 圈层	附属功能	附属功能	
辅助圈层	第 6 圈层	教育功能 医疗卫生功能	教育功能 医疗卫生功能	教育功能 医疗卫生功能
	第 7 圈层	附属功能	市政办公功能	市政办公功能

资料来源：杨俊宴和史北祥，2012。

（三）多核连绵结构模式

随着圈核结构的进一步发展，多个交通便利、公共设施完备的节点出现不同规模的圈核状中心，形成多核连绵结构。其一般存在于一些巨型发达城市的主城区，是中心区发展的最高级阶段，存在的基础是巨型城市庞大的规模、复杂的业态结构和完备的城市纵横干道网络。

特大城市大量涌现的区级中心区疏解了常规的中低端生活型服务职能，也促使主中心区承担了越来越多的新职能并增加到原有中心服务职能中去，多核连绵结构的中心区已经大大超越了普通商业购物的职能水平，转向金融中心和高度专门化的服务中心。中心区逐渐成为：国家和国际经济贸易的中心，经济管理相关组织机构的总部，银行、保险、证券和相关金融服务的中心；各种高端专业化活动的中心，如法律、财务、科学技术的服务转化等；通过大众媒体进行信息收集和传播的中心；高端消费中心，既为少数富人提供高档奢侈品同时又为广大市民提供大规模的制式商品；文化、艺术和娱乐活动的聚集地。

三、城市中心区核心功能的空间结构特征

（一）城市中心区的商业功能

随着经济社会的不断发展，中心区在商业及需求多元化的推动下，逐渐完成底层空间商业化及纵向空间利用的划分。

以南京新街口为例，早期的中心区（1978～1983年），范围基本控制在核心圈以内，商业用地以块状的形态集中于核心圈东南地块。从表4.5中可以看出，1978年商业相关用地（包括商业用地、商业居住混合用地及商业办公混合用地）中，有91%集中分布在核心圈内。至1983年比重虽有下降，但仍高达82%。此时的商业相关用地在核心圈内表现出来明显的沿中山路南北向扩展的趋势。1988年开始，中心区的扩展出现非均衡的形态，中山路的轴向拉动作用开始体现。而商业用地很好地追随了这种形式，随中心区的扩展，沿中山路及汉中路向外延伸。从中山路相关商业用地统计可以看出，有77%的用地在其控制之下。直至1998年，随着中心区的扩展，轴线的作用开始弱化，但与之直接相关的商业用地仍保持了60%的比重。这种"核心＋轴线"的扩展模式仍占据主导地位。1998年后，中心区扩展迅速，中山路的十字轴线逐渐融入整个范围内的网状道路系统之中。而商业用地则始终沿重要道路线性分布，也呈现出网络化的特征。通过对2003年及2008年主干道网络商业相关用地的统计，可以看出，90%左右的商业用地都与网络化的道路密不可分（史北祥和杨俊宴，2010）。

表 4.5　南京新街口地区用地演变

年份	商业相关总用地 /hm²	核心圈相关商业用地 /hm²	所占比重 /%	外围相关商业用地 /hm²
1978	10	9	91	1
1983	10	8	82	2
1988	26	20	77	6
1993	24	15	63	9
1998	33	20	60	13
2003	61	55	90	6

续表

年份	商业相关总用地 /hm²	核心圈相关商业用地 /hm²	所占比重 /%	外围相关商业用地 /hm²
2008	93	82	88	11
分布特征				

1978 年　1983 年　1988 年　　1993 年　　1998 年　　2003 年　　2008 年

资料来源：史北祥和杨俊宴，2010。

　　商业相关用地的扩展出现了明显的三个阶段，即核心聚集、轴向延伸、网状分散，总体上可概括为"核－轴－网"的扩展模式。这也反映了商业分布的两大决定因素：区位和交通。南京市中心区发展早期，交通基础薄弱，中心区路网密度仅为10% 左右，只有在新街口广场交汇的四条中山路作为主干道。此时，区位成为第一决定要素，商业设施纷纷向核心圈聚集，形成早期的商业中心。1988 年后，新街口环路已经开通，核心圈内交通条件得到一定改善，加强了其区位优势。但此时中心区开始跨越发展，整体空间形态在中山东路和中山北路的拉动下，发生着强烈变化，商业也在其带动下沿中山路及汉中路向四周延伸，呈现轴向延伸的特征。中心区逐渐壮大后，纵深发展加大，主干道路也纵横交错形成网状。交通条件的进一步改善，弱化了区位的作用，也客观上促进了各类商业功能的分离，形成网状分散的特征。

　　若将商业中心区作为一个系统，各类型空间可看作是这个系统下的子系统，其基础构成可归纳为商业、餐饮、停车场以及非商业性质的其他功能。这些子系统在运营和构成上保持着相对独立性，它们作为商业中心区的功能构成要素而有机结合并协同作用，共同塑造着商业中心区的整体形象与艺术魅力（图 4.6）。

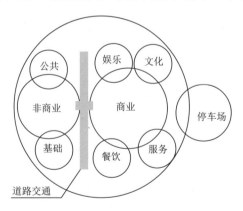

图 4.6　商业中心的基础构成

（二）消费者行为与商业结构

消费者行为与商业结构的关系也是分析城市中心空间结构的重要视角，通过上海南京东路、北京王府井两个案例的分析，可以揭示消费者行为对城市商业中心空间结构的重塑作用。

王德等（2004）利用对南京东路消费者调查所获数据，分析消费额、消费者人数等指标及其影响因素，揭示消费者行为与商业结构间的复杂关系。表4.6显示了对消费额、人次、人均消费额三者进行两两皮尔森相关分析的结果：消费额与人次及人均消费额的关系均在0.01概率下具有显著水平；消费额与人次的相关性又远高于同人均消费额的相关性。由此可以看出，在构成南京东路的经济效果——总消费额的要素中，消费者人数所起的作用要高于人均消费额的作用，或者说，南京东路的经济是"以量取胜"。

表 4.6　上海南京东路商业中心消费者行为关键指标间相互关系

	项目	消费额 / 元	人次	人均消费额 / 元
消费额 / 元	皮尔森相关系数	1.000	0.897**	0.391**
	显著度（双尾）	—	0.000	0.004
	样本数	64	64	52
人次	皮尔森相关系数	0.897**	1.000	0.231
	显著度（双尾）	0.000	—	0.099
	样本数	64	64	52
人均消费额 / 元	皮尔森相关系数	0.391**	0.231	1.000
	显著度（双尾）	0.004	0.099	—
	样本数	52	52	52

** 相关性显著度在 0.01 以下（双尾）。
资料来源：王德等，2004。

进一步考察总消费额、消费者人数、人均消费额在研究范围内的分布情况后发现，商店的营业面积、是否位于步行街、是否设有百货商店等指标对消费者的人数产生显著的影响，而对人均消费额没有明显作用。

考虑到人均消费决定因素的复杂性，相关分析显示，反映商业街经济效果的总消费额更密切地相关于消费者人数而非人均消费额，因此，南京东路案例的研究进一步着重探讨了人口地块、起始地块、回游地块、结束地块、出口地块五个消费者活动阶段的人流分布情况。结果发现，位于起始消费阶段的消费者不但较其他阶段更集中分布于某些地块，且该阶段的人均消费额远远高出回游及结束阶段的人均消费额。此外，对南京东路消费者的回游流动特点也作了如下归纳：相邻地块回游较为频繁，远距离地块间较少；步行街内部回游频繁，以外地区较少；西部频繁，东部较少；大型百货店之间回游较频繁，最大的回游流出现在新世界商城。

为了进一步分析城市中心商业结构的特征，利用王府井大街展开的消费者行为调查数据，通过对消费者行为吸引要素的分析，建构了消费者地块选择模型，运用模型分析消费者特征路线，在此基础上对王府井大街的商业空间结构进行了评价（王德等，2011a）。

在基本属性层面，消费额最高的两个地块为北京市百货大楼和新东安市场地区，并且领先优势较为明显。两个比较显著的特点是：步行街范围内地块消费额基本高于非步行街范围地块，特别是金鱼胡同以北地块整体较低；大型百货商店的所在与否直接影响地块消费额的表现，同是步行街范围内地块，北京市百货大楼和新东安市场所在地块消费额要高出很多。

而在流动特征层面，可以将王府井消费者的回游流动特点归纳为以下几点：具有沿步行街区域由南向北的明显方向性；相邻地块回游较为频繁；步行街内部回游频繁，以外地区，特别是离主要出入口较远的北部区域鲜有人的活动；大型百货商店之间的回游，特别是对面地块之间的互串较为频繁，最大的回游出现在新东安市场与北京市百货大楼。

通过对消费者行为吸引要素的分析建构了消费者地块选择模型，运用模型分析消费者特征路线，并从特征路径总结出对王府井大街空间结构的认识。王府井大街可以沿东安门大街和金鱼胡同分为两个活力差异明显的区域。从北面而来、在北面活动的消费者远远少于南面。中间的界线像屏障一般阻止了消费者往北面前行，反过来对北面而来的消费者具有强大的吸引作用；在金鱼胡同北面，圣若瑟教堂是一个较为突出的地块，能够吸引较多的消费者。相对而言，北端的商业地块中东侧的所得到光顾的机会要明显多于西侧。在王府井大街中段，也就是步行街所在区域，新东安市场和百货大楼地块吸引力明显，人流形成了较为规则的沿东侧走行至步行街尽头折返后沿步行街西侧返回的路线。沿途没有跨越现象，这说明目前的王府井大街地块规模分布较为合理，人流通畅而且每个地块都得到了消费者的惠顾。在走行的后期，消费者在尽端邻近两地块间存在往返现象，说明这两个地块的吸引力相近，并且要高于邻近的地块。在实际观测中这两个地块也存在着很大的对流量。王府井大街南段有东方新天地、王府井书店等所在的地块。从特征路线发现这几个地块的商业设施对消费者的吸引力远不及步行街地段。虽然南面是主要的消费者来源方向，但是消费者仅仅是光顾了沿途必经的地块就直接奔向步行街区。可见，虽然人流量越大蕴含的商机就越大，但是如果商家自身以及周边环境没有足够吸引力的话还是没法留住消费者，无法将潜在顾客资源转化为效益。

（三）城市中心区的办公功能

办公业的发展与商业活动息息相关，作为中心经济活动的载体，CBD 吸引了大量的办公机构、百货批发零售商店、娱乐场所以及其他公共建筑等活动，而办公功能是 CBD 的首要功能（温锋华等，2008）。办公业发展初期，资金和对外贸易开始创造专门化的办公力量，大量有专业素能的劳动力成为共用资源，吸引了其他办公机构的加入，造成了"滚雪球"效应，最终创立了大规模的、功能定位为办公业的CBD。大量集聚的办公机构共享基础设施和信息，产生了集聚效应，面对面交流成本较低，这进一步促进了CBD内办公业的发展。办公活动集聚于CBD是办公空间布局的基本特征。图4.7显示了北京城市办公集聚区的分布，可以看出主要分布在CBD及其他次级中心区。

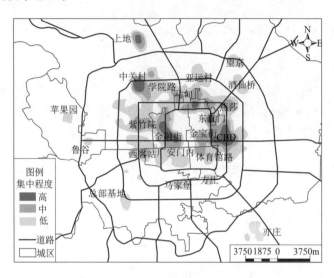

图 4.7　北京城市办公集聚区分布图

资料来源：张景秋，2010b

　　办公业作为城市经济活动的重要组成部分，是随着城市服务业发展，而对城市经济和城市空间影响很大的一种新兴的具有办公职能的服务业部门，由于其区位条件、历史惯性、政策倾向等因素的差异，办公业在城市地域范围内的分布呈现非均衡状态。

　　北京城市办公业的空间格局演变模式先后经历了离散—极化—扩散—稳定发展四个阶段。在新中国成立至改革开放前，北京市大力发展工业，变消费城市为生产城市。这一时期由于政治原因，外商驻京机构少，而国内金融、保险、房地产、信息等行业基本处于萌芽阶段。改革开放后到20世纪80年代中后期，北京向现代化城市迈进，商务管理职能为主体的办公业开始萌芽，写字楼在区位选择上不仅局限于内城区，在近郊区也有分布。由于写字楼数量少且空间分布较为分散，20世纪90年代前北京办公业处于低水平发展阶段。2000年前后，北京向国际化大都市迈进的过程中，部分区域的办公活动得到强化，办公区位的选址相对集中于CBD、中关村和金融街等有代表性的办公集聚区（张景秋等，2010a）。

　　20世纪90年代上海市区新增办公楼最多的区分别是长宁、静安、徐汇3个区，它们新增办公楼均超过了100万 m²，三区合计占全市新增办公楼面积的49.1%。但除传统工业区杨浦区外，其他各区根据自己的规划也都新增了数十万平方米的办公楼，形成了一批区级办公中心，如静安区的南京西路办公区、普陀区的武宁路办公区、卢湾区的淮海东路办公区、闸北区的不夜城、虹口区的大柏树等，其结果使上海办公区的分布呈多中心的特点，其数量与东京并居国际大都市的第一位（宁越敏，2000）。

第三节 城市中心区的演化

城市中心区的演化，从类型上可分为两类。一类是经长期演变逐渐形成的城市中心，以上海南京东路、南京新街口等为典型，数量较多；另一类是改革开放后由政府主持建设发展而来，形成时间较短，政策的痕迹较为明显。

一、中心区的功能演化和空间演化

（一）功能的发展演化

城市中心区的功能大都经历过"以商业为主，规模较小—商业、办公逐步分化—商务功能独立，CBD出现"这样一个由初级向高级发展的过程。

1. 早期萌芽阶段：以商业为主，规模较小

城市中心区发展的早期功能以商业为主，并发展有与商业配套的仓储业、批发业、服务业、娱乐业等，其往往多项功能高度集中，并且也是城市的主要功能中心之一。此阶段城市中心区的发展特点是城市功能较为集中，交通便利，人流、车流量大，昼夜间人口数量变化大，城市地价处于峰值状态，土地利用率极高，并保持有向中心区外围地带急速扩展的趋势。

2. 中期发展阶段：商业、办公逐步分化

随着城市的进一步发展，在城市中心区内除了传统的商业服务业职能外，还发育出相当规模的商务办公职能，具有一定的商务中心的作用。但商业、办公等城市功能的过分集中已逐渐显露出其弊端，即功能的集中导致用地的紧张，人口密度过高，交通拥挤，公共服务设施缺乏等诸多的缺陷，因而办公等商务功能应逐步脱离城市的功能中心。中期阶段中心区的城市具有向CBD发展的潜质。

3. 后期成熟阶段：商务功能独立，CBD出现

该阶段一般出现在具有国际辐射能力的综合性特大城市。这种国际性城市的中心区规模很大，其显著特点是中心区功能以商务办公、专业化服务等高级职能为主，传

统的商业功能弱化，一般都有发展成熟的 CBD。CBD 在城市中心区的布局结构有两种主要形式：一种是原生式布局，CBD 是在原有中心区的基础上发展而来，城市中心区是一个包括 CBD 和其他中心职能的综合区域，但以 CBD 职能为主；另一种是分离式布局，当城市的商务功能发展到一定程度时，由于用地等条件的限制，城市原有中心的容量达到饱和，限制了中心功能的进一步发展，需在新的地方另建商务中心承接该部分溢出的功能，形成新的 CBD。

20 世纪 80 年代，CBD 从城市中心区脱离已经表现出一种强烈的趋势。目前在中国大多数城市中 CBD 的发展方向是在原来城市中心区中逐渐分化的过程，但还没有达到分离的程度，即大部分省会城市或区域性城市中，商务功能不突出，不具备建立现代 CBD 的条件，仍处于 CBD 的早期萌芽阶段，即商业和商务功能混杂。如图 4.8 所示，我国的部分城市中心区的 CBD 发展阶段还处于图 4.8（a）和 4.8（b）的过渡阶段，即初级 CBD。

另外，在一些城市不能另辟新地建立现代 CBD 的情况下，需要立足于原有的城市中心区，逐渐突出现代商务职能，疏散零售业、行政办公、居住功能，并加大城市中心区内的公共设施和交通用地建设，缓解城市中心区的压力。

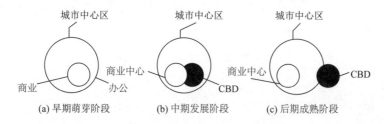

图 4.8　CBD 和城市中心区逐渐脱离的过程

资料来源：赵和生，1999

CBD 的内部职能一般划分为三个部分，分别是中心商业功能、中心商务功能、非 CBD 功能（Murphy et al.，1954a，1954b）。从国外 CBD 内部职能的演变过程来看，在 CBD 从萌芽到成熟的过程当中，实际上是 CBD 内部商业和商务两大主要职能此消彼长的过程，同时也是 CBD 职能内涵不断提升的过程。

（二）空间的发展演化

城市中心区的空间演化是在其内部功能演化的驱动之下进行的。城市中心区的内部功能和内部空间演化的互动规律可以用图 4.9 来表示。在城市中心区发展的早期，其空间结构呈简单的聚集状态，这种自由式的聚集缺少相应的规划措施。随着城市中心区的不断发展，其内部职能的不断分化，内部空间会呈两个方向的积聚扩张：①在用地等条件允许的情况下，城市中心区空间呈平面蔓延式的扩张；②受自然障碍、房地产价格等因素的影响，为获得最优的效费比，城市中心区将出现垂直方向的发展，如容积率的提高，内部建筑高度的增加等特征。在城市中心区发展到相对成熟的阶段，即 CBD 功能基本完备，一些特大城市单个的 CBD 已经不能满足城市商务和商业发展需要的情况下，CBD 的空间除继续发生蔓延式的扩张外，也出现了飞地型的等级扩散，一些具有专门职能的 Sub-CBD（副中心商务区）开始出现（如日本的新宿、法国的拉·德方斯、美国纽约巴特利花园城、中国上海徐家汇等），一个由主核心 CBD 和多个专业特色化的 Sub-CBD 组成的"CBD 系统空间"开始形成。

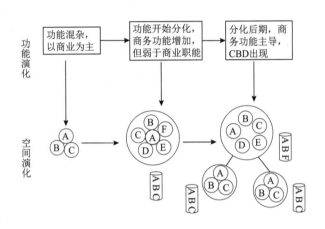

图 4.9　城市中心区功能 - 空间演化图

图中不同字母代表不同城市功能

二、中心区的演化模式

中心区的动态发展过程可归纳为若干静态特征阶段，归纳起来，中心区的历史演化可以整合成 4 种基本模式，如图 4.10 所示（杨俊宴和史宜，2014）。

1. 渐进式演化

中心区的空间以一个城市几何点为基础向四周沿河沿路发展，总体上表现为一个层层扩展的渐进过程，这是中心区最普遍的演化发展模式。稳态扩展时，边界的变化小规模而不规则地进行，中心区由此发生的整体变化比较有限，仅使中心区周边的建筑逐渐被新的公共服务建筑所取代而形成一些连续地带，在整体上形成中心区的扩展（王朝晖和李秋实，2002）。例如，广州环市东路中心区在改革开放以后商务产业逐渐成形。20 世纪 80 年代后期，随着一批高级涉外宾馆、高级办公楼的建成，中心区初见雏形。在聚集效应的作用下，旅馆业、信息咨询业、金融业、房地产业不断在环市东路沿线集中。这种高端产业通过功能置换进入中心区的发展过程本质上是一种旧城更新行为，而在整体上则表现为中心区渐进型的演化。

2. 爆发式演化

在政府主导和社会推动的合力之下，中心区的规模迅速扩大。在突发性扩展时，中心区边界沿特定方向向外围推进。深入周边地段并将非公共服务职能街区原样包裹进区内，尽管持续的时间很短，但边界的推进深度很大，进而推动了整个中心区的繁荣。北京朝阳中心区在政府与社会的推动下迅速扩张，范围由 $1.02km^2$ 扩大到了 $3.6km^2$，中心区就在合力作用下跳跃地走向成熟期。

3. 簇团式演化

簇团式演化是通过大规模的建设和发展，中心区在较短时期规模扩张，这种拓展与层圈式的渐进发展不同：通常公共设施空间在既有中心区周围聚集，逐步发展壮大，但由于有些城市的中心区地处城市历史文化保护区内或本身就是历史文化街区，用地存量有限，道路网络化较低，不能提供中心区发展所必需的发展空间，各类公共设施功能会围绕一些分离的节点形成松散形发展，而空间条件相对较好的节点的公共设施聚集度会逐渐增加，形成一个新的核心式集中（梁江和孙晖，2007）。其后，在多个互相分离的公共设施核心的基础上相互发展吸引，逐步连为一体，保持内部多核心的结构，使中心区簇团式地向外发展，杭州延安路中心区发展即为典型例子。

4. 稳定式演化

中心区在很长时期内保持着规模与形态的稳定，但这种稳定并不是在静态中保持原状，它经历着一次次的崩溃和修复，周而复始，顽强地维持着原有的布局结构。这种动态稳定可称为"崩溃—修复"型的超稳定发展。历史上，随着城市每一次经历战争、动荡或火灾，作为城市经济、交通枢纽的中心区都会受到消极影响，甚至遭到毁灭性破坏，但由于街区自身原动力和城市外动力的共同作用而不断修复，所以形成在长期静态稳定的表象背后是"崩溃—修复"的动态循环。如合肥城隍庙中心区就是一个例子。

应当指出，在中心区的空间演替过程中，这四种模式并不是各自孤立地出现，而经常是在不同阶段交替的出现，如上海城隍庙，在渐进式演化过程中也夹杂着稳定式演化，它前后于清咸丰十年和鸦片战争期间被烧为焦土，后又修复原状。而南京夫子庙渐进式演化中也有爆发式演化的参与。四者相互交织，共同影响着中心区的发展变化。

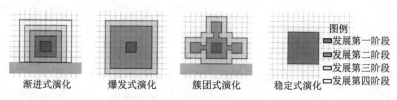

图 4.10　中心区演替模式解析

资料来源：杨俊宴和史宜，2014

三、中心区经济结构演化的动力机制

（一）中心区经济发展的作用力

从中心区的最初形成规律来看，一般都位于城市中心区或傍依中心区，随着城市化发展的多元化，中心区的布局形式、发展模式与城市的经济发展特点、基础设施、地理条件等因素变得密不可分。但总的来说，以第三产业发达、商务功能显著为特征的中心区由以下三种作用力的叠加而形成。

1. 产业的聚集力

工业化、城市化是形成中心区的原动力，第三产业的发展促进了中心区的发展，服务业的汇集吸引了大量的跨国企业总部，信息时代交通通信业的发展促使了中心区的形成。

2. 环境的排斥力

随着中心区的发展，功能内涵及规模不断扩大，要求扩展空间，而原有的中心区由于地价和楼价飞涨、交通拥挤、缺少人情味、基础设施不适应经济和社会的发展以及环境质量的低劣等原因，常常与城市中心区的功能发展不相适应，反而成为阻碍中心区发展的排斥力，导致了中心区的分散化。在20世纪初期和中期发展起来的城市中心区由于受规划和建设水平的局限，越来越不能适应现在的发展需求，改造起来比一般的旧城区改造的难度要大很多，许多机构、企业和职能部门外迁，形成了其排斥力。

3. 郊区的吸引力

郊区廉价的土地资源、优美的环境，吸引了人口的外迁，部分中心商业职能随之外迁到郊区；另外，小汽车交通与信息技术的发展，使城市部分职能外迁成为可能。城市中心区的部分商务活动向郊区转移，部分中心区呈现分散化、多中心化的现象，而原有的城市中心区成了主要为外地游客服务的地区。

（二）中心区经济发展的动力机制和过程

城市中心区是市场经济发展到现代化阶段的产物。中心区的经济增长，主要基于三种机制的作用：其一，基础性机制。这是构成中心区经济活动主体的产业形式。第三产业是中心区的主导产业，其构成的高密度和行业的多样化为中心区的经济增长奠定了基础。其二，强动力型机制。这是推动中心区产业发展的源泉。所谓动力型机制的作用，就是指在一个统一的市场域内（城市域内市场和域外市场）供给与需求的相互促进作用。由于城市中心区的经济活动频率及商务活动的规模一般要大于其他区段，所以中心区供给与需求的相互促进程度也要高于其他区段。其三，功能性机制，这是保证中心区经济活动的持久发展和长期增长的条件。充分发挥中心区的功能，既可以促使各经济要素的合理流动，又可以增加商品的附加值，加快资金的周转率，提高信息的灵敏度和正确性，从而保持中心区的繁荣。

在上述三种机制的作用下，面向同一市场的相同或类似活动的集结、服务于同一市场的相关活动的集结、不同功能的集结和不同企业或机构由于依赖同一供应者或服务者的集结，在中心区内同时以高强度、高密度的形式出现，进而产生更大的集聚效应和规模效应，并不断提高各经济要素的交流频率，使中心区成为所属城市乃至某个国家或世界某个区域经济发展的神经中枢。

（三）中国典型中心区的演化：陆家嘴

浦东开发是中国改革开放历史中的重大篇章，是上海建设世界城市的重要象征，20多年来的建设发展，使浦东新区飞速成为中国改革开放和经济发展的龙头，发展成就可谓举世瞩目。陆家嘴，是浦东沧桑巨变的缩影。20多年来，陆家嘴发生了翻天覆地的变化，从阡陌农田到高楼林立，从冷僻乡间到繁荣市区，成为上海最具魅力的地方。

陆家嘴的开发作为当前上海城市中心区建设的重要一环，经历了总体规划、土地批租、功能项目开发、大规模基础设施建设等不同的阶段。显然，政府的大力支持和成功的市场化运作机制是陆家嘴开发取得巨大成功的两大原因。

上海市政府从一开始就改变原先由政府直接运作管理的开发模式，借鉴国外特别是英国伦敦道克兰地区城市更新中的开发新模式，再结合我国国情，成立专门的城市开发公司，受政府委托全面承担区域内土地开发建设以及综合管理的职能。这不仅有利于企业的市场化运作，也与陆家嘴的整体开发目标很好地结合在一起。

陆家嘴的开发模式的最主要特点是：土地开发与土地投融资完美地结合在一起。采用"土地空转"的融资方式，楼宇的具体建设采取公私伙伴合作的PPP模式[1]两种创新方式。政府背景的城市开发公司首先逐步对规划区域内成片的破旧厂房以及以危棚简屋为主的居民聚居区进行拆迁，随后将这些城市土地资源生地经过"七通一平"等大规模基础设施建设后形成的熟地，有计划、分批次地转让给有房地产项目开发意愿的房地产开发商。而各开发商根据对这一地块项目开发价值、自身的实力、公司的战略、市场环境的评估以及对竞争对手的策略分析，决定是否参与地块的转让交易和项目开发活动。各开发商竞争的结果是，产生了一个符合市场价值规律的土地转让价，城市开发公司从而获取进一步土地开发的后续资金，为下一步吸引项目投资资金再度开发土地创造了条件。这样就形成了一种"用土地资源吸引项目投资—项目投资提升了土地价值—融资后进一步变生地为熟地吸引更多的项目投资—区域内房地产价值进一步提升—新一轮的土地开发"的市场化滚动开发机制。

---

[1]　PPP（public-private-partnership）模式，是指政府与私人组织之间，为了提供某种公共物品和服务，以特许权协议为基础，彼此之间形成一种伙伴式的合作关系。

第四节 城市中心区的未来

一、网购对中心体系的影响

网络购物作为一种新的购物方式和媒介，与城市传统零售业在竞争的同时又相互补充和促进，重新塑造人们的购物行为和零售业的运营模式，进而改变着城市传统零售业布局和土地利用格局（刘学等，2015）。

网络购物对城市零售空间的影响是综合多样的，替代效应是最明显的和最受关注的影响效应，网络作为一种新的购物方式抢占实体店的市场销售额度，一些实体店在网络购物的冲击下经营萧条而被迫关门（孙智群等，2009；席广亮等，2014）。但网络与实体店购物的关系并非只有竞争替代，因为网络和实体店并不是两种完全对立的方式，网络使得购物过程分解和重新组合，线上与线下的方式相互渗透和相互促进（曾思敏和陈忠暖，2013）。值得注意的是，不同等级和类型的零售空间受到网络购物影响的方式和程度都差异显著。基于演化经济学理论从商家、消费者和空间环境三个角度提出的网络购物下实体零售业空间演进几条假设：传统零售商在不损害整体利益的前提下愿意采用网络销售作为补充方式；中心城区更倾向选择网络与实体结合的销售方式；不同规模和性质的商家应对网络购物采取的措施不同，因此他们受到的网络购物的影响也不同（Weltevreden，2007）。

（一）网络购物对不同等级商业中心的影响

不同等级的商业中心受网络购物的替代影响不同，网络购物对高等级的商业中心替代影响更大，其中网络购物对地区级中型商业中心的负面冲击最大，市中心受到的替代影响其次；社区级商业中心受到的替代影响最小（汪明峰和卢姗，2012）。

网络购物对不同区位的实体商业影响差别较小，就衣服而言，上海内环以内的市级大型商业中心受到网络购物的替代影响最大。网络购物对不同人群的实体购物影响差异明显，由高等级商业中心转移到网络购物的消费者中具有已婚、年龄较大、工作族、男性等属性特点的人群占比更大。

（二）不同等级商业中心受替代影响相对大小

替代效应是网络购物对实体店购物的主要的负面冲击。通过询问被调查者在网络购物之后实体购物次数减少最多的商业中心等级类型来探讨网络购物对不同等级商业中心的替代影响，结果表明：17% 的被调查者表示和具体的商品类型有关，没有确定的购物次数减少最多的购物地；83% 的被调查者有明确的减少最多的购物地。同时，选择地区级商业中心购物的人数最多，其次是市级商业中心，选择社区级小型商业中心的人数最少。可见，网络购物对高等级的商业中心替代影响更大，社区级商业中心受到的替代影响最小。

对于不同商品，网络购物对不同等级的商业中心的替代影响大小不同。对于数码家电产品，高等级的商业中心受到的替代影响最大，选择市级大型商业中心和地区级中型商业中心的样本比例均是四类商品中最高的；衣服类商品高等级的商业中心受到的影响次之；对日用品而言，网络购物对四类商业中心的影响最为均衡，不同等级商业中心之间的差异不明显。可见对于低频购买的商品，高等级的商业中心受到的替代影响更大；而对于高频购买的商品，低等级的商业中心受到的替代影响更大。

二、大数据时代中心区的再认识

大数据时代的到来，为开展中心区的研究提供了全新的可能性。数据采集方法上，通过计算机手段获取网络的大量数据，并经过数据清洗提取相关数据进行可视化，这种新的技术手段正逐渐弥补过去主要依靠问卷调查这种小样本采集的方式所造成的研究限制。以下整理了部分运用大数据手段研究城市中心区相关问题的最新成果，之后随着数据收集精度的不断提高，这类研究可能会为传统城市地理学方法的研究打开新的思路。

（一）基于多源大数据的中心区特征再认识

目前中心区研究使用较广泛的大数据主要是：手机数据（信令与通信流量数据）、微博签到数据、大众点评等网站数据。例如，运用大众点评网（南京站）餐饮商户的点评数据，对城市餐饮业空间分布的再研究（秦萧等，2014）。在建立口碑评价指标体系的基础上，计算各商户的口碑综合得分和排名，并对城市餐饮业的空间分布格局进行核密度分析和综合评价。

利用手机信令数据，从人群活动角度探讨城市商业中心空间活力在空间和时间上的分布特征模式，提出能够反映空间活力等级的三个维度（代鑫等，2016）。利用微博签到数据对城市活动空间总体特征进行分析，发现城市活动空间呈现出"一心多点"的等级集聚特征以及沿交通走廊的带状布局特征（王波等，2014）。

（二）城市生活中心的识别

从整体上评估城市生活中心体系是城市空间结构研究的重点之一，也是总体规划的基础工作之一。但既有研究不多，原因之一是传统统计数据缺乏洞察力，限制了研究深度。在传统数据环境下，研究中心体系大致有两类途径，一类是从功能的角度，通过详细调查候选中心的功能与业态，制定指标体系来筛选、评估中心，如对上海市区商业中心的研究（宁越敏和黄胜利，2005）；另一类通过要素空间分布识别中心并评估，候选中心覆盖面更广，如利用经济普查数据，在街道尺度上对北京都市区就业中心体系的识别（孙铁山等，2013）。前者工作内容繁多，仅适合针对重点地区研究；后者受统计数据精度限制，识别的仅仅是可能包含中心的统计单元。

　　大数据背景下,获取精细化的城市居民空间行为轨迹成为可能。利用手机信令数据，对上海市域现状生活中心体系的识别研究（晏龙旭等，2016）。以访问密度作为划分中心等级的依据。识别出中心后，统计各中心边界内的到访人次平均密度，采用 K 均值法划分等级。当划分了五个等级时，各等级中心的主要功能形成明显分异，总体分布与规划语境中的"市级中心""市级副中心""地区级中心""重点镇""一般镇"对应（图4.11），且其中前三个等级的生活中心能提供更综合的生活服务（表4.7），与经验较为相符。下文中，考察等级3的生活中心时统称高等级生活中心；考察所有等级生活中心时统称全部生活中心。

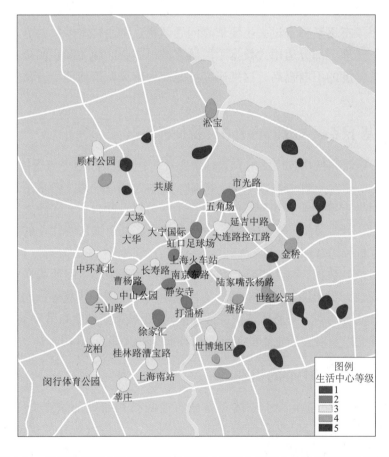

图4.11　基于手机信令数据识别的上海中心城区生活中心体系等级空间分布图

表 4.7　高等级生活中心的功能统计

中心等级	个数/个	有地铁站的中心占比/%	有公园的中心占比/%	有商业综合体的中心占比/%	有商业广场的中心占比/%	有区级以上文体设施的中心占比/%
1	1	100	100	100	100	100
2	9	100	22	67	100	100
3	27	67	33	30	89	70

基于识别出的生活中心，进而评估了《上海市商业网点布局规划（2013—2020年）》（以下简称《规划》）。该规划在市域规划了14个市级商业中心，50个地区级商业中心，其布局原则为"市级商业中心以城市总体规划确定的市级公共活动中心和综合性商业街区为主要空间载体"，"地区级商业中心与地区公共活动中心相结合，服务于本区域及周边区域的消费人群"。

两者对比（图4.12），评估结果归纳为三部分：第一，有13个识别的生活中心在《规划》中被忽略，这些生活中心有着很高的访问密度，确实承担着高等级生活中心的功能，规划需考虑纳入。第二，有12个《规划》的商业中心未识别出，其中淮海中路、豫园、真如不满足本书对中心的定义，长风、曹家渡等9个商业中心生活服务能力较差，规划可考虑加强生活服务职能或剔除。第三，还有14个《规划》的商业中心在本书中被划分为较低等级，尚处于发展过程中，需要各层次规划的进一步引导发展。

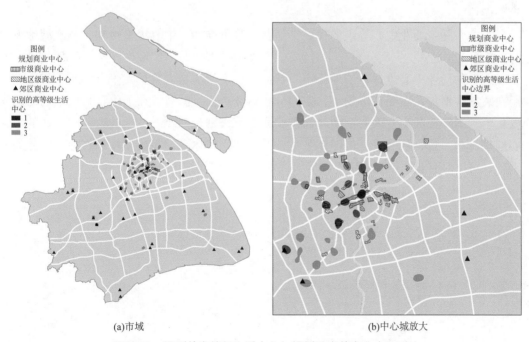

(a)市域　　(b)中心城放大

图 4.12　识别的高等级生活中心与规划设定的商业中心对比

（三）城市商业中心空间特征研究

利用手机信令数据特征，依据识别出的游憩－居住功能联系，在上海中心城区内识别出了 24 个城市级商业中心。依据各中心单位面积对游憩活动的吸引力判断等级，依据游憩者来源地分析各中心腹地并划分势力范围，依据与现状商业中心的距离和居住人口密度确定商业中心布局优化方向（丁亮等，2017）。

（四）消费者行为与商圈等级的划分

通过对手机信令数据的分析，相关研究分别界定了南京东路市级中心、五角场副中心、鞍山路地区级商业中心的核心、次级、边缘二、三级商圈范围，并描述了商圈的基本特征（王德等，2015）。南京东路市级中心所界定的三级商圈从内到外的扩展较平稳，各级商圈均保持了相对较高的密度，即使在外围也达到可观的水平。

同时在此基础上，对三个商业中心进行了全面比较，包括消费者数量和时变性，消费者空间分布的中心集聚性、距离衰减性、空间对称性，商业中心间的竞争关系等。

在消费者距离商业中心的距离分布比较上，南京东路的曲线形态最平缓，距离衰减性相对最低。消费者在 0～15km 的距离内均有较多分布。根据曲线间的交点可知，在 0～2km 圈层内。鞍山路的消费者最为密集；在 2～5km 圈层内，五角场的消费者最为密集，而在 5km 以外的圈层，南京东路的消费者最为密集。由此可见，在同样级别的衰减过程中，南京东路的距离跨度最大，衰减最慢，这也显示出南京东路的核心地位。

总之，随着商业中心等级的提高，消费者数量增加，中心集聚性和距离衰减性下降，商圈范围趋大，空间分布趋于对称，商圈的整体特征向"广域型"方向靠拢；反之，等级越低的商业中心越具有"地缘型"特征，表现为消费者数量减少，中心集聚性和距离衰减性增加，商圈范围趋小，空间分布偏离对称。同时，在工作日与周末的动态变化上，高等级的商业中心商圈趋向扩张，低等级则趋向收缩。这些特征与经典的中心地理论相一致，从而进一步印证了城市商业中心地体系中等级结构的存在；以此为基础，可以对商业网点规划中不同等级商业中心的空间组织提出优化建议。

第五章　中国城市的旧城空间

城市旧城空间是基于特定的历史环境和发展条件，经历岁月的沉淀后形成的，包含着丰富的地域文化和风土人情，独有的物质环境风貌和精神气质，也可以代表城市发展的印记。从总体来看，旧城空间在建筑形态、基础设施、房屋质量、生活环境等各个方面与新城区相比，都有着较大的差距，随着城市的不断发展，大部分的旧城空间成为新一轮城市更新的重点改造区域。

从相关概念内涵分析，旧城空间有狭义与广义之分。狭义的旧城空间，是指新中国成立前夕的城市建成区域，或者是城市原有旧城墙所包围的区域（柴彦威，1999a），作为城市内历史最久、经历最多的区域，不仅是城市后续发展的空间载体，更是城市历史发展的记忆、文化特色的承载。广义的旧城空间，泛指改革开放前的城市建成区域，在前者的基础上，包含了新中国成立后 30 年的城市建设区域，其中包括 20 世纪 50 年代大力发展的工业片区以及配套的工人新村、60 ～ 70 年代发展的位于城市郊区的大型居住区等特定历史条件下形成的功能空间类型。

第一节　城市旧城空间的形成

一、旧城空间形成背景

旧城空间在很长的历史时期一直承载城市的主要功能，即集聚了一定的人口、产业、功能的城市核心区域，因此，旧城空间的形成与城市的形成背景密不可分。

城市旧城的形成发展一般分为古代城市、近代城市两个阶段。第一阶段为鸦片战争爆发之前，古代城市主要是指被城墙所包围区域经过填充逐渐形成的城市，在原始社会早期，随着生产发展以及人类的劳动大分工，原来的居民定居点发生了变化，由于军事和防御功能的需要，核心区域被城墙所包围，城市逐渐形成，规模不断增加。在经历了几千年的时代更迭演化后，极少数的城市得以保留并在原有基础上逐步发展成现代化大都市，城墙包围区域逐步演化为现代城市发展建设所依托的旧城区域，如北京、西安、开封、洛阳等。第二阶段为 1840 年鸦片战争爆发后至新中国成立前夕。

近代城市的形成更多的是由于外界因素的影响，第二次工业革命使城市的发展发生了巨大的变化。而我国进入工业社会比西方国家晚，直至鸦片战争后，资本主义生产方式以及现代工业技术才随着帝国主义势力的入侵逐渐进入中国，东部部分沿海地区城市空间及结构变化较大，出现了开埠通商等现象；其中部分城市为帝国主义国家所侵占或在城市内部划分租界单独管理，出现了不同以往的带有西方工业文明印记的空间结构，如上海、青岛、大连、汉口等城市。

依据近代发展过程中所受到的主要影响因素，可将城市划分为两类：第一类城市的发展主要是在沿袭原旧城规模的基础上逐步形成的传统封建旧城，所受政治、经济、租期等影响较小，如北京、南京、西安等；第二类城市则以租界为基础或者整个城市受西方国家所控制，而进行统一规划发展，商业区一般成为整个城市绝对的经济活动中心，其主导地位和区位优势一直保持并延续，如上海的外滩、青岛的中山路、哈尔滨的南岗等。

从广义的概念上来看，城市旧城的发展主要是在上述影响的基础上新增改革开放之前30年的城市发展情况。在"一五"时期，城市规划全面启动，但主要工作集中在为工业建设服务上，在计划经济体制下，工业城市得到较大发展。对国内大多数城市来说，新中国成立以后的发展阶段，是现状城市形态形成的主要时期。

二、旧城空间发展过程

在原始及近代社会时期，受小农经济以及封建制度政策的限制，城市规模较小，建设发展缓慢；而近现代时期，在资本主义生产方式、近现代工业发展的刺激下，国内多数城市发展速度加快，城市规模逐渐变大。以上海市为例，1840年上海市统计人口为50万人，而在1949年新中国成立前夕，由于集聚了大量的工业和就业人口，上海市人口规模发展为600万人。这里以新中国成立前上海、广州、北京、天津、西安等部分大城市为例，说明中国城市旧城空间的发展过程。

新中国成立前的上海市旧城范围已经突破了城墙限制。上海宋代成镇，元代建县，明代嘉靖三十二年（1553年），为抵御倭寇的侵略，县城修筑城墙。在近现代时期，上海成为最早开放的通商口岸之一，老城墙内外发展景象差异巨大，城墙外租界区的商业经济发展极其繁荣，而城内老城厢则被紧紧地包裹，对外交通阻塞，严重阻碍了各方面的发展。直到1911年辛亥革命爆发，上海市新政权将旧城墙全部推倒，老城区内部开始逐渐发展起来，城隍庙成为国货的集中作坊，完成了由庙宇向商业街区的彻底转变。由于租界的商业经济活动已经明显超过老城区，租界已经成为实际意义上的市中心；为了打破租界垄断城市中心的不利局面，1929年通过实施了"大上海计划"，规划建设新的上海市中心区（现五角场地区）。经过民国时期的繁荣发展，在1949年上海市已经成为全国经济总量最高的城市（宁越敏等，1994）。

广州市自古以来就是华南地区的政治、经济和文化中心。最早的城市雏形可能始于春秋时期建设城堡，被称为南武城，在后来历朝历代中都有不同程度的改建扩建。在鸦片战争之后的晚清时期，重大城市建设主要是沙面租界的建设、西关住宅区的发展以及现代马路的出现，晚清时期广州西部的发展已经到相当程度，道路密集，人口众多，形成荔湾、越秀、东山、海珠四个旧城区。辛亥革命前后，广州近代工业逐渐发展，城市功能日益综合化，商业和金融业向沙面、东濠方向集中，高校科研区在城市东北地区形成。至 1923 年，广州整个城市发展范围集中在荔湾至东山老城区，西南一带成为新兴的商业活动场所，城市空间形态呈轮形团块状。1933 年建成海珠桥，开通了市区与河南的公交线路，从而带动海珠区的发展，沿江一带成为繁华商业区。1949 年以后，广州逐步成为华南轻纺、对外贸易中心城市，历经十余次总体规划和长期建设，形成以旧城区为中心、沿珠江北岸向东发展的空间格局（牟凤云等，2007）。

北京旧城是在元大都的规划基础上，历经元、明、清三朝近 800 年的发展建设，逐渐形成的呈"凸"字形的建成区域，有内城与外城之分，面积约 62.5km²。元朝时期，北京城的规划以古代汉族传统都城布局进行设计，平面接近方形，南北长 7400m，东西宽 6650m。明朝时期北京城分为宫城、皇城、内城、外城四部分，宫城、皇城为主要的政治中心区，外城主要是手工业、商业集聚区以及巨大的天坛和先农坛。清朝初期北京城的布局基本未变，主要增加了园林的建设；而在清朝晚期，由于帝国主义列强的侵略以及西方文化的影响，北京城内出现了大量的现代建筑，如教堂、医院、银行、图书馆等。在民国时期，政局动荡，经济衰败，北京城先后经历了北洋政府、国民党政府以及日伪政权的统治，城市建设没有较大的发展，仅有为数不多的新建房屋，城市人口增长为负值，受到社会迁移和流动的影响很大。据 1910 年的统计显示，当时北京城总人口为 271 万人，民国时期人口有缓慢增长，1912 年内外城人口为 72.5 万人，1927 年达到 87.9 万人，而在 1936 年，北京城市域人口仅为 153.3 万人，在新中国成立前夕根据区划统计显示，总人口规模为 200.6 万人（郗志群，2010）。

天津由于依山傍水的优越地理位置，在西汉时期就已经出现城市的雏形，隋唐时期发展为军事要地和海运渡口，此后军事功能逐渐减弱，从金元时期开始向城市过渡，明永乐二年（1404 年），朱棣下诏设天津卫，天津之称自此出现。早期的城市旧区主要是城墙所包围区域，平面呈长方形，面积 1.55km²。1900 年八国联军入侵攻陷天津城，旧城墙随之被毁，未再复建。1860 年以后，天津租界逐渐形成，到 1902 年，美租界并入英租界。各国租界总面积相当于旧城的 8 倍（李津莉和张威，2010）。在这段时期，由于租界区的发展，天津的经济中心由旧城内开始转向新兴的租界区，外国势力的入侵改变了天津市的城市性质和空间格局，旧城内逐渐萧条没落。新中国成立后，旧城内大部分宅院被用作杂院，传统民居破坏严重。

西安市自秦、汉至唐朝所历经的 1100 余年中，一直是作为都城进行城市建设，其间城址几经变迁（表 5.1，图 5.1）。如今城墙城址是在唐朝皇城基础上建设的，在明代又经过扩建而延续至今。清代城市范围和形制沿袭明代旧址，在城区内建立满城（满族人居住的内城），对城墙进行了一定修复。直至民国初年，满城南墙西墙被拆除，至此现代意义上的城区范围内城市格局逐渐形成（任云英，2019）。

旧城空间的形成历史可以追溯到原始社会时期，以部分保留的古城为基础，并在原有城墙包围区域的基础上逐步发展。随着生产力水平的提高，旧城墙所能提供的御敌保城作用逐渐降低，而对旧中心区形成的层层包裹作用的负面效应开始显露，由于城市发展建设的需要，多数城市的旧城墙逐渐被拆除，城市建成区的建设范围也逐渐突破了旧城墙的限制。在近现代时期，由于国内局势动荡，多数城市都受到战争所带来的不同程度的破坏，发展出现停滞或者后退，如北京在抗日战争时期城市建设规模没有进一步发展，城市人口还有明显减少趋势。由于地理位置的不同，内陆地区城市所受到的影响较小。此外，抗日战争时期政治中心西迁，对西南地区部分城市的建设有一定的促进作用。

表 5.1　西安城市发展及变迁情况一览表

朝代	性质	城市	地点	起止时间	历时
西周	都城	丰镐	西安市长安区境	公元前 1046—前 771 年	276
秦	都城	栎阳	西安阎良区武屯镇	前 383—前 350 年	178
		咸阳	西安未央区境	前 350—前 206 年	
西汉	都城	汉长安	西安未央区境	前 206—公元 8 年	214
新	都城	汉长安	西安未央区境	9—23 年	15
东汉（献帝）	都城	汉长安	西安未央区境	190—195 年	6
西晋（愍帝）	都城	汉长安	西安未央区境	313—316 年	4
前赵	都城	汉长安	西安未央区境	319—329 年	11
前秦	都城	汉长安	西安未央区境	351—385 年	35
后秦	都城	汉长安	西安未央区境	386—417 年	32
西魏	都城	汉长安	西安未央区境	535—557 年	23
北周	都城	汉长安	西安未央区境	557—581 年	25
隋	都城	隋大兴	西安市区	581—618 年	38
唐	都城	唐长安	西安市区	618—690 年	272
	都城	唐长安	西安市区	705—904 年	
五代、北宋、金	府城	京兆府	旧明城区	907—1231 年	325
元	府城	奉元路	旧明城区	1231—1369 年	139
明	府城	西安府	今明城区范围	1369—1645 年	277
清	府城	西安府	今明城区范围	1645—1911 年	267
民国	省会	西安市	今明城及东北区	1911—1949 年	39

资料来源：作者据资料①，资料②整理。

① 西安市人民政府．网址：http://www.xa.gov.cn/sq/csgk/lsyg/5d4907abf99d6572b764a5e3.html.
② 西安市志．1996.西安市地方志编纂委员会．西安：西安出版社．

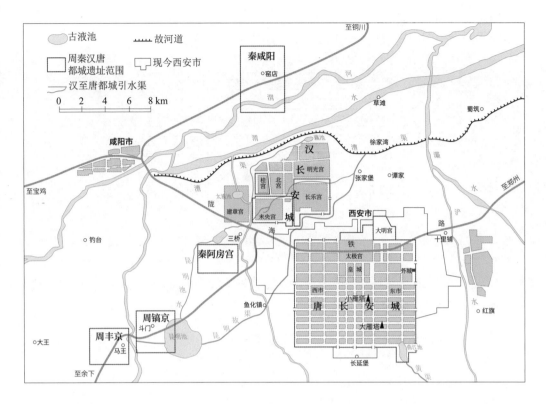

图 5.1　西安城址变迁示意图

资料来源：任云英，2019

第二节　旧城空间的结构类型与特点

由于旧城主要指城市 1949 年前的建成区，因此分析旧城的空间结构，需要探究明清城墙所围区域与周边 1949 年前建成区的关系。

一、旧城的空间结构

城市空间结构是各种人类活动与功能组织在城市地域上的空间投影，包括土地利用结构、经济社会空间结构、交通流动结构、生活活动空间结构等（柴彦威，1999a，1999b）。城市空间结构主要是从空间的角度来探索城市形态和城市相互作用网络在理性的组织原理下的表达方式（顾朝林等，2000）。因此，城市空间结构是一个具有复杂性与多样性的概念，既包括物质形态要素，又包括社会－经济结构要素；既是城市要素的表征分布，又是非空间属性与空间属性的交互作用结果。

中国城市空间结构

旧城空间结构包括物质空间结构和社会空间结构（图5.2）。物质结构形态是结构形态中相对显性的内容；社会结构形态是结构形态中相对隐性的内容。

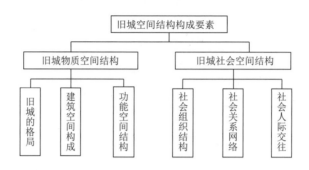

图 5.2　旧城空间结构构成要素

（一）旧城物质空间结构

旧城物质空间结构是指旧城中可视的物质实体环境的综合反映，如建筑、道路、广场、绿地等。在长期的历史积淀中，旧城经过变迁和发展，形成与特定生活方式相吻合的环境模式，其中包括丰富的形态环境特征。具体而言，旧城结构形态包括旧城的格局、建筑空间构成、功能空间结构等。

（1）旧城的格局指旧城组成要素的总布局。不同的城市由于地形、地貌、当地自然条件，以及人文方面的原因，往往形成独具特色的格局。在其特性之中常常有共性，在一定的地域中，城市生长发展有其规律可循。例如，北京的胡同居住街区、重庆的山地传统居住街区、同里的水乡传统居住街区等，都是坊里制形态布局的演化形式，其内部公共空间的形态和空间特征呈现出各自的特点。

（2）建筑空间构成主要包括街坊、街巷、院落的组织。旧城街坊由街巷组成，由街或巷分隔成长条形地段，并由若干院落充实。街坊不是组织居民生活的单元，而是地域划分的单位。街坊没有一定的尺度，它与街巷间距和院落的大小及组织有关。一方面，我国旧城街坊由于传统的街道生活而具有外向性特点，另一方面在街坊内部的空间属于私密空间，可满足居民生活私密性的要求。街巷是一个或多个围合空间的线性展开，它为土地的分配提供了框架，是通往各个个体单元的通道，同时也构成了聚落的公共活动空间。院落是组成街坊的细胞，其因地理位置、气候条件等因素影响而有所变化，平面布局呈多样化。传统旧城的院落是以血缘亲疏关系来划分组团和区域。

（3）功能空间结构一般包括居住空间、商业空间、工业空间、休闲游憩等空间结构，是建立在建筑形态结构之上满足居民日常需求的特定功能的空间结构。社会生活总是围绕特定的场所来展开的，旧城空间中应具备一个完整的场所系统，公共空间（如公共服务站点、文娱活动场所、公园等）则是其中的重要组成部分。它满足了居民对社会生活多样化的要求，对居民的许多社会活动具有支配性的作用。

（二）旧城社会空间结构

自 20 世纪 90 年代中国经济起飞以来，城市化进程飞速发展，经济、政治、文化产生了深刻的变革，原有的社会结构形态受到猛烈的冲击，部分城市旧的社会结构甚至面临解体。

旧城社会空间结构包括社会组织结构、社会关系网络、社会人际交往。在具体可见的旧城物质结构形态背后潜藏着人与物、人与人的各种关系和社会网络，它是由更广泛的社会文化和时间积累等因素形成的。丰富的社会形态往往存在于旧城衰败、破旧的物质环境中，而正是由于旧城中充满浓郁的生活气息、亲切和睦的邻里关系以及富有较强凝聚力的社会网络，旧城在居民心中产生了物质条件难以比拟的魅力，从而得以满足人们的精神需求。社会空间结构的研究有纵向和横向两个视角，从纵向看是层层递进、由表入里的社会组织结构；从横向看，人们通过交往结成联系密切的社会网络。

1. 社会组织结构

当今城市规划已经比较重视对城市社会学的研究，城市在社会学的范畴内被划分为一个一个的"社区"来进行研究。旧城在社会学上的含义已经是一个社区或者几个社区的集合。社会组织结构比较抽象，旧城的社会组织结构更是城市中最复杂的部分，但都有一个从表层到深层的递进结构。表层组织是社区群体的最基本联系，是维系和表现人们之间日常生活的主要环节，它通常以直接的人际关系来反映。当旧城生活中的主体，从形态的界域处向其他个体核心移动时，其直接的人际关系也在不断地深化和推进，从相互关心到偶然交往、互助到一般交往、互助到经常往来，直到家庭内部的亲密交往和合作。深层组织使生活居住形态具有一定内向性，其能够约束物质结构形态中群体成员的行为，是生活居住形态中成员能够安定生活的重要层面（阳建强和吴明伟，1999）。

2. 社会关系网络

社会关系网络是一个人同其他人形成的所有正式与非正式的社会联系，也包括了人与人直接的社会关系和通过对物质环境及文化共享而结成的非直接的关系。人际交往所形成的社会网络是城市生活中最重要的部分。社会网络是社区场所系统所体现出的一种社会功能。组织环境的场所系统本身具有一种社会凝聚力，从而使生活于其间的居民在行为上积极互动，相互依存，并在精神心态上形成"一体化"的感觉。例如，清晨街头常有相对固定的小群体在打拳，大家的共同兴趣就是锻炼身体。街心花园的棋局角，公园里的秧歌队都是在共同兴趣基础上所形成的群体。在共同期待行为基础上形成的互动，使群体成员有一种共同的归属感。

旧城由于历史的积淀，其空间结构在相当长的历史时期是相对稳定的，人与人之间结成了丰富的社会网络。人们相互之间的社会关系相对稳定，人与环境之间、人与人之间的关系也表现出相对稳定性，在特定的地域空间，人们长期居住交往，使城市空间具有了某种内在的力量。

旧城改造对于塑造我国城市社会空间结构有着重要的影响，这种影响主要通过政府、企业和市民这三个主体的相互作用来体现。不同主体对不同社会群体的影响不同，使得不同社会群体在城市不同空间范围内聚集，从而导致城市社会空间分异。田艳平（2012）对武汉市进行研究后发现，政府对办事人员聚集区、外来人口聚集区、离退休人员聚集区、人口快速增长区的形成产生显著影响；企业对离退休人员聚集区、人口快速增长和农业人口聚集区的形成具有一定的影响；而市民则对办事人员聚集区、离退休人员聚集区、人口快速增长区的形成具有一定的影响。

转型期上海城市空间重构与分异研究表明存在 6 类社会区：计划经济时代建设的工人居住区、外来人口集中居住区、白领集中居住区、农民居住区、新建普通住宅居住区、离退休人员集中居住区。李志刚和吴缚龙（2006）通过计算分异指数，发现当前上海存在严重的住房分异，但并不存在明显的以社会经济属性为基础的社会空间分异。造成这一现象的原因在于计划经济时代的历史以及仍然存在的大型企事业单位对住房的影响。中国城市目前的社会空间分异在程度上与西方城市相比还有根本的差异。

3. 社会人际交往

旧城区富有生机的社会网络是由居住区内各式各样的场所及在其中进行的社会生活相互交织在一起形成的，它随着社区中居民与环境相互关系的发展而发展。同时，社会网络的发展成熟需要一定物质基础，需要提供社会交往的公共场所作为媒介。公共空间便是社会网络形成发展的物质基础和空间载体。尺度宜人的街道、利于交往的空间以及轻松和谐的邻里关系构成了富有人情味的邻里生活。因此，旧城公共空间领域的系统性构建是旧城社区营造的重要内容。

历史街区中的居住空间和居住群体在持续发生变化，并对居民之间、居住社会关系产生影响（石炀等，2015）。调查表明，居民中居住 20 年以上的家庭占 75% 以上，具有相对稳定的社会交往网络，邻里关系密切，但居民与外来租住人口的社会交往很少，对外来人口的不信任感强，形成比较明显的社会排斥。同时，对外来租户的访谈调查表明，租户与租户之间的社会联系同样很少，除工作外，外来租住群体在居住空间中基本不存在社会交往。

城市更新既能直接改善社区物质环境，也能破坏本地社会网络，恶化邻里关系。20 世纪 90 年代后期之前，中国城市更新法规要求为原住民提供住房或原址回迁，2001 年《城市房屋拆迁管理条例》[①] 出台后，开始允许使用货币补偿，但这些补偿并不足以支持原住民购买原社区住房。老城区作为曾经的城市商业中心，区位优越，往往被开发为大型商业综合体，缺少住房供应，受这些因素共同作用加上旧城改造高昂的成本，促使开发商将老城区原住民安置到城市偏远郊区。这意味着原住民遭受更严重

---

① 该条例已被 2011 年 1 月 21 日颁布的《国有土地上房屋征收与补偿条例》替代。

的公共资源剥夺，就业机会更少，在城市边缘区形成新的城市贫困空间。同时原社区的社会肌理和邻里结构遭到严重破坏，改造后的新住区并没有提供充足的联系交流场所，不同社会阶层和收入的居民缺乏邻里信任。

二、旧城空间的分类

中国由南至北，由沿海至内陆，截然不同的自然条件、政治制度的变迁、社会文化、经济技术、历史事件等的影响，造成了多种多样的旧城种类。目前没有统一的分类标准，本章在梳理文献基础上，总结近代建成区与古城的关系，并以此进行分类。

（一）城市总体形态格局分类

1. 基本保留坊里制的城市结构肌理

中国绝大多数古城的形态格局是从坊里制演化而来的，《周礼·考工记》所记述的周王城的空间布局"匠人营国，方九里，旁三门，国中九经九纬，经涂九轨，左祖右社，面朝后市"奠定了基本的空间结构。后世的都、州府、县府都依此原则设计修建的，只是在面积、道路宽度等方面显示等级差别。坊里城市的结构肌理是规划粗放的大街廓网格与自由生长的小街巷的双重叠加。

中原地区城市，地势平坦，受自然环境约束较小，坊里制的空间结构较为完整，都城如北京、西安；州县府如菏泽。而受地形限制较严重地区，坊里制仅保留了边界的城门和城墙，内部功能用地布局和道路系统较为自由。例如，重庆古城建在巴山之上，由于地形的限制，重庆城的街道极不规则，坡度大、弯道多。南京、苏州、济南等城市结合了坊里制和各自的自然环境特点，突出了山、河、林、泉的地方特色。

2. 坊里制与近代网格空间结构并存

这种类型主要见于晚清受开埠影响的城市。比较典型的城市有上海、天津、武汉（汉口）、大连、青岛、沈阳、哈尔滨。在封建老城与租借地并置存在的城市中，可以很直观地看出两者空间结构的鲜明对照。坊里制的街廓形态粗放、尺度超大，街道弯曲、很不规则，内部街巷肌理呈自发生长之态，整体街道空间呈鱼骨状，且多断头路；而近代网格城市规划结构的几何特征严整，街廓尺度较小，城市肌理密致，整体街道空间呈网络状，道路通行性好（梁江和孙晖，2007）。

有租借地的城市形态演变可以分为两类：一类是在小型原住民聚居点（如青岛、大连、哈尔滨等）以及完整独立的老城厢（如上海、天津等）的基础上进行大规模建设的。原有的村镇或老城占地面积相对较小，被逐步包围吞并，对整个城市的规划发展影响较弱。这些地区在某个或某几个西方国家的长期控制下，逐步发展为具有相当规模的近代网格城市。另一类则是毗邻初具规模的原有旧城，与之并行发展。由于政治、经济、租期、战争等因素的制约，租借地没有进行较大规模的建设，其面积与老城面积相当或更小，逐步形成了传统封建旧城与西方网格新区并存的空间形态。其中，汉口、广州是从水路口岸发展起来的，而沈阳等则是从铁路附属地发展而成的。

在第一类租借地城市中，商业区成为整个城市绝对的经济活动中心，其主导地位和区位优势一直保持到今天，如上海的外滩、天津的劝业场、青岛的中山路、哈尔滨的南岗等。在第二类租借地城市中，有的租借地商业区因开发时间长、发展规模大，成为全市最主要、最集中的商业零售中心，如武汉的汉口；有的商业区则由于开发时间、投资建设规模小，或因为新区的开辟另建商业中心，在发展过程中形成了与封建旧城商业中心相对峙的局面，并逐渐演变成今天双中心或多中心的商业空间格局，如沈阳、长春等。

3. 自由发展的城市空间结构

这一类城市一般受近代铁路港口建设、历史事件影响较大，原有古城较小，坊里制的街道空间对发展影响较小，而近代网格状的租界城市空间结构或有，但也未形成足够影响，因此形成一个无序的、自由生长的、以实用为主的城市空间结构。典型的城市如广州、郑州（京汉、陇海）、昆明（滇越）的城市结构。

京汉、陇海两铁路的开通为郑州城市发展提供契机与动力。晚清民国时期郑州城市空间结构变动是在铁路的影响下，在商业发展的带动下自发形成的。两条铁路并非呈绝对的"十"字形相交，因而形成一个整体不太规则的双"V"形对角结构，郑州的城市空间亦自此被分成四个部分。但因为西北和东南两个夹角的角度较小，不太适合大规模的城市建设，因而郑州近代城市空间发展便基本被限定在东北夹角内，由古城区自由发展至铁路沿线。

广州旧城结构虽然存在传统中轴线"起义路—人民公园—市政府—中山纪念堂—越秀山"，但是网格状空间结构的沙面租界区因为太小，也没有对城市空间结构产生决定性的影响，坊里制的老城空间一方面受岭南风格影响，较为自由，另一方面规模相对较小，通过历代的建设与破坏，新中国成立初期也未成规模。整体旧城空间的发展还是以港口为主要驱动力，空间结构受自然地形影响较大，以实用功能为主。

（二）城市内部功能空间结构

1. 居住功能的空间结构

居住是旧城承担的主要功能。其形态主要包括传统居住区，近代花园式住宅，单位大院、工人新村等新中国成立后的新建住区，形成了北京的胡同、上海的里弄等有特色的空间类型。空间布局主要围绕传统商业中心布置。改革开放后随着服务业职能的强化，旧城居住用地比例有所下降，但住宅建设仍处于一个飞速发展的阶段，旧城居住更新向现代化、高密度方向发展。

2. 传统商业的空间布局结构

旧城因其区域发展背景具备历史形成的人文环境、人口环境和市场环境等综合条件，往往是一个城市的主要商业中心，虽然改革开放后因发展重心的变化有转移的趋势，但大多仍继承了原有的历史空间格局。例如，改革开放以来广州旧城的商业服务重心有自西向东转移的趋势，但历史空间格局仍具继承性。广州现代商业网点的空间格局脱胎于历史的形迹，尽管城市商业重心随着城区向东发展而开始东移，但历史留下的商业繁华区仍是现代广州核心的商业区。北京路、上下九作为广州的旧商业中心，仍然承担着重要的商品流通功能。长堤南方大厦地区虽然由于高架道路等影响而呈现功能衰落趋势，但深厚的历史文化底蕴仍赋予其很大的发展潜力。

3. 工业的空间结构

因城市在近代所担任的角色，新中国成立前的主要中心城市都建设有一定规模的工业区。例如，上海的杨浦滨江区、广州的西村等。城市中心内的传统制造逐步外迁是现代都市发展的必然趋势。该部分工业区经过新中国成立后历次改造，如上海的"退二进三"等，除少数留存外，基本转为居住，或者文化创意等新兴功能。

改革开放前，广州旧城是城市重要的生产基地。在历史老城区域范围外形成西村、工业大道、滨江东、江南大道、天河路等几个工业板块。在历史老城内也分布有大量小型工业点与作坊。改革开放后，随广州郊县工业园区与村镇工业点逐步发展，旧城范围内的工业逐步外迁，至1989年历史老城范围的原71个工业点已减少到48个，原滨江东纺织工业园等也因为整体工业布局调整而进行了搬迁。但由于当时房地产市场还未健全，工业用地建设量并不高。进入20世纪90年代后，随房地产市场的蓬勃发展，旧城范围内的大量工厂企业进行用地置换，原址进行房地产开发，较著名的案例有广州铜材厂、硫酸厂、机床厂等。发展至2010年，旧城范围内仅存有工业用地约33hm^2（黄慧明，2018）。

三、旧城空间的特点

旧城区通常历史文化遗存比较丰富，历史格局和传统风貌比较完整，但同时也存在城市格局尺度比较小、人口密度较高的情况。因此空间结构往往呈现多层次，复合式的特征。

旧城由于历史的积淀，其空间结构在相当长的历史时期是相对稳定的，人与人之间结成了丰富的社会网络。但由于支持旧城空间存在的经济、政治、文化基础的变迁，原有的社会结构形态受到猛烈的冲击，部分城市旧的社会结构甚至面临解体。

（一）旧城空间结构呈现多层次、复合式特征

旧城区是城市历史文化遗迹最为丰富和集中的区域，它往往展现了一个多层次的历史轨迹和文化断面，各时期的历史遗存在城市空间内呈现高密度、重叠分布的特点。其既包括封建社会时期形成的历史轴线和空间格局，又有近代工业社会发展的商贸、工业、居住空间格局，更有新中国成立后几次大发展所形成的空间脉络以及高科技产业和信息社会的初步特征，这些部分不但在建筑上成为历史的见证，而且在相当程度

上发挥着重要的功能和作用，对城市空间格局的形成产生显著影响。

在快速城市化的发展浪潮中，受到行政区划和用地规模的限制，城市建设被迫采取"见缝插针"的办法，加上许多新建建筑盲目追求现代化，使得城市景观趋同，老城的较多区域逐渐失去了可识别性和独特性。

与此同时，老城区依然承担着城市商业、办公、居住等重要的城市功能，城市品质建设与生活居住条件的改善需求加剧了老城区更新改造要求的迫切性。然而，针对老城具体地段历史价值判断与引导的缺失，城市的历史信息在一次次道路整治、小巷改造、地块重建中渐渐消失。

（二）城市格局尺度较小、内部空间结构高度密集、功能混杂

基于传统坊里制发展的旧城，受置于建设初期的经济技术条件，城市空间范围普遍较小，从一般的几平方千米到几十平方千米不等。例如，长沙1949年的城区面积为6.7km²，2004年的建成区面积为135.8 km²（周国华和贺艳华，2006）；昆明1949年的建城区面积为7.8 km²，而2007年的建成区面积为222.8 km²（马仁锋等，2010）。

目前旧城区土地上，集中了城市大部分的经济和社会活动，其饱和程度已远远超过"土地混合使用"的效益峰值。旧城区建筑太多、太密，使得原来的道路交通和基础设施处于超负荷运行的状态。为了满足交通的需求，高架路、立交桥在旧城区纵横交错，导致城市空间被反复切割，显得支离破碎，缺乏整体性和协调性。在旧城区，城市不具有明显的分区特征，特别是工业区和居住区混合分布，缺乏必要的绿化隔离带，造成居住环境的恶化。例如，广州旧城中心区位于内环线以内的地域，面积为28 km²，包括荔湾区、越秀区、东山区大部分地区和海珠区小部分地区，是广州历史最悠久的区域，最具广州地方特色，城市化程度高，城市功能齐全，同时也是工业区、居住区和商业区最混杂的区域（黄慧明，2018）。

（三）基础设施比较陈旧、公共设施配套不足

一般而言，大部分城市的旧城区均呈现路窄车多，且地处商贸旺地的状况。旧城区的道路交通存在密度偏低、宽度较窄、道路网络不成系统、错位交叉较多，以及人车混行等诸多问题。由于历史原因，旧城区的配建停车场非常少。为在市民利益和交通畅通之间做出平衡，目前部分城市在部分道路上设置了路边停车位。但尽管如此，车位仍然非常不足，旧城区的交通状况也不容乐观。

对于老城这样一个历史遗留问题众多的地区，区级、基层社区级的配套设施普遍缺乏。市政管网相对不完善，排水、燃气管道不能做到户户通达；电力线路老化、容量不足，同时缺乏行政、文化、体育、卫生、福利、派出所，以及菜场等公共设施。

（四）旧城改造导致历史风貌破坏严重

旧城区商业开发潜力巨大，在短期利益的驱动下，中高层商业、住宅楼开发项目

如雨后春笋般出现，对历史地区形成四面楚歌之势，传统街区的保护岌岌可危，严重破坏了建筑环境。

高度是关乎老城形态与风貌最关键的要素。由于老城的惯性集聚发展，老城建筑高度有一定程度的突破，改变了老城的空间形态和历史格局，加大了道路交通和历史文化保护的压力。以南京鼓楼片区为例，目前周边已经分布有较多的高层建筑，在一定程度上改变了老城原有的历史风貌。

第三节　城市旧城更新改造

一、旧住区形成、类型与特征

"旧城居住区"（简称旧住区）是一个一般性概念，是指位于城市旧城范围内的，具有一定历史年代的，以居住功能为主的集中连片的建成区。这些地区往往因年代久远，需求变化而导致住房本身功能和设施的不匹配（如缺乏独立的厨卫设施等）或由于历史变迁和住房严重短缺而造成现状使用不合理（如原公共场所改为居住用房等），在功能上已经与使用者实际生活需求脱节，在结构上日益危旧，在形态上呈现破败感。

城市的旧住区按照形成时间主要分为两类，一类是新中国成立前形成的住区，主要由传统住宅构成，如北京的平房大杂院和四合院、江南的民居等。鸦片战争后，中国城市发展长期封闭的社会文化环境日趋瓦解，尤其在沿海、沿江、东北地区，传统住宅的模式受到西方文化的冲击；同时，受帝国主义不平等条约的影响和控制，不少城市出现了大量的租借用地，形成了一系列中西交融的住宅类型，如上海、天津租界区的独立式花园别墅住宅、公寓式住宅和里弄式住宅等。在部分城市，外国资本的入侵与工业化初期的繁荣引起大量人员流动和居住地迁移，人们围绕劳动场所聚集建房栖身，形成群居的局面，棚户区应运而生。

以上海市为例，19世纪40年代至20世纪30年代，是近代上海市区形成和发展时期。随着1843年租界在浦西淞南的江畔落脚，上海传统商埠的既定角色就被打开缺口，租界区由上海县的寄生体，而跃居近代上海都市的主体。上海在向近代化的发展过程中，受中西方文化的双重影响，住区建筑发生了极大的变化。传统的江南明清民居建筑逐步为新类型的住区建筑所取代，近代上海住区建筑在继承中国传统建筑文化的同时，又吸取了同时期欧美建筑理念和风格。至20世纪30年代，除老城厢和闸北的部分地区外，上海的新类型住区建筑已遍布市区。上海的新类型住区建筑主要分为里弄住宅、西方独院式花园住宅和大型公寓住宅（陈从周和章明，1988）。棚户区伴随着外国资本的入侵而产生，最初是以河流为依托出现在黄浦江畔，继而以工业为引力在沪东、沪西工业区初步发展，最后受战争影响而迅猛发展，遍布于全市。这些简屋棚户的共同特点是房屋建筑质量极差，没有必需的卫生设施等，居住拥挤，环境质量差，居住着生活在社会最底层的广大民众（宁越敏等，1994）。

　　另一类是新中国成立后工业化发展时期建设的住区，新中国成立初期的计划经济时期，规划师和建筑师借鉴了苏联和西方的经验，孕育出"工人新村"的崭新居住模式，其中一部分在旧城区内零星插建（规模较大的居住区多建于城市近郊区）。1952年，结合上海市区工业分布和职工就近工作、就近生活的布局原则，借鉴邻里单位规划思想，普陀工业区附近规划兴建了中国第一个工人住宅新村——曹杨新村，这种模式异于传统与中西融合的住宅，是前所未有的（图5.3）。从曹杨新村开始，工人新村的建设热潮遍布中国，尤其在西安、洛阳、包头、鞍山、太原、沈阳等重点工业城市，这股热潮一直延续到改革开放初期。这些新村规划比较简单，住宅简易，大多数为平房或2～3层建筑，每户住宅面积较小，仅几十平方米，厨房、卫生间公共化，有的地方将这批房屋作临时住宅应急，待日后有条件时拆除重建。这个时期，伴随工业的发展，不少城市开始形成或新增棚户区；加上城市人口的增加，为了提高住房配套，许多城市出现居民自建房与集体宿舍，历经时代变迁，这些低标准的配建房大部分成为棚户区。

图 5.3　曹杨新村总体规划图

资料来源：袁也，2013

从旧城居住区的形成历史可以发现，城市旧住区主要包括新中国成立前形成的传统住宅区、西式住宅区（部分城市包含，类型包括里弄住宅、花园住宅、公寓等），新中国成立后形成的工人新村，以及一直都存在的棚户区（表5.2）。

表5.2　城市典型旧住区建筑类型及分类标准

分类	建筑类型	分类标准
传统住宅	四合院、江南民居等	传统地方特色建筑
西式住宅	公寓	具有分层住宅形态，各有室号及专门出入，成为各个独立居住单位，原始设计有正规的客厅、阳台，一套或数套卫生间或有冷暖气设备，装修精致，优质松木以上地板，房间墙面用料高级或有护墙板。厨房有瓷盆并贴有瓷砖及配套的碗橱、壁橱等，并有公共大门或兼有电梯设备
	花园住宅	一般为四面或三面临空，装修精致，备有客厅、餐室等结构较好的独立或和式、别墅式住宅，有数套卫生间，一般附有较大的花园空地或附属建筑，如汽车间、门房等
	新式里弄住宅	连接式住宅，结构装修较好，具有卫生设备或兼有小花园、矮围墙、阳台等设施，如静安别墅等
	旧式里弄住宅	连接式的广式或石库门砖木结构住宅，建筑式样陈旧，设备简陋，屋外空地狭窄，一般无卫生设备，为（1）类；普通零星的平房、楼房及结构较好的老宅基房屋，郊区设备简单的小楼房，为（2）类
职工住宅	职工住宅	中华人民共和国成立后建造的八层（含八层）以上的成套住宅，装修普通，各有室号及专门出入，有独用厨房、卫生间、阳台、大门及电梯等设备的为（1）类。中华人民共和国成立后建造的七层（含七层）以下的住宅，各有室号及专门出入，有独用或公用的厨房、卫生间、阳台为（2）类；其中标准较低，小梁薄板结构，设备较差的为（3）类
棚户简屋	棚户简屋	标准低的简陋房屋、临时房屋，即瓦屋面、木屋架、砖墙身三项条件中至少有一项未能符合要求的

注：本表参考了上海市房屋建筑类型分类表（沪房〔90〕规字发第518号文修订）。

由于形成期类似的政治经济与国家建设背景，中国城市旧住区在物质空间与社会文化层面呈现一定的共性。

在物质空间上，旧住区由于建设时间较早，加之建设时采用的标准偏低，住宅性能普遍偏低，与新建住宅有较大差距。其主要体现在住宅选用的材料与构建耐久度相对较低、功能布局过于节约、住宅面积狭小、套型功能分布不合理、管线陈旧老化、墙体物理性能较差门窗气密性不佳等（石铁矛等，2015）。在基础公共设施层面，旧住区的规划建设往往不能适应新时代的要求，如欠缺人车分流的考虑、缺乏停车设施与场地、缺乏公共活动场所等；加之对现有车辆与公共空间的管理不当，导致车辆沿路随意停放，占据路面空间，使现状旧住区道路拥堵、交通混乱，加上私自搭建与杂物堆放，已有公共空间被侵占严重、利用低效。在社区环境层面，旧住区普遍存在卫生环境较差、绿化空间不足的问题。

在社会文化上，从居民结构上看，中心城旧住区因其形成年代久远，历史的沉淀使居住群体老龄化现象严重。同时，由于缺乏必要的公共服务设施和公共活动空间，旧住区的原住民逐渐搬迁到远郊的新建住区内，大量外来中低收入流动人口涌入，旧住区内居民鱼龙混杂，呈现居住人口高密度、居民结构混乱化与低端化特征。旧住区的外来人口流动性较强，不易在短期内建立稳定的邻里关系，传统的居住文化圈被冲破，稳定的社会网络也遭到解体，而新的环境与氛围很难在短期内搭建起来，进而带来旧住区居住文化心理的失衡、归属感的缺乏和社会结构的衰落。此外，旧住区的现有居住环境缺乏为新老居民提供交往活动的条件，社区活动甚少，导致居民团体意识薄弱而个体意识则不断增强，人们很难接受仅仅因地缘而形成的邻里关系，居民相互之间淡化了这种邻里感受，出现交往浅层化现象，在一定程度上进一步加深居民间的冷漠感（石铁矛等，2015）。

旧住区的物质空间配套不足，成为更新改造的主要原因；而解决社会文化的矛盾与缺失，成为新时期旧住区综合改造的重要目标；同时，部分旧住区存在较高的历史文化价值，面临更新与保护的双重问题，给旧住区更新改造带来新的挑战。

二、旧住区更新改造历程

旧住区更新通常指对住房水平、住房标准、居住环境的完善和提高，即对街坊内存量老旧住房进行拆、改、留的综合更新。目的是：住房的居住质量、居住功能和周边环境可以满足现代居住标准的要求。

自新中国成立后到改革开放前，我国以社会主义计划经济为主导，城市建设的重点在于发展工业，充分利用原有的城市结构和布局，受建设资金影响，中心城区的居住区更新工作进展较为缓慢，中心旧城普遍存在布局混乱、房屋破旧、居住拥挤、交通阻塞、环境污染、市政和公共设施短缺、历史文化遗产缺乏保护等严重问题。改革开放后，随着我国社会主义特色经济体制的发展，企业改革的深入和土地有偿使用制度的施行，住宅的商品化以及外部市场资本力量的介入，我国城市的旧城更新，特别是老旧居住区更新进入了一个快速发展的阶段，城市整体面貌焕然一新，同时城市居住的总体水平得到较大程度的改善。但是，在我国部分城市的中心旧城住区更新的过程当中，也存在着改造方式方法简单粗暴，缺乏历史文化保护意识，从而导致局部社会矛盾激化，城市历史风貌和特色的丧失等问题。

我国城市进行旧住区的大规模改造基本是从 20 世纪 90 年代开始的，如北京中心城旧住区"危旧房改造"、上海市的"365 危棚简屋"改造[①]。随着旧住区改造的深入，改造内容逐渐全面精细；改造方式由简单化转向复杂多样化；运作机制由初期的政府主导模式，到房地产开发模式为主，再到 20 世纪末，由于旧房改造引发的社会矛盾逐渐突出，采取政府牵头并给予政策资金扶持、企业具体实施、市民监督参与的市场化运作模式；在资金来源上，由单一型向多元型转变（表 5.3）。

---

① 1992 年举行的中国共产党上海市第六次代表大会提出到 20 世纪末，完成全市 365 万 m² 棚户、简屋、危房的改造任务（简称"365 危棚简屋"）。

表 5.3 新中国成立以来我国旧城居住区改造更新典型阶段及特征

历史阶段	新中国成立后至 80 年代末期	20 世纪 90 年代	20 世纪末以后
时代背景	计划经济及计划经济开始转轨	市场经济初期	市场经济逐步走向成熟
改造方式	小心摸索阶段，小规模拆建，修补公建和基础设施	大规模拆建的改造阶段	拆、改、留并举的多样化改造阶段
运作机制	政府主导，计划经济模式	以房地产开发模式进行，带有部分计划经济色彩	政府扶持、企业具体实施、市民监督参与，市场化运作模式
资金筹措	各级财政资金为主	通过土地使用权有偿转让，政府给予资金和政策支持	通过市场筹集旧住房改造资金为主，政府提供政策支持
居民意愿	原地回搬或现房安置，无居民参与机制	现房异地安置，不考虑回搬，居民参与度低	通过市场方式解决居民回搬，考虑居民意愿
传统风貌保护	忽略保护，肆意拆除破坏	大拆大建，对传统建筑与历史文化风貌造成较大影响	开始反思和注重整体保护

以上海市为例，旧住区改造大致经历类似阶段。新中国成立至改革开放初期，旧住区改造对象都是棚户简屋集中地段，采取的方式也是推倒重建的方式，在中心城旧住区改造中涉及被动迁居民，基本都是实行原地回搬和现房安置。大规模旧区改造始于 20 世纪 90 年代，以城市规划布局调整和产业转型升级为契机展开，主要类型包括房地产开发型——土地批租、政府推动型——"365 危棚简屋"改造、市政建设型——市政动迁改造、自我完善型——旧住区成套率改造与旧工房"平改坡"工程，每年的拆迁面积达 200 万 m^2 以上。其中以"365 危棚简屋"改造为重点，主要改造对象是成片的危棚简屋基地及毗邻的二级旧里以下的危旧房等，改造的基本方式是居民外迁，建筑拆除新建。相对于"365 危棚简屋"改造而言，此阶段进行的旧式里弄住宅和旧工房的"旧住房成套改造"以及老式公房的"平改坡"工程，影响面相对较小（卢汉龙和陶希东，2011）。

21 世纪初，上海市开展新一轮旧区改造，改造范围扩展，尤其在"十一五"期间（2006～2010 年），重点开展中心城区二级旧里以下房屋改造，2005～2009 年年均拆迁面积达 600 万 m^2 以上。21 世纪的具体改造对象包括旧里以下的住房（包括一级旧里、二级旧里、危棚简屋等）、不成套的住房、保留改造的住房（包括花园住宅、公寓住宅、新式里弄住宅、有历史价值的老公房及其他特色建筑）、其他需要拆除的住房等，改造方式呈现多样化发展。从旧区改造的机制方面来看，上海的旧区改造也经历了三个阶段，即政府主导型阶段，主要是市、区两级政府合力开展城市建设和危旧房改造工作；企业主导型阶段，主要是通过市场机制推动改造获得旧区房地产的开发利益；全新的综合机制调用的新阶段，这个阶段的特点是注重引入社会性机制，注重利用地方政府（大城市为两级政府两级管理）、市场化运作、社会参与的不同机制综合发挥作用来实行开发的新机制模式（卢汉龙和陶希东，2011）。

棚户区改造一直是上海市旧住区改造的重点。1949 年，市区住宅总面积约为

2360 万 m^2，人均居住面积仅为 3.9 m^2，棚户简屋则占到总量的 14%，约 330 万 m^2；1949～1957 年为初步改造阶段，棚户简屋的数量起初基本维持在新中国成立时的水平，1954 年以后以每年不足 1 万 m^2 的速度增加，但在每年新建住宅面积的总量中所占的比例略有下降；1958～1977 年为稳步扩展阶段，1979 年末，上海市中心城区仍有棚户简屋 450.4 万 m^2；直到 20 世纪 80 年代以后，开始大规模的旧住区改造，棚户简屋的面积才以较快的速度减少，到 1990 年底，上海市区还有 1500 多万平方米二级旧式里弄以下旧住房，其中棚户简屋约 110 万 m^2（熊月之，1999）。经"365 危棚简屋"改造，到 2003 年尚存 45 万 m^2，基本完成市区尚存危简房的拆除工作。

三、旧住区更新改造模式

按照更新目的与手段，城市旧住区更新改造分为三类：第一类是拆建更新改造，在实施过程中，大拆大建往往存在激化社会矛盾、甚至破坏传统风貌等问题，近年来，这种更新模式正在逐渐规范化、小规模化，朝着政府主导、兼顾社会效益的方向发展；第二类是改建更新改造，包括一般性旧住宅（如工人新村）的外立面、内部空间结构、基础设施的改造等；第三类是保留更新改造，包括保护住宅的修缮，商业、休闲功能置入，综合有机更新改造，旨在激发地块活力，提高传统建筑的经济价值（图 5.4）。

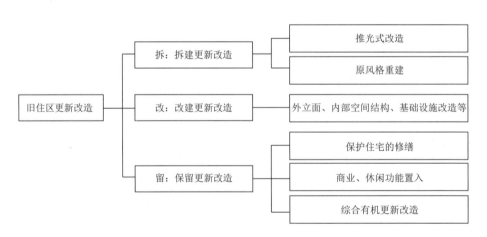

图 5.4　旧住区更新改造分类
资料来源：作者自绘

（一）拆建更新改造

20 世纪 90 年代开始进行的大规模旧住区改造以政府主导的房地产开发模式为主，改造方式单一，基本为纯商业开发的"推光式"改造，居民异地安置，虽然这种模式效率较高，但对城市历史文化风貌与社会环境造成一定影响，部分承载历史文化的建筑与街区被拆除、对应的城市传统人文环境不复存在，拆除过程中社会矛盾突出。从20世纪末开始，政府开始实施拆、改、留并举的多样化改造方式，在拆建更新改造中，更多地兼顾社会利益、考虑多方参与，以减少改造矛盾。

新福康里小区的改造是20世纪末典型的拆除重建型案例，为上海市静安区第一个成片、整街坊旧住房成套改造项目。改造前为建设于1927年的旧式里弄住宅小区，历史上该区域为国际租界区。居住建筑大都无卫生设施，厨房为多户共用，原有居民约2600户。改造中基本按原建筑占地和风格进行拆建，新建2幢高层住宅、16幢多层住宅及6幢联排别墅，在建筑风貌上既保留了传统民居特色，又融入了现代海派风格（刘恩芳，2002）。动迁了1800户居民，改造后可居住1504户居民，回搬居民近800户，可销售近400套住房。改造过程遵循"政府扶持、企业参与、市场运作、有偿回搬"的原则，采取完全商品化的开发模式；原有居民根据自身的经济和居住条件，通过原地回搬、异地安置和货币安置三种方式实现居住的成套率。

21世纪的北京石景山棚户区拆建更新在资金筹措、居民利益保障、规划设计上体现了新的思路。石景山棚户区依附于首钢集团等重工业区存在，2013年启动棚户区改造和环境整治。改造过程中变"政府引导、市场运作"为"政府主导、市场参与"，较好地解决了棚户区改造利润少，实施困难的问题；提出了"先安置后拆迁，异地搬迁为主"的居民安置办法，充分调动了辖区居民参与改造的积极性，有效提高了拆迁改造效率。在棚改项目规划设计中，除必要的定向安置用房外，用于棚改资金平衡的项目重点规划商业金融、教育科研等项目，为产业升级提供载体，促进搬迁重建与腾退的有机结合。

（二）改建更新改造

改建更新改造往往针对新中国成立至改革开放初期建立的低配置住房，如工人新村，这些住房具有一定年代，存在建筑结构不合理（不成套）、基础设施缺失、社区环境差等一系列问题，旧住区综合改造在住房的外立面、内部空间结构、基础设施等多个方面展开，相比于整体拆迁而言，居民的接受程度较高，改造阻力较小。

上海市杨浦区鞍山四村是20世纪50～80年代断续建设的工人新村，于21世纪初进行了综合改造。改造前基本为多层工房住宅，占地总面积约15hm^2。改造中遵循"产权不变，政府主导，保护改造，居住改善"的原则，由上海市及杨浦区两级政府共同配合以保证更新项目的正常运行。具体工作分为三大部分："平改坡"工程，将平屋顶改建为坡屋顶，以改善屋面渗漏问题；旧住房成套改造，改变建筑结构，变厨卫合用为每户独用，并扩大住宅套内面积；住区整治，改善住区的绿化环境、公共设施及基础设施等。"平改坡"工程资金由市区政府承担主要部分，居民投入仅20元/m^2；旧住房成套改造工程资金采用政府、地区物业、居民各1/3的筹措方式；住区整治工程的资金投入方式则没有固定的模式，须由街道与居委会讨论出方案，并经业主委员会通过。一般的方式是将小区大修基金的2/3拿出，剩余部分由政府补贴，如图5.5所示（赵民等，2010）。

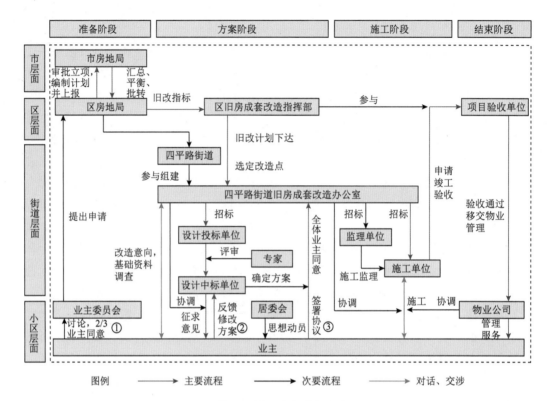

图 5.5 鞍山四村旧公房成套改造流程图

资料来源：赵民等，2010

（三）保留更新改造

保留更新改造的对象主要是具有历史文化价值的旧住区，涉及建筑的保留与更新、居民的保留与迁出、功能的延续和置换等。

在保留更新改造中，保护住宅修缮是最基本的内容，如上海市的静安别墅修缮。静安别墅位于上海市南京西路，1932 年竣工，是上海最大的新式里弄住宅群。地块总面积约为 2.25hm²，改造前均为三层高度砖木结构。2009 年，由政府承担费用，以修旧如旧的方式对静安别墅实施保护性修缮，重现原生态的海派居住氛围和深厚的上海文化底蕴。改造主要针对别墅房屋和设施，改善居民的生活环境，维持房屋的居住功能。作为优秀历史保护建筑且土地性质为居住性质，政府明确静安别墅不可作为商业经营所用，静安别墅改造也是典型政府出资、主导改造的保护模式。

还有一类改造方式是通过商业功能置换，利用市场力量实现历史住区价值，激发地块活力。上海市思南路花园住宅区形成于 20 世纪初叶，由几十幢独立式花园住宅构成街坊的主体，是上海近代居住建筑的缩影，1999 年被纳入历史文化风貌保护区，现状存在居住拥挤、建筑老旧失修、用地零碎、景观衰败等一系列问题。2000 年起，政府、规划管理部门与开发部门协作进行改造，保留原居住功能基础上赋予新的休闲娱乐功能。对选定改造的住宅，采用置换的办法，将原住户易地安置，腾空的房屋按保护建筑的要求进行深度修缮后出售或出租，以取得各方面的良好效益。该方式一方面恢复了旧居住区原来风貌、提升使用价值，同时使原住居民改善居住条件，保证投资投入与回报平衡，取得了多方共赢的结果。

"有机更新"改造是更为综合的保护性改造，旨在按照城市内在的发展规律，顺应城市之肌理，在可持续发展的基础上，探求城市的更新和发展，首先实施于北京市菊儿胡同（吴良镛，1994）。菊儿胡同位于北京市南锣鼓巷地区，处于北京中心城区危房较为集中的历史地段，全长 438m，占地约 8.2hm^2，居民约 200 户，胡同历史悠久，文化背景丰富。菊儿胡同改造之初，是破败拥挤的大杂院，改造始于1989 年。菊儿胡同的改造过程中没有大规模拆除重建，而是将胡同内的房屋质量进行确认，依据现状划分为三类，分别予以保留、拆除或者修缮。保留有价值的旧院落和胡同；拆除破旧危房，插入新型四合院住宅；现存房屋质量较好的住宅院落经修缮加以利用。重新修建的菊儿胡同按照类四合院模式进行设计，住宅基本院落由2 ～ 3 层楼房围合而成，院内均保留原有树木，维持了原有的胡同院落体系，并且创造性地将大杂院居住院落演变成由新的低层和多层有机组合构成的大院落式的台阶型院落合体，改进了传统的大杂院生活方式，进而可以使其适应现代化的生活。菊儿胡同改造项目通过审慎的开发建设取得资金平衡，提出了居民自由参与、合作以及非营利的社区合作的更新改造的操作思路和模式，成为我国新时期中心城旧住区更新建设、鼓励公众参与更新的有效楷模。

四、旧工业区的特征与发展

（一）旧工业区概念演变与基本特征

城市旧工业区是指已经形成一定规模的城市工业区，在城市建设用地上集中布置工业企业和与其相关项目，包括卫生防护隔离带以及劳动就业场所等其他公共服务设施在内，成为已经形成一个完整的城市工业区（拉夫洛夫，1982）。

为了推进全国老工业基地调整改造的工作，根据《中共中央国务院关于实施东北地区等老工业基地振兴战略的若干意见》（中发〔2003〕11 号）、《中华人民共和国国民经济和社会发展第十二个五年规划纲要》，国家发展改革委会同科技部、工业和信息化部、财政部编制了《全国老工业基地调整改造规划（2013—2022 年）》，国务院于 2013 年批准（国函〔2013〕46 号），来推进全国旧工业区的规划改造。

根据《全国老工业基地调整改造规划（2013—2022 年）》中的定义，我国的旧工业区多是指"一五"、"二五"和"三线"建设时期国家布局建设、以重工业骨干企业为依托聚集形成的工业基地。其中的"旧"字是特指在改革开放以前，特别是新中国成立初期第一个五年计划期间形成的具有一定规模和社会影响力的工业产业聚集区。

改革开放以后，在新的社会发展时期下，伴随新中国成长，同时拥有一定的经济生产总值，对区域内的经济发展作出过杰出的贡献，对国家或区域内工业化的进程有较大推动作用的工业产业聚集区，由于无法适应新的市场环境而逐渐衰落，存活下来的工业企业也仍然存在一些问题，同时也是大部分旧工业区所具有的一些基本特征。

首先，旧工业区的发展方式粗放，土地利用率低。一方面，随着城市发展和功能的演变，功能布局也在不断地随之改变，旧工业区的功能以及性质已经不再能够适应其所处地理位置的土地价值。而且，城市的不断发展、产业结构的升级换代造成了大量重工业企业外迁，旧工业区陷入衰退，旧工业区残存的工业产业层次相对较低，且总体能耗强度高于全国平均水平。另一方面，初期建立的工业区内预留了大量的发展备用地以备工业区发展扩建，但是随着经济的发展，传统工业的衰退等因素，很多未开发土地被闲置。

其次，旧工业区内部空间布局不合理，厂房大量闲置。旧工业区内工业厂区的建设规模较大，工业建筑的空间尺度和占地面积大。工业区建设初期的规划建筑和设备空间布局按照产品的生产流程布置。快速发展时期，工业设施和厂房的改扩建，全部都围绕早期建设的工业设备和厂房周边进行布置，大多存在用地性质胡乱、产权主体不同、建设质量参差不齐的现象，空间无法组成有机的整体结构，导致空间使用杂乱和交通组织效率降低的情况出现。

最后，旧工业区内部的基础设施落后，公共服务不完善。我国现有的旧工业区大部分是在新中国成立初期为了满足国家的快速发展而在计划时间内建成的，因此在建设过程中存在着很多基础设施设计不足的问题。另外，由于技术水平、人口规模、经济社会情况等因素的影响，当时所建的很多基础设施已经无法满足当今城市发展的需求。而且随着城市居民经济基础越来越好，现代人也越来越追求生活的品质，但是很多旧工业区的公共设施服务水平没有随之增长，不完善的公共服务体系影响着工业区内居民的生活质量。

（二）旧工业区的形成发展

1. 早期初创期

新中国成立之前我国工业受多种因素影响有过一段时期的发展，虽然没有形成全国性的完整功能的工业区分布，但是为后续工业企业集聚奠定了基础。例如，上海杨浦工业区、浦东工业区、沈阳铁西工业区等就是在新中国成立之前就存在的。

新中国建立初期，以苏联模式为蓝本的新中国政府从尽快发展工业经济、平衡区域城市工业布局和保证国防安全的目的出发而制定了以首都、内地省会城市、资源丰富地区城市为主要空间载体的重工业优先发展战略。

2. 中期发展期

"一五"时期以重化工业为重心的旧工业区在国家政策的大力支持下快速发展。经过"一五"时期的快速发展，我国已经形成工业门类齐全的工业区基础，旧工业区为国民经济的发展作出了重大贡献。

从"大跃进"和国民经济调整时期总体来看，旧工业中的重化工业还是受到了一定程度的破坏。但是由于国家对重工业的投资一直在增加，所以旧工业区还是有一定的发展，只不过速度缓慢。"文化大革命"时期旧工业区的工业企业都遭到一次严重的破坏。普遍表现为工厂管理混乱、产品质量下降、物耗升高的情况，甚至工业生产停滞和倒退。

从旧工业区的总体历程来看，从"一五"时期开始到"文化大革命"结束，我国经济建设的重点仍然是优先发展重化工业，重化工业的整体水平还是向前发展的。

3. 后期衰落期

许多旧工业区在计划经济时期都有过辉煌的成就，但是在我国实行改革开放后，市场经济面前旧工业区却一度陷入困境。这个时期也是国有企业整体性陷入困境的时期。

世界各国工业化进程开始时间不同，但是工业化初期成立的工业区发展演变过程呈现一定的相类规律，即在快速发展的阶段后都出现了不同程度的衰落，在更新和改造的初期却又不能立即找到合理的调整策略，虽然很多工业区很早就意识到了调整改造的重要性，也采取了一些措施，但是旧工业区总体还是没有摆脱衰落的命运。

（三）旧工业区的空间形态演变

工业发展是城市发展的发动机，特别是在城市规模扩张初期，以工业用地为动力扩张的现象普遍。例如，我国的上海杨树浦工业区、哈尔滨动力工业区等成为城市空间扩张的主要动力。工业区在城市空间结构中演变的类型主要可分为两种，即圈层式演变和组团式演变。

1. 圈层式演变

城市工业区布局形成圈层式发展的原因有两个，一个是随着社会经济的发展，城市空间范围的扩展，旧工业区逐渐成为城市内城区。但是很多重工业企业由于环境污染、交通运输等问题不适合在中心区发展，或者内城区不能满足工业扩大生产规模的需要，从而形成自发的旧工业区内企业向郊区的变迁。也有很多企业通过产业结构调整升级或者通过传统工业向现代化都市型工业的转换继续在城市内城区发展，这就奠定了内城区旧工业布局的基础。从我国上海工业布局就可以明显看出城市工业布局的圈层式演变特征，中心城区的杨树浦工业区、市北工业区、桃浦工业区慢慢外迁，在外环外形成新的工业区圈层（图5.6）。

图 5.6　上海工业用地的圈层式结构

资料来源：作者据上海市第二次全国土地调查数据整理绘制

2. 组团式演变

城市工业区的组团式布局，主要出现在资源型城市的工业区布局中，如煤炭资源型城市大同、淮南、鸡西、唐山，石油资源型城市大庆、东营、克拉玛依和化工城市大石桥等。依托矿产资源为中心的城市，开采工业和加工工业集中布置发展，居民区与工矿企业混合发展。从点状离散的开采格局逐渐向组团状的城市格局演变（图 5.7）。

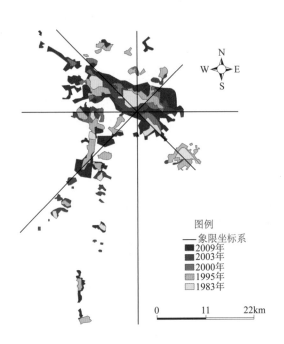

图 5.7　大庆石化工业区的组团式模式

资料来源：王永超等，2013

五、旧工业区的更新改造历程

旧工业区经过新中国成立至改革开放初期这一段时间内兴起、扩张和衰退，20世纪90年代后，大部分城市中心城区工业化比重低于周边区县的比重，第三产业也在逐渐发展。在城市发展、产业更替的过程中，城市旧工业区开始面临一系列的更新改造过程。

而在旧工业区的更新改造历程中，主要可以分为两个阶段：第一阶段为20世纪90年代的更新改造，这段时间的更新改造以房地产开发以及新型的都市型工业为主，经济体制的变革使得旧工业建筑大规模推倒重建，居民就地安置，同时为解决城市就业问题，改善环境，提出发展以都市型工业为主的"2.5产业"。第二个阶段为进入21世纪之后的这段时间，旧工业区的更新改造逐渐转向现代服务业（创意产业园）、公共开放空间等，市民开始参与改造过程之中，更加注重小规模的渐进式的开发，也更加关注更新改造所带来的社会效益（表5.4）。

表5.4 旧工业区更新改造历程

时间	退出路径	参与主体	运作方式
20世纪90年代	房地产开发、都市型工业	政府主导、市场运作	经济体制改革，旧工业建筑大规模推倒重建，居民就地安置；发展"2.5产业"
21世纪至今	现代服务业、公共开放空间	政府引导、市场运作、市民参与	市场经济下，小规模渐进式开发，关注社会效益

资料来源：张盼盼等，2014。

（一）都市型工业与房地产开发

随着城市规模的扩张，原来位于郊区的旧工业区逐渐成为内城区，而且城市旧工业区一般是以重化工业为中心的，一方面，一些工业企业因为无法满足其规模化的用地需求，而要外迁寻找更充足廉价的土地资源；另一方面，一些重化工业对环境污染极大，不适合在内城区发展，必须外迁。但是重化工业宽敞的厂房以及场地，如果不能得到充分的利用，而是一味地拆迁和重建，既是对工业遗产的漠视也是对资源的浪费。为了促进城市的经济发展，解决城市就业问题、改善环境，改造和利用城市旧工业区场地，积极发展都市型加工工业和高新技术区，是增强地区经济发展、提高工业建筑群的利用率和提高城市综合竞争力的一项重要战略。例如，20世纪90年代上海调整工业布局，改造和搬迁中心城区污染企业，为避免中心城区出现"空心化"，逐步形成了在中心城区发展都市型工业的战略思路。此外，武汉汉正街城市旧工业区在20世纪90年代后期逐渐被限制空间规模的扩张，取而代之的是逐渐向现代的都市型工业演变。

中心城区从来就是人口集聚区，现有住宅不仅在数量上无法满足人口的增长，在质量上也无法满足人们的需求——人们迫切要求改善居住条件、增加公共开放空间。随之而来，利用旧工业建筑独有特色进行一般性商业开发也成为工业用地更新在早期的选择之一。受级差地租吸引与市场机制的推动，中心城区进行大规模的房地产开发，大量工厂被拆除，取而代之的是一片片的楼盘，工业用地转为居住用地。曾是上海市重要工业基地的沪西工业区当时处在经济体制变革的关键时期，工厂企业由于经济效益不佳、环境污染等多重因素，纷纷转型外迁。腾空的工业用地通过资源盘活整合，打造成居住为主、商务休闲为辅的新兴城区（张盼盼等，2014）。

（二）创意产业与公共开放空间

21世纪后，创意产业在都市工业园区的基础上逐渐形成和发展。都市型工业快速发展，并逐步将部分生产性服务业、研发设计和现代物流等行业纳入其中，为中心城区创意产业的发展提供了条件。以上海为例，2004年上海市经济委员会挂牌第一批18家创意产业园区，同时一系列地方性政策法规相继出台支持和鼓励创意产业的发展。截至2013年，上海有87个创意产业集聚区和52个文化产业园区，形成了"一轴"（延安路城市发展轴）、两河（黄浦江和苏州河文化创意产业集聚带）、多圈（区域文化创意产业集聚地）的空间布局。

随着人们环保意识的增强，对环境质量的追求要求中心城区内营造更多的公共休闲空间。人们在面对旧工业区的厂房和建筑时往往会利用技术手段拆除，处理场地的污染、重建成新的绿地公园。例如，创办于1926年的上海大中华橡胶厂是上海市重点的"三废"治理对象，严重影响居民生活，2000年该厂由于效益不佳全面停产。该厂的规划改造保留了橡胶厂的大烟囱以及曾作为录音室的法式小红楼与百年香樟，最终成功地融入了徐家汇公园的生态环境中，为市民提供了一个良好的绿色文化空间和游憩场所。

六、旧工业区的更新改造模式

全国的旧工业区的更新改造主要呈现以下两种形式：第一种是"退二进三"的改造模式（图5.8）。"退二进三"通常是指在产业结构调整中，缩小第二产业，发展第三产业。20世纪90年代，为加快经济结构调整，政府鼓励一些产品没有市场，或者濒于破产的中小型国有企业从第二产业中退出来，从事第三产业的一种做法。该模式主要为了提升土地利用效率和城市服务功能，上海、广州、南京、沈阳等很多大城市先后出台一系列政策措施推进产业的"退二进三"。

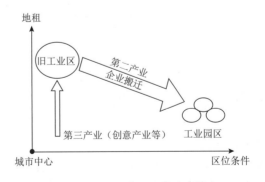

图5.8　"退二进三"的改造模式

第二种是以环境改造为主，促进经济高质量发展的改造模式。旧工业区多以传统的重工业为主要产业类型，大多数重工业的生产过程都会产生较多污染物，造成土壤、空气、水体的破坏。在旧工业区规划改造的过程中，对工业用地进行生态恢复和景观重塑都是必需的。为了减少城市环境污染和促进经济高质量发展，提升产业附加值和产业链现代化，杭州、东莞等很多城市大力推进了产业结构高级化。

目前，上海对城中心废旧工业用地主要采取两种开发模式。①开发商住地产。国有工业企业由于在地产开发方面经验和资源储备较少，一般与房地产企业联合开发。例如，上海电气集团股份有限公司与上海建工房产有限公司、上海苏河湾投资控股有限公司共同开发了静安区的上海滩大宁城项目，上海电气集团股份有限公司分别给予上海建工房产有限公司和上海苏河湾投资控股有限公司该项目一定比例的股权。②建设创意产业园区。中心区很多小的工业用地在不改变建筑结构和增加建筑面积的情况下，通过发展创新产业园区、创意产业等形式建成了很多创意产业园区。例如，田子坊及其紧邻的"8号桥"等创意园区都是由旧工业厂房改建并形成了较大的创意产业规模（张传勇等，2020）。

从最终结果分析，目前我国旧工业区的改造主要采用的是"退二进三"的改造模式，而其中第三产业发展，较为成功的方式是转变成文化创意产业发展。随着国内"798""8号桥"等几处文化创意产业园的成功改造运营，其带来的影响力与经济效益日益显著，转化为文化创意产业发展已经成为国内旧工业区寻求再发展的主要途径，其中又可分为历史保护建筑改造、旧厂房改造、旧厂房改善等几种主要的改造模式。

（一）历史保护建筑改造型

历史保护建筑改造为创意产业集聚区，虽然成本不高（可改造部分很少），但最大的难度在于无法对外墙、内部结构进行调整，使一些公建配套设施无法更新，如中央空调外机安装、卫生间设施等，此外，底层也无法开辟通透的橱窗展示空间。但是历史保护建筑所散发的文化气息是此类集聚区的最大优势。

上海的"1933老场坊"是较为典型的案例。"1933老场坊"的前身是"上海工部局宰牲场"，始建于1933年，是当时远东最大的宰牲场，约3.17万 m^2，英式古典风格融合巴西利卡式元素的装饰设计。建筑空间布局设计奇特，外方内圆，东南西北4栋建筑围成的四方形厂区与中间一座24边形的主楼通过空中廊道相连。2005年10月，宰牲场被政府列为优秀历史保护建筑。

2006年，上海创意产业中心组织各相关部门和专家进行研究论证，上海创意产业投资有限公司开始启动改建工程。经过专家、学者的研讨论证，宰牲场被按原式样、原材料、原工艺进行恢复，同时结合时代赋予的功能需要，在其内部适当位置增加新的功能部件和元件，使其焕发勃然生机。改造修缮工程方案尽可能恢复建筑的历史原貌，空间设计保留原建筑空间的气质。着重保护和修缮建筑的外立面、坡道、连廊、无梁柱帽、混凝土花饰、铸铁通风口花格等典型元素，已损毁的按原式样、原材料、原工艺进行恢复，修旧如旧。2006 年 8 月，"1933 老场坊"被上海市经济委员会授予"上海创意产业集聚区"，是上海第三批创意产业集聚区。

（二）旧厂房改造型

旧厂房改造型是旧工业区改造的主要类型，旧厂房改造型通常用于容积率较低的项目，主要通过对外立面进行改造以及对内部空间再次分割的方式进行。旧厂房改造型创意产业集聚区，改造成本相对较高，但由于建筑风格独特，凸显文化格调与品位，因而仍然得到众多创意型企业的青睐。

M50 创意园是这类改造类型的代表（图 5.9）。莫干山路 50 号地块是上海民族资本企业的集中地，拥有 20 世纪 30 年代以来各个历史时期的工业建筑，面积达 4 万 m^2。是目前苏州河畔保留最完整的民族纺织工业建筑。1999 年上海春明粗纺厂进行资产重组及厂房出租吸引了一批艺术家和从事创意设计的艺术机构入驻。随着 2002 年西苏州河路 1131 号和 1133 号仓库拆迁，2002 年淮海路 720 号仓库拆迁，更多艺术家和艺术机构加入进来，至此工厂管理方利用艺术家进驻的机会，将传统的工业厂房成功地打造成为文化创意产业集聚区（洪启东和童千慈，2009）。2005 年 4 月这里被上海市经济委员会挂牌为第一批创意产业集聚区之一，并命名为 M50 创意园。

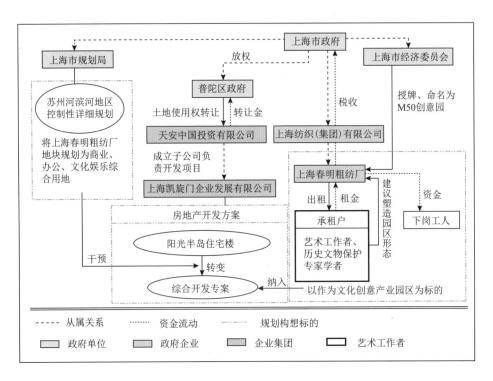

图 5.9　M50 创意园形成过程关系图

资料来源：洪启东和童千慈，2009

M50创意产业园的形成，经历了由最初艺术家自发的入驻进行简单的保留原生态的小规模改造，到确立为都市创意工业园而进行了从城市设计和整体环境出发的较大规模改造。2005年，上海德默营造建筑事务所对上海春明粗纺厂进行了一期整体规划和单体改造的设计。改造保留了园区原有的空间布局，改善了基础设施，整合了外部环境，建筑内部则保留其结构及行车、木梁、老虎天窗、排气管道和铁质吊灯等工业元素，建筑立面基本保持了历史面貌，局部进行了表皮处理，运用新旧材料拼贴等对比方式，增加了时尚感和设计感。

（三）旧厂房改善型

旧厂房改善型一般以独幢的厂房办公楼为主，楼层较高，外立面基本不做改造，仅进行翻新，同时，对内部配套设备进行更新。旧厂房改善型创意产业集聚区，改造成本不高，市场租金较低，比较适合对文化品位要求相对较弱的IT软件等高科技行业入驻。

上海红坊文化艺术社区是较典型的案例，其前身是始建于1956年的上海第十钢铁厂冷轧带钢厂厂房群。主体建筑结构高大、空间开阔。红坊文化艺术社区借鉴国际上利用废弃工业建筑改建为公共艺术中心的成功经验，将原废弃的厂房，进行保护性改造和功能重塑，改造成为一个综合文化中心，以上海城市雕塑艺术中心为主体，并有多功能会议区、大型活动及艺术展览场馆、多功能创意场地等灵活的空间应用。改造过程中，本着城市工业遗产保护与再利用的实践理念，最大限度地保持了建筑原有结构、空间特征，将素混凝土、钢、玻璃和木材融入原建筑，使得工业厂房的粗犷雄健与现代化艺术展示的精致细腻在对比中浑然一体。

第四节　城市旧城空间的未来

一、旧城的再建设问题

旧城的保护以及改造与城市整体发展是不可分离的。而其中的旧城改造历来是城市建设中最复杂、涉及面最广的一项系统性的社会工程，是涉及政府、社会、经济和公众等方方面面的综合性工作，也是群众最为关注的重大问题之一（李瑞和冰河，2006）。旧城改造工作的顺利推进，必须坚持科学发展观，坚持以人为本，以实现城市土地的合理利用、城市整体功能的不断完善、城市环境质量的根本改变、最终推动城市的可持续发展。

旧城空间未来所面临的再建设问题其实就是旧城改造所需要面临的问题，通过对国内各个城市旧城改造现状的总结，总结出存在的主要问题。第一是市场化旧城改造与城市居民利益的保障问题。当前我国大部分旧城改造项目都是基于地产开发而实施的，这种模式往往是以经济效益为最终导向，并且市场化的旧城改造运作模式给公益性的旧城改造项目加入了不少开发商自身的意愿，并不能够完全代表城市居民的利益，不能够体现以人为本的思想。第二是改造方式单一化的问题。每一个旧城改造项目都有着其不同的特点，需要我们因地制宜地对旧城改造项目进行开发，因而需要选择不同的开发模式，开发模式的单一只能造成旧城改造项目个个都趋于雷同。第三是改造的资金问题。资金往往成为旧城改造的瓶颈，严重阻碍着旧城改造项目的实施；旧城改造项目开发时间跨度大，涉及人员多，从而需要的资金额也非常的庞大，改造过程中的资金问题一直很突出，而这种现象也一直没有得到很好的解决。第四是现存的制度不够完善。目前我国指导着整个旧城改造工程实施的旧城改造制度并不是一个完善的体系，这也间接导致了旧城改造的许多操作无法按照一定的规则实施，最后的结果自然无法得到有效的保证。第五是整个旧城改造的过程中，被拆迁户的利益和旧城改造工程的进度有很大的冲突。拆迁之所以会成为中国特色的难题也是由此而来。被拆迁户无法参与到实际的旧城改造工程进程中，自然会导致这一群体的利益无法得到有效的保障，进而演变成为难以调和的利益矛盾。

二、旧城更新改造的研究动向

未来旧城更新改造研究所涉及的方面不仅仅是物质空间方面，同时还有社会、经济、政策、技术等方面，甚至生态影响等也将被逐渐考虑。例如，国外研究中当讨论研究棚户区的更新所要收集的数据时，提出"完整的研究棚户区的数据包括与空间地理关联的物质空间数据和与社区居民相关的社会经济数据。所有这些数据才能使得对棚户区进行较为详尽的研究这个目标得以实现"（Abbott，2002）。国内的研究中，在讨论北京的旧城更新时，认为必须改变视点、明确立场，将旧城保护上升到可持续发展的高度来认识，以恢复旧城生态系统为目标，对旧城肌理进行"局部保护、整体重建"（张路峰，2006）。随着时代的进步，旧城更新已发展成为融合社会、经济、文化和物质空间的全面复兴和可持续发展的城市公共政策。为了提高旧城更新规划与决策的科学性引入"向度"概念，作为探索并建立旧城更新规划与决策的科学价值取向和评判尺度，首先从利益主体向度和情景向度上梳理更新实践中各相关因素之间不可避免的相互联系与影响，然后提出旧城更新目标选择的原则（万艳华等，2010）。"三旧"改造模式应该从生态视角下思考如何解决城市发展中的问题。在生态城市理念下，城市建设应注意恢复自然生态环境，保证适当的土地资源的集约利用、完善公共设施建设、维护公众的社会利益、营造良好城市生活空间等有利于城市社会和谐发展的策略（吴晓峰和彭建东，2012）。

除此之外，未来旧城更新研究所包含的因素越来越多，也越来越复杂。例如，在研究南京市秦淮区旧城更新改造的可持续发展时，采用"驱动力—压力—状态—影响—响应"模型作为旧城更新改造可持续评价体系构建的框架模型，构建涵盖文化、社会、经济、人口、生态等相互联系制约的可持续评价体系（张建坤等，2010）。西安市幸福路地区军工厂进行科学评价时，评价因子中就有建筑美学价值、建筑建造的艺术价值以及工艺传统的稀缺性等因素（尹宏程等，2016）。这些都证明未来旧城更新所需考虑的因素会更加全面细致。

　　GIS、多标准评价（multi-criteria evaluation，MCE）等先进技术在旧城更新研究中得到广泛认可。这也是由它们的特点和在旧城更新研究中所具有的优势决定的。在对旧城的更新改造过程中，这类技术的运用也在不断地得到发展。颜文涛等（2005）在南阳市旧城改造规划设计研究中，从城市经济定量分析角度入手，提出了旧城改造开发容量的概念、模型，构建了层次分析模型并以旧城生态环境和社会环境为约束条件，以经济作为目标函数，提出了基于旧城生态环境容量和社会环境目标确定旧城开发容量的上限模型，以及基于市场行为的经济目标确定旧城容量的下限模型。丁一等（2014）在广州更新改造模式的优选性研究中，在经济、社会和生态方面选取指标，针对更新改造图斑——评价单元，利用评价模型与 ArcGIS 空间分析技术进行单因素量化和更新改造模式综合效益评价，在评价结果基础上从文化保护、基础改善、以旧换新以及"退二进三"等模式中，选择广州市全部评价单元更新改造模式的合理方案，并分析全市各种模式分布以及各区模式配置（丁一等，2014）。

第六章　中国城市的单位空间

　　单位空间是新中国成立后单位制度实践所产生的城市空间类型，成为中国城市最独特的空间结构要素。这里，单位制度主要是指整个国家与城市在社会治理、生产组织、资源分配、民政事务、政府管理以及城市建设等方面普遍依赖于国家党政机关、事业组织团体、国有企业等单位，进而形成各级各类单位在社会经济生活与空间组织调控上占据主导地位的单位体制。单位空间的形成过程及其所关联的计划经济与再分配体制、生产优先、集体消费以及空间组织秩序等折射了单位制度与城市空间的多维互动。改革开放后，随着单位制度的隐性化（侯懿珊和柴彦威，2014）与转向市场机制，城市单位空间在空间形态与土地利用上发生了显著变化，传统的稳定、均质、封闭的空间结构特征日趋消解，给中国城市空间的重构不断带来多样、开放的结构动力。

　　因此，单位空间的形成、演化与中国城市单位制度的演变紧密关联，也与中国城市市场化转型发展后的 30 年发展过程及其模式特征紧密关联，成为理解中国城市空间结构形成与转型的钥匙（柴彦威和张纯，2009a，2009b）。但与此同时，因为市场转型带来的各种城市问题，有一些研究主张重新思考单位制度及其空间思想，引发了有关城市单位空间未来的讨论。本章讨论中国城市单位空间的形成、结构与模式、演化与未来。

第一节　城市单位空间的形成

　　从概念定义上看，城市单位空间的形成就是"以就业机构为中心就近安排生活空间"，将城市空间化成一个个单位空间，即城市空间的单位化。从实际过程来看，城市单位空间的形成有其制度背景，即单位制度逐步在社会经济中占据主体地位，城市建设体制形成了以单位为中心的路线，城市层面的统筹缺位。虽说如此，但是早期的城市规划思维，譬如在城市层面以生产功能组织空间布局、在中观层面以生产区与工业区混合布局、在微观层面以邻里单位与小区为主要形式，仍然在不同层面影响了各种单位组织的空间建设，从而形成了职住接近、生产生活一体的地域单元。

在城市建设中，单位主导的路线也陆续受到统分统建的影响以及街道工业的冲击，进而形成了无数个"大而全""小而全"的城市单位空间，塑造了中国城市单位空间的结构与模式。

一、城市单位空间形成的制度背景

尽管有一些观点认为，城市单位制度以及单位空间的雏形可以追溯到晚清工业化时期的官办企业、抗日战争时期国民政府在西南后方的社会实践（卞历南，2011；路风，1989）；但是，城市单位制度在全国范围内得以普遍实践则是新中国成立以后的事情（刘天宝和柴彦威，2012a）。面对复杂的国际国内背景，新中国成立后党的主要任务是实现国家战后重建和民族富强。如何在基础薄弱、资源短缺、积累不足、社会凋敝的情况下，迅速实现社会资源的动员与整合、社会结构的改造与重建，迅速实现工业化与现代化，成为整个国家的共同目标（刘天宝和柴彦威，2012b）。在继承传统文化与空间实践的同时，延续战争时期的根据地建设经验和社会动员体制，并沿用部分城市接收工作的经验，特别是在"一五计划"和苏联援建重点项目的带动下，新中国逐渐建立了以计划经济为核心、以单位体制为支撑的生产组织体制、社会管理体制和城市建设体制，逐步形成了以"生产型、集体性、组织化"为特色的城市政策，塑造了一大批单位大院与单位城市，形成了中国城市最具特色的单位社会与一代单位人（图6.1）。

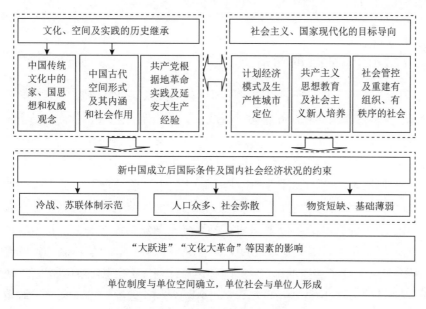

图 6.1 城市单位制度与单位空间形成的因素与背景

资料来源：据刘天宝和柴彦威（2012b）修改

（一）变消费城市为生产城市

将消费城市变成生产城市是中国共产党七届二中全会的重要论述。该会议就城市政策提出的论述，极大地确立了单位制度的合法性与组织性，推动了单位制度的确立以及城市单位空间的形成（刘天宝，2017）。其一，所有工作都服从于巩固政权的目标。只有将城市的生产工作恢复和发展起来，将消费的城市转变成生产的城市，人民政权才能得到巩固。其二，以生产为城市工作的核心，消灭剥削，变消费城市为生产城市。会后《人民日报》发表了题为《把消费城市变成生产城市》的社论，指出，"在旧中国这个半封建、半殖民地的国家，统治阶级所聚居的大城市（像北平），大都是消费的城市"，是必须破除的对象。其三，突出强调"集中发展"与实现"组织起来"的目标。其中，最富有生产性与组织性的是"一五计划"时期苏联援建的156个重点项目和694个限额以上项目。有计划地开展经济建设和工业基地建设，这是中国开始的第一轮工业化与城市化进程。它不仅带动了整个国民经济的单位化，而且也在国土开发格局上形成了"以单位化带动城市化"的新格局。以东北为例，156个重点项目中有56项安排在东北，迅速带动了东北工业的战后恢复和后续的大发展，也对东北社会经济以及城市空间结构带来了深远影响。

以"生产性、组织性、集体性、公有制"等为特点的单位制度在有计划、有组织地"变消费城市为生产城市"的过程中呼之欲出。特别是借由国民经济恢复与发展推动的经济建设层面的国有化，实际上是经济层面的单位化，使得国有经济在国民经济的数量与结构上占据优势，为随后的社会主义改造奠定了基础，单位体制得以迅速扩张。

（二）城市单位制度的确立

在新中国完成"一五"计划以及过渡时期的总路线后，农业、手工业与工商业的社会主义改造先后启动。到1956年第一季度末，全国全行业公私合营的私营工业已达到99%，私营商业达到85%，基本上完成了对资本主义所有制的社会主义改造（刘天宝，2017）。社会主义改造，特别是手工业与工商业的改造，对中国城市单位制度以及城市单位空间的形成影响是极其深远的。其一，社会主义改造逐渐将整个社会所有的生产经营活动及资源都纳入计划经济与单位体制的各个环节之中。各行各业，尤其是生产行业，建立了各种类型的单位组织和单位系统（刘建军，2000），整个城市经济系统实现了普遍国有化。其二，单位制度总体占绝对优势，非单位体制的资源与互动逐渐减少，社会经济实现了普遍的单位化、国有化与计划性，标志着单位制度的全面建立。其三，社会主义改造提出的"包下来""和平赎买""国家资本主义"等政策，扩大了国家全能主义的范围。其四，市场进一步萎缩，工作岗位以及住房、医疗、教育及其他社会福利事业等只能通过各级各类型的单位进行分配，从而确立了单位依附型体制在城市社会生活中的中心地位。

概括来说,在统收统支、高度集中、高度集权的计划体制下,整个社会的资源与成员、生产与分配、积累与消费都纳入单位体系中,单位体系外的社会与市场功能逐渐萎缩。微观、垂直的单位组织及其功能得到了极大扩张和强化,表现出全面的生产国有化、生活集体化、社会单位化与单位国家化。单位制度成为贯彻国家意志、执行经济计划、强化社会整合、调控资源分配和进行空间管理的重要工具及组织手段(李路路,2002),单位则成为组织生产与社会再生产的依托(Xiao et al., 2020)。单位空间成为社会主义国家在计划经济下组织生产、安排生活的基本单元,也是建立高效、有力的条块系统并使之成为解决新中国成立后国际国内问题实现国家工业化和现代化的重要工具,同时也是实现国家在城市空间建设、社会组织管理等方面的核心治理方式。

二、城市单位空间形成的规划背景

城市单位空间就是上述制度背景的空间实践结果。形成的路径是,城市建设以单位为中心,城市土地划拨给各类企事业单位、机关、军队及人民团体,由用地单位组织建设或者通过统分统建的形式建设住宅及其配套设施,形成单位大院,或形成职住接近型的单位生活区(如工人新村)。随着城市单位占用的空间逐渐增多,城市单位空间的范围不断扩大,功能复合集中,进而形成现在意义上"单位制"的土地利用模式与空间形式。尽管社会经济制度是城市单位空间形成的最主要影响因素,但是早期的城市规划思想也对城市单位空间的形成产生了显著的作用。特别是,以生产单位组织城市空间并形成功能混合与职住接近的功能分区以及邻里单位的规划设计思想,在城市空间组织、生活空间组织层面促进了城市单位空间的形成。

(一)以生产单位组织城市空间

1. 以单位组织城市功能分区

在变消费城市为生产城市的导向下,城市社会经济的主体是各种类型的单位,特别是生产企业单位。因此,新中国成立初期,城市规划的主体思路是以单位组织城市空间布局。以北京为例,1949 年苏联专家建议城市区域分为工业区、住宅区、学校区、休养区[1]。1954 年 10 月,《关于早日审批改建与扩建北京市规划草案的请示》(图 6.2)细化了工业区、行政中心区、仓库区、高等教育区、居住和公建区的划分,并进一步增加了东南郊化学工业区和清河、丰台工业区。从以上方案可以看出,工业区是城市建设的主体。除此之外,中央机关与北京市属的机关单位处于重要地位。随该请示一并上报的是《北京市第一期城市建设计划要点》,就近期实施规划提出了方针意见,其中的第五条指出,"市政建设首先应着重在工业区进行,其次在房屋建筑最多、最

---

① 北京市规划委员会,北京市城市规划设计研究院,北京城市规划学会.2006.《北京城市规划图志(1949—2005)》.

为迫切而有可能的地区进行建设"。

　　虽然这一版的方案没有获得中央批准，但基本上成为"一五"期间北京城市建设的依据。很多城市的功能区就是在这样的理念下，依靠单位进行建设形成的，也基本上奠定了今天北京市的空间格局。以生产功能作为主要空间功能来划分为城市单位空间、工业区与行政区的分散布局、工业区占据主导位置等，逐渐成为全国性的城市层面的设计理念，为后来的城市单位空间的形成奠定了基础。

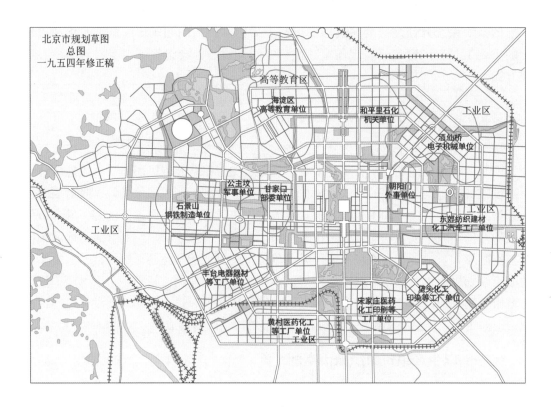

图 6.2　北京市 1954 年的功能分区与城市单位空间的格局

资料来源：修改自《北京城市规划图志（1949—2005）》

2. 城市工业与居住用地的混合组织

　　单位化的空间思维在组团内的布局则主张混合布局以实现职住接近。例如，上述北京的城市建设方案明确指出，在工业区与居住区的组织上主张"工厂区适当分散、住宅及靠近工作地点又与中心区接近的方式，保证生活方便与中心区繁荣"（北京市地方志编纂委员会，2005）。在这种思维下，不仅居住区临近工业区而布局，居住区里也设置有很多小企业、办公室、实验室和高等院校等，因此在北京的新规划中人们不再使用"居住区"的命名方式，而是使用"居住和活动区"的概念（华揽洪，1981）。经过这一时期城市建设的学者，就工业用地与居住用地的组织进行了很好的总结：其一需要遵守的原则是，新建城市或者旧城工业新区，生产性设施和生活型设施必须进行配套规划与建设；其二，工业区应有一定规模，过小过大都不合适，以满足一个居住区 4 万～ 6 万人为宜，避免"一厂一区"的现象；其三，工业区与居住区合理距离是 2 ～ 3km，单程路途时间 30min（宋家泰等，1983）。

从工业用地与居住用地的关系来说，形成了下面所述的若干类型，充分展现了当时的规划思维。①居住区内布置的工业（以利于产销结合，方便供应，更好地为城市服务，也有利于充分利用闲散劳动，把生产和生活结合起来）；②居住区内相对独立布置的工业（工业布置在生活居住用地的边缘地段，或以工业街坊的方式布置在居住区内，具有一定生产规模、运输量和对外协作关系，少量三废工业企业）；③工业区；④工业点（靠近原料开采地、易燃易爆等）；⑤工业卫星城镇。当时的规划决策者认为，"在生活居住区内和生活居住区独立地段布置工业，是城市工业布置的普遍形式"。因此，城市规划与城市空间的组织模式上突出功能混合与职住接近，为城市单位空间的形成在规划理论上做出了规定。

（二）以邻里单位组织生活空间

在单位大院的生活区以及工人新村的具体布局上，单位空间规划先后提出了运用邻里单位、大街坊以及居住小区等思想，规划围绕生产与机关单位的生活区。尽管其理论名称不一，但是其思想内核都源于邻里单位，目的都是加强生活区的配套，在小范围内满足基本的日常生活（杜春兰等，2012）。

1. 邻里单位的思想及其早期应用

早在新中国进行大规模规划的伊始，著名学者梁思成就在《城市的体形及其计划》中介绍："邻里单位是最新的住宅区基本单位，是一个在某种限度之下能自给自足的小单位。邻里之内有一个邻里中心，设置商店、小学校、卫生站、菜市场、娱乐场、运动场、儿童游戏场、公园等等。邻里之内不许过境汽车穿过。邻里的半径不超过儿童可以由家到学校的步程。邻里内的人口与房屋密度有一定的规定，使每家都有充分的空气、阳光、庭园。每个邻里都与工作区有合理的联系。"

1952 年，北京市都市计划委员会提出的甲、乙两个城市总体规划初步方案中，提出了"邻里单位"的设想（北京市地方志编纂委员会，2005），确定一个邻里人口约 5000 人，占地约 40hm^2，其理念则几乎完全吸收了佩里的概念。接下来，邻里单位就成为当时主流的设计理念。仿照西方的邻里单位理念，1952 年在复兴门外大街南侧建成了一片邻里住宅，并在真武庙头条南侧建成 11 幢二层花园式住宅（北京市地方志编纂委员会，2005）。由华揽洪设计的幸福村，其规划布局就采用了邻里单位的思想，布局相对自由（华揽洪，1981）。在上海，首个规划建成的工人新村——曹阳新村的设计者汪定增（1956）表示，"新村的总体规划不能否认是带有邻里单位思想的"（图 6.3）。

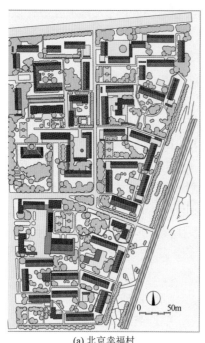

右侧图例：
217.朝阳新村住宅区
（由8个小区组成）
1.托儿所和幼儿园
2.小学
3.中学
4.业余学校
5.社区服务社
6.商店
7.露天市场
8.修理中心
9.商业中心
10.公共澡堂
11.宾馆、饭店
12.医院
13.小区诊所
14.文化馆
15.剧场
16.警察局
17.居民委员会
18.维修工程处
19.房管处
20.绿化处
21.停车场
22.消防队

23.苗圃
24.污水处理厂
25.工厂
26.服装加工厂
27.重具厂
28.纱衣厂
29.仓库
30.扩展区域
31.游泳池
32.预制构件厂
33.公园

(a) 北京幸福村　　　　　　　(b) 上海曹阳新村

图 6.3　邻里单位的设计及应用

资料来源：华揽洪，1981

2. 从大街坊到小区

《改建与扩建北京市规划草案的要点》中正式引入苏联的大街坊的规划理念。其规划布局是由方格式路网分隔成若干街坊组成。每个街坊占地 $1 \sim 2hm^2$，统一规划设计与建设，配套建设生活服务设施、绿地，保证居住区良好环境。住宅沿四周道路边线布置，并强调轴线和对称。建筑层数不低于四层，主干道两侧及广场周围还可以再高一些。建筑风格上多采用清水砖墙，木架坡屋顶，现浇或预制钢筋混凝土楼板。平面为一梯两户或三户，每户有厨房、厕所、上下水和采暖设备等（北京市地方志编纂委员会，2005）。

周边式或者双周边式布置的住宅区在20世纪50年代初期和中期("一五"计划时期)比较普遍，如北京的东北角酒仙桥电子管厂职工生活区、百万庄住宅区、八里庄住宅区等（图6.4），成为人们后来所说的"苏联风格"的主要根据。双周边式组合形成的院落，与周围道路隔开，能为居民提供安静的居住环境，有利于创造集体主义生活方式。但是由于过多地追求形式，产生了许多死角和阴影面，不利于通风和日照。住宅组团内部迷离曲折，有如迷魂阵，缺乏识别性，使人不容易找到家。这种周边式街坊的布置形式以后很少采用（北京市地方志编纂委员会，2005）。

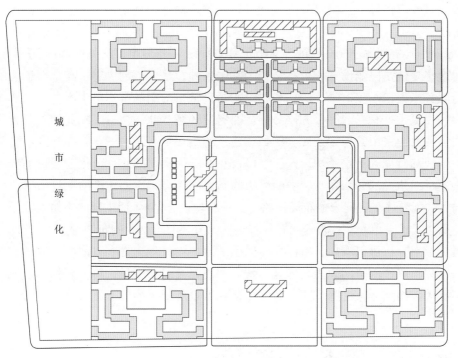

(a) 大街坊-百万庄

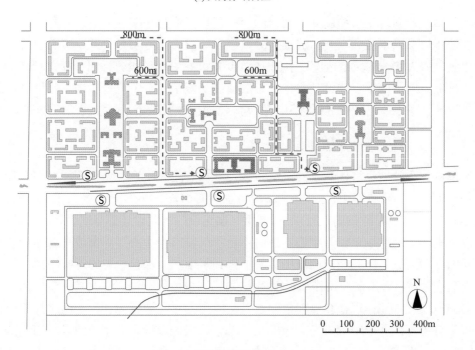

(b) 大街坊-八里庄

图 6.4 大街坊的设计理念与单位空间生活区

资料来源：（a）《北京城市规划图志（1949—2005）》；（b）华揽洪，1981

在苏联专家指导下，1957 年春《北京城市建设总体规划初步方案》出台，提出住宅区改以"小区"为组织城市居民生活的基本单位。其面积从原来的 9 ～ 15hm² 扩大到 30 ～ 60 hm²（一般每隔 500m、600 ～ 800m、1000m 有一条城市道路），人口 1 万～ 2 万。小区的最小规模是以能设置一个小学校为基本条件，最大范围决定于经常性生活服务设施的服务半径，小孩上学、送托和居民购买日常生活用品可不出小区考虑，从而更好地为居民提供安全、清静、方便、舒适的居住环境。此后，小区规划的原则和手法在我国被普遍地采用并得到发展。例如，北京的第一个小区——夕照寺小区还能看出街坊中轴线和对称的布局手法。建于 20 世纪 50 年代中期的北京市化工大院也有这样的特点，早期建设部分，还有较强的周边式布局的特点，后期建设的项目则呈现小区的布局方式，整体呈现混合的布局思路。另外，建设于 70 年代末期的毛纺南社区，也保留着周边式、多单元、长板楼的布局特点，部分还有行列式的布局特点。

通过以上分析可以看出，单位大院的生活区的设计理念是多方面的，但是总体来说遵从了邻里单位的空间思想。另外，就空间功能及组合来看，单位大院又是工作单位与邻里单位的结合。这些空间思想的结合在微观层面上形成了城市单位空间的主要特点。

三、 城市单位空间的建设实践过程

虽然在规划理论层面确立了城市的统一建设，但是在实际的建设过程中，却因为社会经济层面以单位为中心，造成了分散建设的局面。特别是早期城市总体规划编制无法应付如火如荼的城市建设，诸如 1954 年的北京城市建设方案出台就比较晚，并且没有批复，所谓的重点建设其实也是分散建设。但是，有关混合布局、邻里单位的布局思想却为各家单位开展建设所用，在实施层面促成了城市单位空间的形成。

（一）单位企业分散建设

单位作为计划经济体制下的组织机构，承担着组织生产、调控资源、整合社会、搞好城市建设的重要作用，是社会主义城市主要的积累手段，实质上替代了城市的作用。因此，在"生产性城市"的时代背景下，城市开发建设的制度设计都是围绕单位来进行的，形成了事实上的"以单位为中心"，而不是"以城市为中心"。单位享有与行政机构等同的政治地位，因此城市的作用实质上得到了削弱。部分单位的行政级别往往高于当地政府，城市政府的协调作用根本无法发挥，往往承担配合的角色。

分散建设首先体现在政府在早期建设阶段失去对土地资源利用上的主控权而任由各单位自主圈建。1950 年北京市发布的《北京市人民政府关于市政建设使用郊区土地暂行办法》指出了城市需要对各单位的建设需求进行调控。"因市政建设或工业经营需用京郊土地者应备文叙明工业种类，建设计划，用地面积，与位置连同附图送经本府审核决定。"而在实际工作中，由于没有经验或者足够权限，往往没有办法制止单位"多占土地、圈大块地"的倾向（华揽洪，1981）。例如，修建在首都西北郊的北京钢铁、石油、航空、地质勘探等几个学院，在五年前新建校时起就根据发展计划中的最高人数，陆续圈占了5300多亩[①]土地。并且，这种现象在全国普遍存在。

尽管中央政府与地方政府三令五申，但实际情况仍然不够理想。土地严重浪费与分散建设的体制互为作用，其根本在于单位体制，导致"只算本单位小账，不算国家大账，只图自己方便，不管全局利害"的局面。《人民日报》在1958年刊登了题为《整改之风刮掉了本位主义》的报道，指出"北京郊区的土地被建设单位征用了将近二十万亩，其中存在着严重的浪费现象……建设单位存在着'宁大毋小，越多越好'的本位思想。"

土地拨用制度单位化，城市建设以单位为中心，在规划软约束的背景下，分散建设体制成为城市单位空间形成最重要的因素。尽管中央和地方都认识到城市空间以单位为主体的分散建设的负面后果，但是改变路径依赖困难重重。中央层面，时任中央建筑工程部城市建设局局长的孙敬文总结道："城市建设的分散性主要表现在一些建设单位各自为政，乱要地皮，到处修建，盲目乱建，结果不仅资金分散，设备不能充分利用，而且破坏了城市的整体性，给将来的建设造成了重重困难。当然，这和城市总体规划不及时与缺乏统一的管理制度是分不开的，必须由城市建设方面与各个建设单位共同努力来纠正"。[②]《人民日报》在1957年发表了题为《城市建设必须符合节约原则》的社论，对全国各地单位分散建设和浪费土地的现象进行了总结和批评，指出"许多新建工厂在选择厂址的时候就没有很好地注意紧凑发展的原则，布置得过于分散，而且往往距离旧市区很远。在城市规划中硬把各个分散的工业区连在一起，这样，许多城市的规模就搞得过大了。……结果，不少城市都在市区周围几十里路以内，东也建设，西也建设，到处是建设工程，到处是空地，形成星罗棋布，遍地开花的状态。"

综上所述，城市以单位为主体，建设任务直接下达单位导致建设杂乱，城市建设的分散化导致城市建设扩大化，城市单位空间事实上是在分散建设中形成的。这也是人们普遍批评的"单位大院形成城市空间割据"的现象的根本原因，也是住房统分统建、街道工业发展等城市空间单位化建设实践的背景原因。

（二）城市单位组织住房统建统分

为了化解以单位为主体的城市分散建设，其应对策略就是住房的统分统建。具体的操作是，把拨给企业或单位的住宅建设款交由一个行政部门（如房管局）操作。这个部门集中了来自各方的资金，一个区、一个区地盖楼，并在一系列标准设计的基础上建设必要的配套服务设施。工程完工后，它把属于各单位的房子交给相关单位，由其负责分配和管理（华揽洪，1981）。这概括起来就是"六个统一"——统一投资、统一规划、统一设计、统一建设、统一管理与统一分配。

以北京市为例，统建的范围包括7类：①市统建，即由市房管局和市机关房管局

---

① 1亩 ≈666.67m²。
② 《适应工业建设需要加强城市建设工作》，刊载于《人民日报》，1954年8月12日。

主管的统建，如三里河小区、百万庄小区、南礼士路和月坛南街等市级机关和中央机关办公楼一条街统建；②中央机关部门统建，如西便门国务院住宅区，复外、羊坊店的铁道部系统生活区，建筑工程部大院统建等；③大型工厂企业生活区统建，如京棉一厂、二厂、三厂，首钢新古城生活区等；④部队机关生活区统建，如海军大院、空军大院生活区统建等；⑤中央单位统建，如东长安街、白广路一条街、朝内大街等中央单位办公区及宿舍统建，由市机关房屋管理局，统一投资、统一征地、统一规划、联合设计，由各单位自行组织施工；⑥文教区统建，如"八大"学院统建，由中央联办统一投资，按照统一规划、统一征地，由各大学分别组织规划设计和施工建设；⑦使馆区统建，由市机关房屋管局主管（北京市地方志编纂委员会，2005）。

虽然在制度操作层面、特别是在住宅建设、分配上加强了组织性与计划性，但是由于统建的单位与口径过多，依然是分散建设。同时，统建侧重于建设过程的集中，建设完成后仍然是交付给相关单位使用，事实上也促进了城市单位空间的形成。

（三）街道工业与单位空间的混乱

如果说城市住房的统建统分是在比较正常的情况下，从住房建设的角度实现城市空间的职住平衡与土地混合利用，进而促成城市单位空间的形成，那么，街道工业的大发展与之后的人民公社就是在非常时期，以群众运动形式发展工业，并使全国城市在空间的单位化进程进一步加速并趋于混乱状态的特殊时期。

早在1957年，《北京市城市建设总体规划初步方案》就已经提出，强调中小学附近要发展工业，居住区内可以安排无害的小工业，可以不用单独设置文教区[①]。1958年《北京市总体规划说明（草案）》提出，"城市建设将着重为工农业生产服务，特别为加速首都工业化、公社工业化、农业工厂化服务。要为工农商学兵的结合，为逐步消灭工农之间、脑力劳动与体力劳动之间的严重差别提供条件"（徐向东，1996）。至此，不仅仅是北京城市内，也包括在郊区农村地区，城市单位空间的建设进入一个前所未有的扩张与混乱的时期。

以北京为例，"大跃进"期间，城市街道工业发展也很快。10多万家庭妇女在自力更生办工业的号召下，利用院内过道做车间，大院做厂房，从家中走向社会，组建了大、小工厂3000多个。20世纪60年代末，在"大而全，小而全"的思想指导下，北京市市区内许多工业企业又建设了一批配套项目。后来，又在"五七"道路的指导下，城区街道工业快速发展，家庭妇女又一次走向社会，办起了大量"五七"生产组和"五七"连。这些街道工厂规模小，设备简陋，技术落后，"三废"污染严重。许多不应在市区发展的工业却在市区盲目发展。许多大学、中专及科研单位停办，改为工厂，使许多非工业用地变为工业用地。例如，财经学院（现中央财经大学）校舍改为北京卷烟厂，北京市工艺美术学校改为北京市半导体器件三厂，北京市回民中学改为宣武链条

① 北京建设史书编辑委员会编辑部.1987.《建国以来的北京城市建设资料》（第一卷 城市规划）。

厂，北京育才学校改为北京市塑料模具厂，德胜门外育新小学改为西城半导体器件厂，温泉工读学校改为海淀工具厂，等等。街道工业的发展促使工业型的单位大院从郊外引入原有城市内部，进一步造成了城市单位空间的冗杂（刘天宝，2017）。

第二节　城市单位空间的结构与模式

城市单位空间的模式与结构受到单位制度的统合，表现在城市空间总体与微观空间等两个层面。在总体层面，以单位为城市空间的基本单元，形成了职业同质的居住空间格局以及以单位为基础的生活圈。在微观层面，受到传统文化思想观念、现代城市规划理念以及权力政治的影响，表现出土地利用与功能布局高度混合、生产功能主导与生活设施的附属性、外部封闭与内部开放的轴线布局等特点。这种空间特点也形成了同质稳定的社会构成关系与业缘主导的社会关系与社会结构，在单位这种特殊"空间－社会"的结构体中衍生出中国城市特有的空间结构与模式，也加强了单位制度与单位空间的政治性与封闭性。

一、城市单位空间的总体特征

社会经济层面以单位组织生产、消费与积累的单体体制，形成了以单位为中心的城市建设模式，这种模式给中国城市带来了独特的城市内部空间结构——"以生产功能为主、空间均质化布局、各组团自给自足、市中心功能衰落"（薛凤旋，2002；柴彦威和张纯，2009a，2009b）。这种总体性的结构特征又突出表现在以下几个方面。

（一）以单位为城市空间的基本单元

各类型的单位组织成为城市空间组织在规划理论与建设实施层面的主体，单位大院成为城市空间的基本单元，形成了围绕单位的城市空间组织系统。除第一节谈到的北京以外，我国内陆城市受到"一五计划"重点项目布局以及"三线建设"工业内迁的影响，也表现出鲜明的单位化特征。以兰州为例，20世纪50～60年代，兰州作为中国内陆国家重点建设城市之一，被逐步建设成为以石油、化工、机械为核心的重化工业基地，并带动了城市基础设施和文教、卫生等事业的发展。作为伴随新中国工业发展起来的城市，其城市空间结构能更清晰地反映出城市单位空间的基本特点（柴彦威，1996）。根据兰州市20世纪80年代末期的统计，工业、文教卫生、商业流通等各行各业都有大大小小的单位（图6.5）。

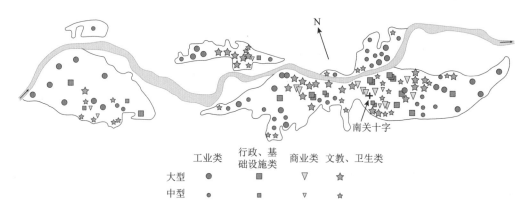

图 6.5　20 世纪 80 年代末期兰州建成区主要单位分布

资料来源：柴彦威，1996

　　就各种单位类型的分布来看，体现了以工业生产单位为主导的特征。行政类和商业类单位集中分布在以南关十字为中心的市中心区域，而文教卫生类单位则集中在特定的区域。相对前述类型的单位，工业类单位在建成区空间中分布最为广泛，覆盖了从市中心边缘到近郊区的广大区域（柴彦威，1996）。工业类单位的广泛分布是国家（重）工业优先发展战略的体现，展现了生产性城市的发展定位。与居民生活密切相关的居住等生活设施则依据职住接近的原则，跟随生产功能的布局而分布。从机理来说，这种格局的形成主要来自国家计划投资形成生产性功能，相应职工的生活需求则通过单位统筹的模式形成。因此，整个城市的空间结构是生产功能主导下的结果。

　　按照单位职能，对自己完备型单位和外部弱依存型单位的空间分布进行分析，更能说明单位类型与城市内部地域结构的关系（柴彦威，1996）。兰州建成区分布的自己完备型单位包括工业、文教卫生、行政、基础设施和商业等类型。其中，工业类的达 24 个，约占自己完备型单位总数的 70%，文教卫生类的全是高等院校，行政、基础设施类的则是 2 个与铁路有关的单位。与此相对，商业类中没有自己完备型单位。而这些单位的空间分布特征是，占地面积大的自己完备型单位一般分布于远离市中心的新建成区内；相反，规模较小占地面积也小的外部弱依存型单位则相对集中在市中心部及其周围（图 6.6）。这是因为以市中心部为主的旧城区中尚残存着大量的旧住房和小商店，新中国成立后这里主要是建设了一些占地面积小的小单位，而新建城区在城市规划下开发新建了一些大单位。这些新建的大单位离生活设施较完善的市中心远且交通不便，因而单位内往往有许多配套的设施。另外，通过分析还可以看出，相同职能的单位有相对集中分布于同一地域的倾向，如工业类单位相对集中分布在若干个地区内，形成工业区等（Chai，1996）。

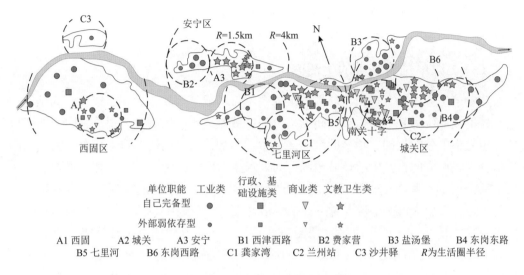

图 6.6 兰州市建成区的低级生活圈和高级生活圈

资料来源：柴彦威，1996

"单位办社会"形成了封闭的单位社区，成组团状广泛分布在城市地域，特别是新建城区。居民职业构成清晰，居住用地与生产用地之间有明显的界线和隔离带（刘君德等，2004）。在这一时期，一个完整的城市，其内部却有着明显的疆界痕迹，每一街道型的社区都有明显的界线（张鸿雁和殷京生，2000）。由于体制上的条块分割，城市区划就出现了明显的集团边界，这些边界或以大面积的围墙为标志，或以几米未接通的柏油路为符号，或以不同年代、不同风格的建筑为象征。也有研究认为，这种分割式的区划关系使城市的完整性受到破坏，显示了体制上高度集中与高度分割并存的特性（邓晓梅，2002）。

（二）职业同质的居住空间格局

尽管在单位居住空间内存在一定的等级分化，但是在整个城市空间尺度上，只能形成由众多单位居住组团相互组合而成的相对平等、均一的巨型蜂巢式社会地理空间结构（吴启焰和崔功豪，1999）。因此，有学者认为，在单位制度的影响下，城市的社会区呈现依据居民职业特征分化的特征。冯健和周一星使用1982年"第三次全国人口普查"的数据，发现北京当时是存在着5类社会区类型，包括"人口密集区""工人居住区""知识分子居住区""机关干部居住区""煤矿工人居住区"，这些区域带有浓厚的单位特征，城市空间具有同质性色彩（冯健和周一星，2003c）。许学强等分析了1985年广州市社会区结构，发现当时的社会区结构带有计划经济单位制的特色，既有体现干部占多数的"干部居住区"和大量工人聚集的"工人居住区"，也有"知识分子居住区"，整个社会区表现的同质性比较明显（许学强等，

1989）。可见，当时以单位为单元的行业组团式居住方式形成了计划经济时期中国城市的职业同质的居住空间格局。

（三）以单位为基础的生活圈

随着单位主导城市空间布局，城市内部不仅形成了均质化的社会地理空间结构，也形成了以单位为基础的生活空间结构。柴彦威对兰州市的研究发现，相同职能的单位有相对集中分布于同一地域的倾向（柴彦威，1996）。他把空间上相对完整的以同质单位为主形成的这种生活地域范围称为低级生活圈。因为任何单位都不可能满足居民生活需要的所有方面，单位间的相互利用以及单位附近的地区商业、服务业中心的利用经常发生。也就是说，居民日常生活是在以单位为中心的一定地域内进行的。但需要注意的是，从满足居民生活的角度看，不同职能的单位相对分布在一起形成低级生活圈，单位间能互补则更好。柴彦威认为，这是因为在兰州市的案例研究中，仅仅考察了规模较大的自己完备型单位和外部弱依存型单位，而没有分析规模较小数量却极多的外部强依存型单位；这些小单位在城市地域中分布广泛，且与大、中型单位成镶嵌型分布（柴彦威，1996）。因此，低级生活圈并不是仅仅由大、中型单位所构成，而是以同质大、中型单位为核心，由各种各样的单位来构成的生活地域范围。

兰州市建成区内的低级生活圈中以工业类单位为主形成的就有 8 个，反映了新型工业城市兰州的特点（图 6.6）。并且，以工业为主的这些低级生活圈在市域内分布广泛，且多位于新建成区及市中心周围的交通便利处。其中，远离市中心的西固生活圈是市西部的重要工业区，各项基础设施及生活服务设施良好，构成兰州市的又一个核心。以文教卫生类单位为主形成的两个低级生活圈均为以大学、研究所为中心的文教区。以行政、基础设施类和商业类单位为主形成的两个低级生活圈都在旧城区，由于历史的原因，这里各种设施比较齐全（柴彦威，1996）。

另外，由于单位的分区布置以及区为行政管理的基本单位，因此区也成为组织安排居民生活及各项社会福利设施的较高地域单位。因黄河穿流于兰州盆地之间，兰州的建成区形成了几个相对独立的地形单元，与行政市区区分相对应。尽管各区之间有相互利用，但各区之间相对独立安排各种设施，居民生活基本上是限制于区内。兰州建成区由 4 个高级生活圈组成，城关高级生活圈由 5 个不同职能的低级生活圈组成，是比较完整的生活圈（图 6.6）。其中位于市中心部的以行政、基础设施类为主的低级生活圈也是兰州全市域的中心地。七里河高级生活圈有 3 个低级生活圈，主要是 20 世纪 50 ～ 60 年代建设的工业区。而安宁高级生活圈和西固高级生活圈则分别以文教、卫生区和新型的工业区为主构成（柴彦威，1996）。这些高级生活圈的特性与城市规划中各区的性质是相对应的。

二、城市单位空间的布局特征

（一）土地利用与功能布局高度混合

在城市单位空间内部，由于分散建设和自成系统的理念以及城市层面设施供给的不足，单位大院的空间内土地利用与功能布局高度混合（Bjorklund，1986）。因此，单位大院土地利用的混合性是单位职能的多元性和设施的多样性综合作用的结果。以北京同仁堂为例，其位于北京市东南三环附近，是一个以工厂为核心、周边围绕居住区的典型单位社区（张纯和柴彦威，2009a）。根据同仁堂建设档案，其1976年用地结构如下：比例最高的是仓储用地，达到了51%，其次为行政办公和工业用地，比例分别为21%和20%，三者合计超过了90%。这三种用地类型都直接与生产有关。剩余的主要用地类型包括居住和商业服务，比例分别为5.6%和1.9%。并且，不同利用类型的土地以斑块的形式组合在一起，形成拼贴式的空间结构。

另外一个例子是中华造船厂，其改造前后的功能设施与土地利用变化比较直观地反映了单位化的作用与单位空间土地利用的特点（刘天宝，2017）。中华造船厂的前身是1926年由造船工程师杨俊生独资创办的大中华造船机器厂。在公私合营以前，工厂几乎没有生活福利设施及职工福利待遇。1952年公方代表到厂后，即成立总务组，陆续开始福利设施建设。公私合营之前，学徒住在厂内木板房，单身职工住在厂内铁皮办公室三楼的单身宿舍。合营后至1990年共建造住宅1586套。此外，1952年开办职工食堂，1953年建浴室和医务室，1958年建婴儿哺乳室，1987年建幼托中心，1979年建招待所。随着住房等生活设施的建设，大中华造船机器厂的整个用地结构发生了根本变化，从原来全部由车间、仓库和办公构成的生产型空间向包括生产在内的单位型空间转变。

（二）生产功能主导与生活设施的附属性

1. 生产与专业职能主导

在"先生产，后生活"的背景下，为集中资源进行建设，资源配置采取按项目展开的方式（Bray，2005），生活性资源与生产性资源虽同时配置，但只是作为生产的附属。典型的单位大院一般都有工作区和生活区两大部分，每一部分又由次一级空间组成。例如，机关、事业单位大院的工作区有主楼、辅楼等办公区，企业单位大院的工作区有办公区、厂房等生产区。生活区则较为相似，都可分为住宅区、公共设施区等（图6.7）。但是，从具体差别来看，生产区仍然是城市单位空间的主体，仍然有绝对的主导作用。其一，不同类型的单位决定了主导的设施与土地利用性质的差异。例如，同仁堂作为制药厂，其主导的土地与功能设施为仓储；石油大院是高等院校单位，其主导设施则为办公用地。另外，生活设施特别是住房的规模大小与具体布置，也与单位的专业职能密切相关。

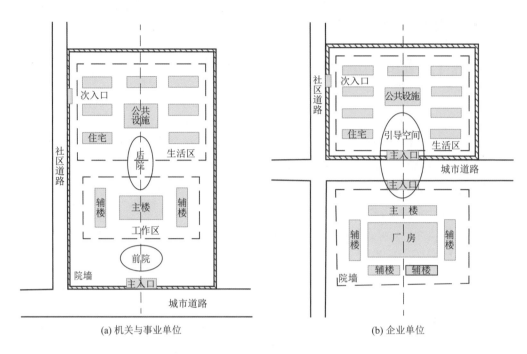

图 6.7　城市单位空间的基本空间模式

资料来源：张艳等，2009

2. 生活设施的多样性

单位职能的实现需要相应设施的支撑，单位职能的多元化必然导致单位功能设施的多样性。下面首先以京棉二厂为例，对单位大院内部多样性的设施进行展示（张艳等，2009；刘天宝和柴彦威，2014）。京棉二厂位于北京市朝阳区八里庄街道，紧邻东四环。始建于 1954 年，1955 年正式开工生产，是我国第一个全部采用国产设备、规模最大的棉纺织厂，与京棉一厂、三厂、印染厂和中国纺织科学研究院等机构共同构成了纺织城。1957 年，京棉二厂基本全面建成。除生产设施、办公设施外，生活类设施更加复杂和多样，用以满足职工多样化和不同代际的生活需求。具体类型包括居住类、餐饮类、教育类、医疗保障类、商业类、休闲娱乐类，等等。其中居住类设施最多，又分为家庭式住房、单身宿舍和招待所。就餐的食堂兼做礼堂使用，用于开展集体活动，同时还配有清真食堂。教育类设施则包括面向职工的工业学校和面向下一代的幼儿园、小学和中学等。另外，还包括职工医院、浴室、商店、理发室、俱乐部和操场等设施，共同构成了全面的满足职工生活的多样化设施。

接下来再看西北师范大学的例子（柴彦威，1991）。该校在 1958 年之前是教育部直属的重点院校之一，其空间结构反映了高校单位大院的基本特点（图6.8）。整体而言，校园依据功能和使用主体分为学生生活居住区、教育研究区和教职工生活区三个相对独立的区域。学生生活居住区包括学生宿舍、学生食堂以及书店等设施。教育研究区围绕学校的教学和科研展开，包括教育研究设施、附属工厂和植物实验室等。教职工生活区的设施更加复杂和多样，不仅包括职工生活所需的员工住宅、员工食堂等设施，还包括为子女教育服务的幼儿园及附属小学和附属中学。就功能结构而言，西北师范大学的空间构成与京棉二厂相似，围绕单位的核心功能及职工的生活需求进行组织。但与企业单位大院不同，高校大院还有学生生活服务区，通过多样化的设施满足学生的不同需求。

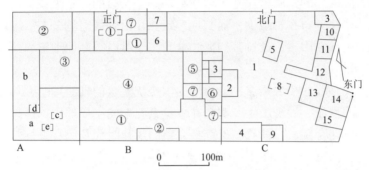

A-学生生活居住区，a-学生宿舍、b-学生食堂、c-书店、d-日用品店、e-供暖设施；B-教育研究区，
①-教育研究设施、②-附属工厂、③-植物实验室、④-运动场、⑤-图书馆、⑥-供暖设施、⑦-绿地；
C-教职工生活区，1-员工住宅、2-员工食堂、3-公共食堂、4-医院、5-礼堂、6-招待所、7-供电设施、
8-煤气设施、9-家具工厂、10-供水设施、11-公园绿地、12-附属中学、13-附属小学、14-幼儿园、15-运输队

图 6.8　西北师范大学的设施构成

资料来源：柴彦威，1991

（三）外部封闭与内部开放的轴线布局

1. 建筑的封闭性

从实体建筑角度来讲，单位大院的封闭性显而易见。构成单位大院建筑封闭性的要素包括院墙和大门两个要素。通过两者的连接，单位大院的封闭性得到最直接的视觉展现，构成了城中之城（乔永学，2004）。这两个要素中，墙是实现封闭的主要工具，这一点是对城墙、坊墙区隔作用的继承。单位大院的院墙一般都采用实体材料，如砖砌筑，高度以阻挡视线和阻止翻越为原则。更有甚者，墙顶上布有铁丝网和碎玻璃，以达到区隔墙内与墙外的空间，对外界来说构成了城市公共性空间的边界。但从内部来说，院墙则塑造了一个外界不易进入的相对空间，从而产生了相对的私密性和安全感，构成了所属单位的空间边界。

相对院墙的不可穿透性，大门则构成了有条件限制的单位大院内外连接的通道。对于单位成员来说，大门是回到单位的标识。而对非单位成员来说，则意味着进入某

一领地，需要相关的证件或证明，以验证可以进入的条件。对很多单位来说，有主门和次门之分。前者工具有公共性，与单位的主楼和核心功能相连接，面向城市的主要街道，也是单位对外的象征，不仅可以看到单位的名称，更通过建筑的规模、风格等展示单位的性质、地位等隐性要素。次门具有私有性和生活性，往往是为了方便单位职工的生活而设置的大门，其位置相对隐蔽，多与单位的生活区相连接，构成居民日常生活休闲、购物等活动的出入通道。

2. 轴线的空间结构

在单位大院内部的空间秩序上，往往存在一条明显的"中轴线"，生产区和生活区的重要建筑往往分布在轴线上，而其他建筑往往沿轴线对称分布。可以看出，轴线是单位大院的主导性因素，透过其构成和分布次序可以很好地理解单位大院的组织理念（Bray，2005）。

从单位大院轴线的构成来看，继承了中国传统院落的轴线理念，均是重要和核心建筑构成的空间秩序，展现了生产职能在单位大院中的主导地位。传统院落空间的轴线可以通过北京四合院、目前我国保存最完整的封建时代县级官署衙门——河南省内乡县衙、中国古代最高教育机构国子学与象征儒家文化的孔庙相依附修建的典型"庙学"形式的元大都孔庙和国子学的平面布局中得到展现。这几个院落中，居住、行政办公及祭拜等核心功能均位于空间的轴线上。

单位大院的布局同样展现了这样的特点。这可以从新中国成立以后北京建成的两个典型单位大院——建设部大院与京棉二厂的平面布局得到印证（图6.9）。为了便于比较，图中将各建筑的具体功能空间进行了统一的抽象化处理，分为引导空间、生产（专业）职能空间、辅助职能空间、居住空间和院落空间五种类型。其中，引导空间包括入口及主要景观通道，生产（专业）职能空间包括大厅、正堂等主要职能所在的空间，院落空间指由职能空间或居住空间所围合而形成的开敞空间（张艳等，2009）。通过比较，可以发现单位大院与中国传统院落的空间布局具有极为相似的"轴线对称"特征。当然形式上的"前后"不是绝对的位置前后，也可能是"左右""内外"。但对轴线功能的使用方式和表达的空间意义是相同的，即空间的主导功能。

从轴线所反映的空间次序来看，单位大院生产（专业）功能在表现方式上与传统空间相似，但相对更加直接和开放。从大的先后顺序来说，单位大院空间继承了传统空间的"前朝后寝"的空间格局。与中国古代的皇城和署衙一样，承载生产（专业）职能的建筑更加对外，而生活等附属性空间则相对隐蔽。从秩序角度来讲，都体现了从核心到次要，从公共到私密的空间转换过程。对单位大院来说，从入口等引导空间到主导单位大院的办公、厂房等核心比较直接。从视觉上来说，从引导空间可直接看到单位大院的核心（张艳等，2009）。这种布局方式除展现单位大院的核心职能外，更展现了管理部门的开放性，是群众路线的体现（Bray，2005）。

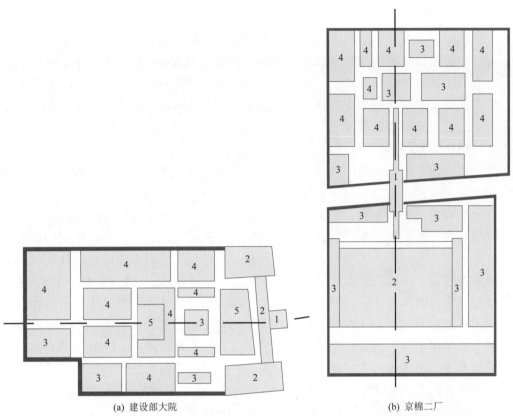

(a) 建设部大院　　　　　　　　　　　　(b) 京棉二厂

1-引导空间；2-生产（专业）职能空间；3-辅助职能空间；4-居住空间；5-院落空间

图 6.9　单位大院的空间布局

资料来源：张艳等，2009

三、城市单位空间的社会结构

在公有制与计划经济条件下，政府通过社会主义改造和计划经济的实施，逐渐消除了市场化的物质供给基础，整个社会资源都纳入政府控制的体系中，并主要通过单位向城市居民分配。这样，单位就成为我国基层社会制度化组织与社会结构的基本单元（肖作鹏等，2018）。单位及其配套的一整套社会安排制度，成为社会调控体系的基本方式。单位制度以其功能合一性、生产要素主体之间的非契约关系、资源的不可流动性等方面（路风，1989），将人们的生老病死乃至"吃喝拉撒"的全部生活内容都强制性纳入自己体系内，形成了独特的社会空间、共性化的生活方式（揭爱花，2000）以及相应的社会关系的生产与再生产（刘天宝和柴彦威，2014）。同时，个人对单位形成了组织性依附（Walder，1983），形成依赖性结构与家族化的行为准则（李猛等，1996），影响到工作方式、生活方式、社会交往方式乃至思想意识等多个方面。

（一）同质稳定的社会构成

从组织结构和社区组成上，单位是中国社会中高度整合和低度分化的基本组织形态，单位社区具有同质性和稳定性的人口特征。一方面，单位制度下，由于国家对于人口迁移的严格控制和社会流动的相对缺乏，城市中少有职业流动和工作变更，单位与职工形成了长期稳定的就业关系。基于国际比较的研究发现，中国单位职工比美国，甚至比日本的职工更缺乏流动（魏昂德，1991）。在中年职工里，天津职工毕生只在1.9个单位工作过，日本职工是4.2个，美国职工是10.3个。另一方面，单位制度决定了单位作为一种自上而下的资源分配方式为单位成员及其家属给予全方位的社会保障和福利，其中最重要的就是住房的供给。对于单位职工来讲，单位是其获取资源的正式渠道，决定了就业、迁居等一系列的生命事件的发生和变化，将其居住和迁居限制于单位社区内部。即便发生过滤，也基本局限在单位内部（塔娜和柴彦威，2010）。这样的住房模式导致了在计划经济时期中国单位社区的居民构成非常稳定。根据边燕杰等的研究，大单位一般都有自己的职工宿舍，1980年以来建造过自己的职工住宅。在天津，5000名职工以上的大单位基本上都有宿舍，而且无不建造过自己的职工住宅（边燕杰等，1996）。较低的社会流动性和单位住房建设固化了单位居民的居住模式，根据刘望保等在广州的调查，1980年调查样本的年均迁移率仅有5.92%（刘望保等，2009）。单位成员低流动性的长期积累效果就是单位社会构成的同质性。

（二）业缘主导的社会关系

单位成员以地缘、业缘为纽带，在同一个空间中形成了复杂的生活共同体。在保障生活的同时，单位制度在很大程度上将人们的社会交往限制在了单位内部。封闭化的工作和生活空间，催生出了单位人特有的封闭化的单位归属意识和亲密的社会关系（揭爱花，2000）。在这个生活共同体形成的过程中有四方面的因素相互强化。首先是就业，单位成员因为在同一所单位就业而形成同事关系；其次是居住，单位成员因为同在单位社区居住而形成邻里关系；再次是公共服务，单位成员因共同利用单位提供的公共服务设施而增强相关关系，这些公共服务包括就餐、体育文化、医疗及其他设施；最后是高度的集体性和组织化，单位组织在单位成员的日常生活中全面介入，单位日常生活的集体性和组织化不仅体现在工作中，还体现在工作之余日常生活的方方面面。由于上述四方面因素发生在同一空间中，单位中就业和居住高度重合，单位与社区相互覆盖，邻里关系和工作关系错综交织，形成了建立在业缘关系基础之上的地缘关系，极大地增强了社会关系的复杂性，导致了单位社区中独特的关系格局。另外，单位成员的稳定性意味着社会关系会随着时间的推移不断强化和加深。

同时，居民以自己为中心，构造了一个由圈子、单位、外单位构成的同心圆式的社会网络结构，并产生了相对性的行为模式（柴彦威等，2014）。单位大院构成了中国单位社会里最典型的邻里社区，也是单位人社会网络的基本空间载体。单位人的邻里关系、工作关系和社会关系相互交织的社会网络高度集中于单位社区范围。单位作为一种相对封闭的结构，日益强化着这种关系网络的延续性和再生性，于是单位本身就成为一个小社会。单位之外没有完整的社会，个人离开单位不仅寸步难行，而且还会丧失主人的身份（刘建军，2000）。当然，单位熟人社区的性质也带来了相应的单位压力，隐私的缺乏、等级结构的生活化、人情的压力等形成了无形的、保守的社会舆论和氛围。

第三节　城市单位空间的演化

城市单位空间的问题随着计划经济、城市单位制度实践的逐步深入而愈发显示其弊端。尽管在国家改革开放初期，其作用一定程度上得到了加强，但是随着市场力量的进一步发展，特别是城市社会福利制度与城市建设体制的转型，城市单位空间在城市空间重构的浪潮中逐步丧失了其对中国城市空间的主导地位，多样化的空间类型产生，促进了城市空间与社会活力的再生。在此过程中，单位空间的内部也发生了重构。单位之间因区位、类型等，形成了各自不同的具体演化类型。但总体而言，生产职能一般从第二产业向第三产业转变，单位社区向城市社区转变，单位空间的开放性有所增强，与城市空间逐步融为一体。

一、城市单位空间的演化背景

（一）市场化转型

进入改革开放新时期以来，经济建设成为国家的中心任务。面对国有经济发展不起来、单位制度失去活力的局面，在国民经济治理整顿、农村经济体制改革、亚洲四小龙发展奇迹等经验的指导下，中国逐渐拉开了改革开放的历史序幕，逐渐启动了以国有企业改革、价格流通体制改革为核心的城市经济体制改革。中国的城市发展和城市化逐步进入了以"去单位化和市场转型"为特点的新阶段，单位制度也开启了从过渡和逐步解体到快速和深度解体的变化过程（刘天宝和柴彦威，2017）。在企业层面，围绕着如何减少计划束缚、发展非公经济等目的的考虑，国有企业改革先后开展扩大生产经营自主权、发展承包、股份合作制等多种所有制经营、政企分开、减员增效、抓大放小、建立现代企业制度的改革，逐步将国有企业的社会包袱甩掉，建立了独立经济实体的现代企业；在资源分配与调控上，随着双轨制和价格改革的基本实现，住房市场货币化的推进，国有单位掌控资源分配的力量趋弱，市场、竞争与价格的力量得到重新发现与再利用，非单位体系内的财富和资源持续增进；在基层权力结构配置和社会管理体系中，城市政府成为城市经济建设与管治的权力主体，单位体制外的社会得到发育，个人对组织的依附性得以松绑。

（二）城市空间重构

1. 城市土地利用方式的变化

土地成为城市进行内部积累的主要来源。土地利用方式逐渐从无偿划拨转向有偿使用，建立起了级差地租和经济效益最大化的土地市场。土地利用模式从行政计划主导的单位制走向市场竞争型的分区制，以此吸引资本的流动和集聚，空间的使用价值和价值得到了最大程度的利用。城市空间解除了单位化和中央计划性的束缚，赋予了地方化与市场化的活力，行政力量与地方化色彩愈加浓厚，权力从中央分权至地方，从单位到城市，基层政府的积极作为一定程度上得到了认同和有效赋权，"积累体制"从单位转移到城市。在城市空间调整和土地泛资本化的过程中，地方政府重新获得发展城市经济、改善投资环境、吸引资本流入的能力和机会，并延伸为"大力推进城市化、拉开城市框架、拓展城市容量"的城市经营策略。依此思路，地方政府利用空间资源，通过土地经营、资金杠杆滚动手法推动郊区房地产开发，将开发得利用于市中心改造，投入城市基础设施建设，并进一步推动郊区居住开发。

2. 城市内部空间结构的变化

土地利用方式的变化造就了城市内部空间结构的变化，其主要任务是，如何以"非单位"的形式重新组织城市的生产和生活体系，建立起"去计划指令、去模糊产权与公有制陷阱、尊重经济效益和经济规律"的新型组织体系。去单位化的地方分权和土地财政背景下，利益导向的城市空间开发和再开发成为这一时期城市发展的主要特点、动力和手段。通过旧城拆迁、规划更新、退二进三、退城入园等政策，单位大院趋于解体，城市空间实现大规模的置换调整和分区重组；单位搬迁和郊区开发带动中国城市化迈入快速郊区化阶段，大量农地转化为建设用地，超大尺度、单一功能的用地单元成为主要的用地模式，城市规模迅速膨胀，郊区空间快速蔓延（柴彦威和塔娜，2009）。在郊区，居住的郊区化和就业的中心化产生了日趋严重的职住分离现象和空间错位，居民远距离通勤、逆向通勤和机动化通勤的比例持续上升，城市交通拥堵、污染问题日益严重；流动人口涌进城市、郊区再城市化和城中村改造，成为急需解决的城市问题。在市中心，中心区的高端化、绅士化以及国际化的消费空间、居住空间的出现，改变了传统市中心的功能格局、景观风貌、尺度肌理（吴缚龙，2008）。

3. 存量空间与增量空间的多重互动

单位制度转变导致了城市结构的流动与松散，城市空间布局不断调整（柴彦威等，2008b）。从动力来说，这些变化是去单位化与市场机制两种力量共同作用的结果，在空间方面体现为相互联系与互动的两个部分，即原有存量空间的更新和新的增量空间的扩张（刘天宝，2017）（图6.10）。一方面，单位制度下具体生产资本与居民消费统筹的模式逐步解体，生产资本逐渐向具有市场主体意义的、以盈利为目的的资本转变。"单位人"也随着就业模式的改变以及单位社会职能的消减逐步向城市居民，即"社会人"转化。单位在新的条件下，开始经历功能调整、郊区化、破产等不同的改变过程，并导致生产空间经历了不同程度的更新改造与空间残留。类似地，生活空间或局部调整，或大规模拆迁改造。前者随着住房产权私有化和居民迁居，导致了社区构成的渐变与杂化；后者大都导致了社区居民的剧烈重构。另一方面，地方政府积极招商引资、鼓励非公有制经济发展，产生了大量的生产和生活空间需求。这一需求与单位企业的搬迁改造、单位居民的住房改善及迁居共同推动了产业园区、新城等增量空间在郊区产生。

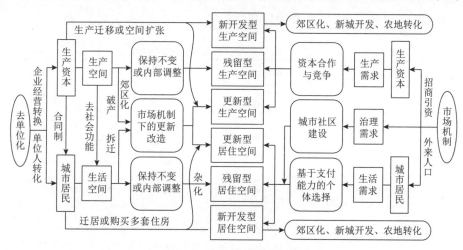

图 6.10　市场化转型期单位空间的多重变化

资料来源：刘天宝，2017

随着流动人口大量增加和单位居民的迁居与流动，多样化的社会群体开始主要以支付能力为原则，在新开发的、更新的和残留的居住空间之间进行住房选择，居住空间分异不断展开和深化。外来人口的管理需求和单位的去社会功能共同推动了城市社会基层治理转型的需求，导致了20世纪90年代开始的城市社区建设。与此同时，不同类型企业和不同社会群体的空间需求被重新组织，城市整体的职住关系被剧烈重构。

二、城市单位空间的演化路径

城市单位空间的演化路径在宏观上表现为城市空间重构，在具体的单位大院内部也发生空间重构。根据其重构程度，可以将其分为调整发展、局部残留和彻底更新等具体类型（刘天宝，2017）。

（一）调整发展的单位空间

调整发展的单位空间所经历的重构程度最低，其变化一般具有速度慢、调整单元小等特点。但同时也存在调整内容多样、空间变化复杂的特点，不仅涉及封闭性的变化，也涉及功能与结构的改变。

1. 围合度的下降与内部空间关系的调整

单位空间的封闭围合、自成体系成为其显著特征。并且，单位的类型不同其围合程度也不一样，如到访一般的工厂在传达室登记即可，而到访军事机构和政府机关需要核查介绍信和身份证（Lu，2006）。采取围合度及围墙总长与大门数量之比作为描述的指标，同仁堂单位四个阶段的演化显示，社区大门的数量由改革前的 3 个增加到现在的 9 个，围合度也由 703m 下降到现在的 204m（表 6.1）。

表 6.1　同仁堂单位大门数量和围合度的变化

发展阶段	总周长 /m	大门数 / 个	围合度 /m
初建复产阶段	2109	3	703
分区促产阶段	2095	4	524
更新集约阶段	1837	6	306
开放转产阶段	1837	9	204

资料来源：张纯和柴彦威，2009a。

大门数量的增多使门禁难以实现严格的盘查和控制，而更多地流于"监督"的形式。而围合度的下降也使高墙不再连续，单位社区的完整边界由此破碎（图 6.11）。此外，许多单位的围墙也得到了改造，通视的栅栏或绿篱等代替了厚实的砖墙，将"硬边界"变成了"软边界"，提高了边界的友好性（Lu，2006）。但值得关注的是，这些公共空间的土地使用权仍掌握在单位手中。

与前述较为普遍的围合度下降不同，单位空间内部空间关系的调整因具体单位情况而显著不同。其中，比较复杂的是内部空间的再分割。以化工大院为例，首先，由于办公单位变更为国家安全生产监督管理总局，已经与原生活区的居民在社会经济上联系很少，因此被单独分割出来，并设立 2 处门禁。与生活区相联系的通道也被封闭起来建了新楼。其次，礼堂改为国家安全生产监督管理总局的会议中心，逐渐从大院中隔离开来，仅保留了东西两个通道。最后，原来的 9 号楼与甲 9 号楼围合成的院落在西南出口设立门禁，几乎完全封闭，成为国家安全生产监督管理总局下属安全宣教中心等小单位空间。同样出现的还有老干部活动中心、某宾馆、某出版公司、某宾馆及某报社等封闭性的单位院落（肖作鹏和柴彦威，2014）。

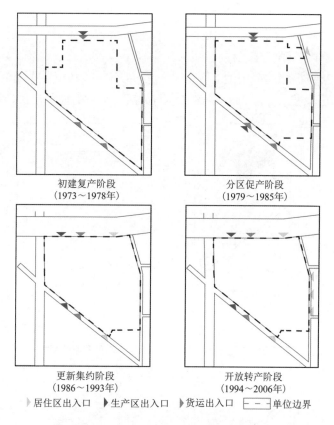

初建复产阶段
（1973～1978年）

分区促产阶段
（1979～1985年）

更新集约阶段
（1986～1993年）

开放转产阶段
（1994～2006年）

▶居住区出入口　▶生产区出入口　▶货运出入口　┌──┐单位边界

图 6.11　同仁堂单位大门数量和位置的变化

资料来源：张纯和柴彦威，2009a

2. 空间功能的调整与布局变化

随着单位生产生活功能需求的变化，单位空间功能的调整与布局的变化是很普遍的现象。这一过程中大都伴随了原有设施和空间一定程度的改造。在化工大院的功能调整中，就出现了将招待所和单身宿舍改造为酒店、将礼堂等改造为会议与办公场所、将人防设施改造为地下室出租、将边界底层空间改造为商业空间等多种情况（肖作鹏和柴彦威，2014）。这些变化反映了在市场机制下，单位服务设施的外向化及单位空间封闭性的降低（张纯等，2009）。

此外，与前述合法、正规的功能调整与改造不同，在单位空间内部还出现了很多"非正规"的建设与改造。这种改造还可能与正规的改造一同出现在同一个单位空间中。以化工大院为例，相应的改造就有为方便出行的破墙开门、增加私人功能空间的底层加建、占用过道及公共设施改造等不同的类型（肖作鹏和柴彦威，2014）。这体现了居民在去单位化时期围绕日常生活需要，对城市空间进行再利用与再建构。不过，私权的扩张在一定程度上对公共空间造成了负面影响，体现了单位作用的日渐式微。

空间功能调整必然导致功能布局的变化。以同仁堂为例，以前的公共空间主要用于各种政治集体学习，而现在主要用来提供商业服务或用作绿色空间。在此过程中，改革前集中分布的"革命大广场"转变为包围在单位社区北、西、南三侧零散分布的餐饮休闲带、公共防护绿地等用地（图6.12）。公共空间的利用形式也由偶发、大规模、自上而下号召的群众集会，转向经常性、小而灵活、自发自愿的市民活动。

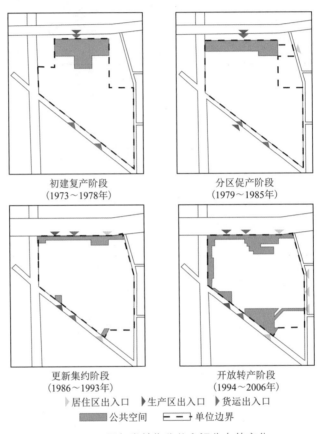

初建复产阶段
（1973~1978年）

分区促产阶段
（1979~1985年）

更新集约阶段
（1986~1993年）

开放转产阶段
（1994~2006年）

▷居住区出入口　▶生产区出入口　▷货运出入口

■公共空间　---■单位边界

图 6.12　同仁堂单位公共空间分布的变化

资料来源：张纯和柴彦威，2009a

3. 用地结构与混合度的变化

在计划经济时代建设"生产型城市"的方针下，城市中工业用地比例偏高的情况十分普遍。转型期以来，随着使用功能的调整，单位空间的土地利用结构也开始不断调整。根据同仁堂建设档案，参考《城市用地分类代码》（CJJ 46—91）对单位社区中的土地用途进行分类。对照 1976 年和 2006 年的用地结构，发现仓储（-36.67%）、行政办公（-15.28%）、工业（-7.13%）三类用地比例下降，而绿地（25.76%）、居住（18.04%）、商业服务（13.37%）和科研设计（1.91%）四类用地比例有不同程度的增加（表6.2）。土地利用结构的变化反映出单位功能的调整，即由改革前以仓储功能为主的生产型社区，转变为集加工、居住、商服、休闲等多功能于一体的综合性社区。

表 6.2　同仁堂单位 1976 年和 2006 年的土地利用结构

序号	用地性质	用地代码	1976 年		2006 年		变化 /%
			面积 /m²	比例 /%	面积 /m²	比例 /%	
1	居住	R	11032.0	5.57	39875.3	23.61	18.04
2	行政办公	C1	41968.2	21.18	9963.1	5.90	−15.28
3	商业服务	C2-5	3845.0	1.94	25860.3	15.31	13.37
4	科研设计	C6	0.0	0.00	3230.8	1.91	1.91
5	工业	M	39535.6	19.95	21657.6	12.82	−7.13
6	仓储	W	101776.0	51.36	24816.6	14.69	−36.67
7	绿地	G	0.0	0.00	43518.5	25.76	25.76
8	在建用地	O	0.0	0.00	0.0	0.00	0.00
9	总面积		198156.8	100	168922.2	100	

资料来源：张纯和柴彦威，2009a。

　　用地混合度方面，采取用地斑块种类与数量的乘积作为衡量指标。从同仁堂四个阶段的变化来看，用地斑块的种类丰富、用地混合度不断上升，由 1976 年的 30 提高到 2006 年的 128（图 6.13）。首先，大面积、单一功能的斑块逐渐碎裂与分散化。用地斑块面积的标准化数值的变化表明，大块用地逐渐被多个零碎的小块用地所取代。尤其是商业服务用地的分散化趋势十分明显，已经由一个在单位社区几何中心集中布局"福利设施区"转变为分散布局、功能分异、等级分明的服务用地体系。其次，不同类型用地斑块的组合日趋合理。例如，居住型的斑块周边开始出现越来越多的绿地或商服用地，而与制药工业相对隔离。最后，用地斑块间的界限开始模糊。在前两阶段中各类用地的分界线清晰分明，沿着几条直线而分割；而后两个阶段的用地分界基本不连续。计划经济时期用围墙来作为划分功能区界限的途径已经消失，单位空间内部的结构关系已经被打破。

（二）局部残留的单位空间

　　局部残留的单位空间在重构过程中有部分要素得以保留，但在使用功能及空间设计方面则发生了剧烈变化。在功能上主要表现为竞争能力强、污染少的第三产业对第二产业的替代。空间设计依具体项目而呈现不同的重构。京棉二厂是局部残留的典型单位空间。残留特征集中体现在生产区建筑符号的保留，单位空间的变化则包括了生产职能的搬迁与空间重构和生活空间的衰败两个基本部分。

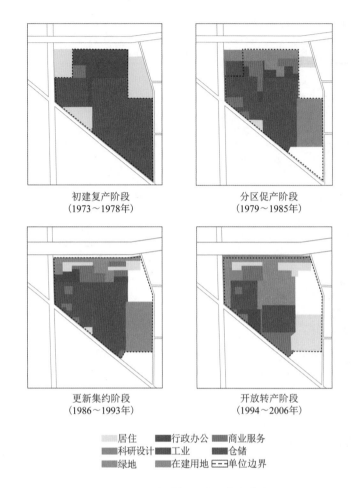

初建复产阶段
（1973～1978年）

分区促产阶段
（1979～1985年）

更新集约阶段
（1986～1993年）

开放转产阶段
（1994～2006年）

居住　　行政办公　　商业服务
科研设计　工业　　仓储
绿地　　在建用地　单位边界

图6.13　同仁堂单位用地混合度的变化

资料来源：张纯和柴彦威，2009a

　　1997年京棉一厂、二厂、三厂联合组建北京京棉纺织集团有限公司（简称京棉集团），之后企业生产搬迁至顺义区。2009年京棉集团与北京市国通资产管理有限责任公司合作成立了国棉文化创意发展公司,开始对京棉二厂的主厂房部分进行功能改造。根据京棉二厂位于北京市市传媒走廊的区位特点，生产区被确定为文化创意产业。经改造形成的莱锦创意产业园，于2011年开园。在改造过程中，厂房大面积完整而连续的锯齿屋顶作为体现特定时代工业特征的元素而得到保留，内部则改造成了相互独立的庭院式工作园区（图6.14）。原来的办公楼没有变化，但功能上已经调整为与园区运行相关的办公及餐饮场所。同时，原来沿朝阳路内向布局的托儿所、车库、浴室等经过整体改造成为对外服务的餐饮、购物等商业设施。另外，生产区南端的库房、交通等闲置土地经过京棉集团与方恒置业房地产公司合作开发成为商品房居住区（刘天宝，2017）。

　　生活区部分，20 世纪 80 年代到 21 世纪初期，分别经历了新建住宅、住宅拆除重建和拆除礼堂等公共设施重建住宅等空间过程。虽然生活区在建筑历史和形态方面的混合性不断增强，但在核心功能使用方面则随着集体性公共设施的拆除和住宅的新建变得更加单一，体现了单位生活区向城市居住区的转变。社会治理方面，八里庄东里社区于 2001 年成立。除京棉二厂生活区外，还将北部京棉二厂以外的居住区（八里庄东里北巷）纳入管理范围。在这一过程中，京棉二厂生活区在整体上随着设施老化、居民流动和单位社会职能退出等，出现了明显的衰退，设施维修不足、私搭乱建、管理失序等问题比较突出（刘天宝，2017）。

(a) 莱锦创意产业园　　　　　　　　(b) 京棉二厂生活区

图 6.14　2010 年代初京棉二厂生产区和生活区景观

资料来源：刘天宝，2017

（三）彻底更新的单位空间

　　彻底更新的单位空间在重构过程中经历了推倒重建的过程，是单位空间重构中变化最为剧烈的类型。在彻底更新的过程中，物质景观和空间功能会发生根本的、替代性变化。北京市北五环外的清河毛纺织基地就属于彻底更新的单位空间类型，其彻底更新的特征集中体现为生产区剧烈的空间重构。

　　该基地的前身——1908 年创办的溥利呢革公司是当时中国四大毛纺织厂之一。该厂几经兴衰逐渐发展成为主要由北京毛纺厂、清河毛纺厂和清河制呢厂合并构成的毛纺织基地。2007 年北京毛纺厂、清河毛纺厂和清河制呢厂等企业重组建立北京清河三羊毛纺织集团有限公司，同期生产基地转移至距北京市区 50km 的平谷马坊工业区内。该集团利用毛纺企业原生产区土地使用权转让的收入来清偿债务、归还贷款和安置分流人员。生产区主要地块经过挂牌竞价，由华润集团以 25.65 亿元竞得，开发形成了包括住房（商品房为主）、商业和教育在内的居住区。再加上之前由北京方宏置业等其他企业先后开发的规模较小的居住区，整个生产基地在职能、建筑、空间肌理和格局方面发生了彻底变化（图 6.15）。

(a) 清河毛纺厂厂房 　　　　　　　　　　　　　　(b) 华润五彩城

图 6.15　清河毛纺厂生产区的空间改造

资料来源：刘天宝，2017

第四节　城市单位空间的未来

以未来城市空间的健康、可持续为价值导向，审视转型期以来中国城市空间的演变，可以发现中国城市面临诸多挑战。其中尤为突出的是郊区大规模开发及人口大规模流动背景下的职住分离、高碳排放、社区归属感降低以及基层治理困难等。与此同时，在探索中国城市空间问题的答案过程中，诸多研究发现并总结了单位空间组织中的优点，同时主张将其应用到新时代市场经济条件下的城市空间规划组织中去，重点包括空间与设施布局的优化、居民移动活动体系的塑造以及基层治理单元的加强等方面。

一、城市可持续发展的挑战

中国城市在去单位化与市场转型等力量的驱动下，取得举世瞩目的城市化与城市建设成就的同时，也相伴出现了多种类型的问题。表现最为突出的就是城市空间与建成环境日趋高碳化、社会公正受到严重挑战以及生活质量提升不足等。而这些现象都与单位制度的变迁紧密交织（Chai，2013，2014）。

不同于西方城市郊区化带来市中心的衰败，中国城市的郊区化没有导致市中心的空心化。市中心进行着高强度的更新改造和填充式开发，建筑强度密实化，就业和公共设施集中，活动密度大。同时，一方面郊区开发支持了中心区的更新改造，另一方面由于低密度的城市蔓延，郊区各类建筑物、停车场、道路等的扩张增加了建筑碳排放与能耗需求，绿地等生态服务设施锐减，基础碳汇减少，生态基质破损剧烈。在此过程中，居民职住空间不断分离，并引发了"单摆式、大范围、大流量、多频次"的组团间通勤联系。同时，私人交通占用了大量道路资源，公共交通发展滞后，交通拥堵，公交出行时耗、距离、便捷性和舒适性大受影响（柴彦威等，2011b）。就效果而言，单位制度的解体为郊区化和高碳化提供了初速度，而郊区化和城市化为高碳化提供了加速度，造成了城市空间组织重构的高碳化。

随着单位制逐渐解体，城市社会从原来以单位为中心的均质化集聚转化成为异质化的社区分散结构，阶层分化转化为居住分化，社会极化、空间贫困和居住隔离等空间化进程加速，并在空间转移过程中带来了过程公正的问题。同时，随着城市空间组织中的土地泛利化和社会财富分配的空间不平衡，社会分异与居住分异互为推动，并演化为"空间剥夺、二次贫困、向下流动、贫困代际传递"等具体社会问题。空间不仅是社会失衡的重要方面，亦是促成社会不公正的重要动因，不平等的空间促成空间的不平等。

中国城市空间重构和城市地域非农化的进行交织在一起，表现出碎片化、运动式的特点。首先，大量撤县设市（区）、撤乡设街道等现象，导致半城市化和伪城市化，居民生活质量并未随之提升。其次，过度建设各类新城及巨型功能区，导致"居住-就业-设施"失配，急需进行再城市化。再次，城市扩张过程中形成的城中村、棚户区、城乡交错带（边缘区），正成为城市空间组织及规划调控的灰色地带。这些区域社会空间构成多样、环境复杂。最后，随着居民流动性加强，社会公共性、公共产品供给不足以及社区建设效果不理想，地方感不断下降，人与人的关系正变得日益冷漠。在上述城市化的"量"快速扩张的同时，城市化的"质"，尤其是居民生活质量提升相对明显落后和不足。

二、单位制度的争议与反思

（一）单位制度的争议

学术界对待单位制度有迥然不同的观点。一种说法认为，应坚定市场化，铲除单位化的根基，进一步扩大市场化与社会化。例如，路风（1989）就点明了单位制度的封闭性与僵化，这个观点几乎成为后来研究的共识（揭爱花，2000；田毅鹏，2004）。刘建军（2000）认为单位制度到后期对社会资源总量的边际扩张已经作用甚微，叶麒麟（2008）认为单位制度长期来看是一种自我削弱的制度。任学丽（2010）归纳了单位制度的各种意外后果。规划学者郭湛（1998）认为，单位阻碍了城市功能的正常运转，导致了城市的政治化、乡村化、家族化。范炜（2002）着重分析了单位制度造成城市用地的割据。诸如这种观点不计其数，也是非常主流的观点。

另一种说法认为，单位制度仍有积极的面向，具有保留发展的价值，并且存在着自我演进的趋势。卢汉龙（1999）认为，如果工作单位摒弃其单一依赖于行政力量的组织机制，完全可以继续保留并发挥其积极的社会功能。刘建军（2000）认为，市场化改革的最终目的并不是否定单位体制，而在于通过其内在逻辑更新，使得单位体制成为一种适合超大型社会调控的制度形式。刘平等（2008）以限制介入型国企为例，认为随着企业管理的内部化、资源的单位化以及员工依赖对象的企业化等，出现了别于以往的单位制，简称新单位制。当然，这种观点也是有争议，其主要是从组织形态学的角度讨论传统单位的变化与新型组织形态的出现，并未触及单位作为社会基层统合结构的命题。李路路等（2009）也提出，在社区建设的大潮下，需要思考"单位"、"新单位"或"（非单位）组织"的社会整合效应已经彻底消失。在规划界，何重达和吕斌（2007）分析了传统单位制度的社会功能，认为单位制度的影响仍然存在，改革应该借鉴传统的单位制度，提供各类信息，聚集各类活动，促进社区交流，规范居民行为，完善福利保障，寻找新的途径来改进中国城市社会管理。因此，从长周期的视野来看（田毅鹏和刘杰，2010），单位制度深层次的作用与内在的合理性，正在被越来越多的学者所认识、理解和运用，他们提出了多种各样的理论主张。

（二）城市单位空间新形态的建构

单位不仅在计划经济时期的城市空间秩序塑造方面发挥了积极作用，其影响也在转型期得以延续。例如，研究发现，即使经历了市场转型的复杂影响，单位空间依然对城市空间组织及交通需求保存了积极的影响。通过比较单位社区居民和非单位社区居民的通勤特征后发现，单位社区居民的出行距离更短，同时更多地使用非机动交通工具（Wang and Chai，2009），尤其是居住在转型程度低的单位社区居民，这一出行特征更加明显（柴彦威等，2017）。这些研究对理解市场转型对居民通勤与出行的复杂影响具有重要价值，此外，单位空间对重新思考合理的空间组织，从而降低交通出行和应对全球气候变化的需求具有很重要的启示意义（柴彦威和张艳，2010）。基于这样的思考，单位空间被认为不仅是解读中国城市发展、转型的视角，也是规划未来的理念来源之一（刘天宝和柴彦威，2012c）。已有研究在探讨单位空间积极影响的基础上，初步讨论了在新的社会经济条件下，规划和构建新城市空间的方向与方式（刘天宝和柴彦威，2013）。接下来，对部分具体思考进行介绍。

周建国（2009）在反思以往学术界对中国单位现象研究成果的基础上，认为后单位制时代的社区居民之间彼此陌生而又没有使之熟悉起来的纽带，而"单位制"在共同体及其精神的培育方面却有着特殊的意义，应该建构"单位－生活"融为一体的社会组织形式，把职业场所（单位）的熟悉带到生活世界中，努力发展出"共同体"精神。

于文波等（2007）对单位制作为社会组织方式与社区空间单位做了区分，认为单位制社区有利于社区精神培育，缓解城市交通拥堵，降低交通能耗和减少空气污染，有利于以土地混合使用形成社区自支持和自我管理，整合城市时间与空间，节约社会资源，提高生活质量，并认为传统的单位制社区几乎具有（且在某些方面优于）其所倡导的传统邻里社区（traditional neighborhood development，TND）和公共交通导向社区的空间模式。其观点并非主张要回归单位制，而认为对单位制社区不宜全盘否定，可以将之作为地域社区回归的社区原型之一，促进形成新的地域社区空间。

李克欣（2011）提出了"单元城市"的概念。单元城市，是顺应当地自然风土，分布式地有机组合若干"功能单元"的低碳城市新模式。其基本构成单元是，有不同使用功能的高密度、大院式城市社区——"功能单元"。多数居民可在本单元内进行工作、居住、教育、医疗、健身等要素活动，使单元城市内的交通量大幅减少，能源、水务、垃圾、信息等城市生命线基本实现属地化。"功能单元"按照"分布式"的原则建构"单元城市"，实现城市智慧化与低碳化。

三、单位空间思想的再利用

面向中国城市未来建设的挑战，不少研究基于单位视角，提出了单位空间思想再利用的命题。如果从更加宽阔的视角来看，可以进一步萃取出中国城市关键议题的出现缘由和变化轨迹。概括来说，单位制度逐渐解体，加之以快速城市化与大规模郊区化，中国城市在经济效益、社会效益与环境效益方面顾此失彼，最终影响到城市化与城市空间重构及整体质量的提升。

因此，中国城市发展的社会化转型是站在城市空间组织模式的"去单位化"的历史起点上，需要面向"低碳、公正和生活质量"的未来挑战。借此，城市空间组织和规划急需转型，急需回归和创新。城市政策的调整应以"空间、经济与社会"的平衡发展为出发点，需要政策化转型，赋予环境保护政策、社会公共政策和生活服务政策的价值内涵。通过城市空间组织和规划的多重转型，着眼于城市-社区的层次系统，突出低碳空间、社会空间和日常生活行为空间的组织重建与规划，实现城市空间结构的尺度矫正，重塑"以人为本"的城市空间。

柴彦威等（2016）参考国外城市规划应对城市蔓延与社会割裂的经验，着眼于生活质量导向、传统城市经验、日常生活视角等启示，结合学术界对单位制度合理性的客观再思考以及单位制度隐形化的事实存在，提出了新单位主义的理论概念。提出这一概念的出发点在于重新思考单位制度与中国城市问题出现演变的关系，借鉴单位制度及单位化的实践经验，指导中国城市社会化转型，具体应用在空间与设施利用、居民日常生活调整以及基层治理等方面。

（一）空间与设施视角的再利用

空间与设施视角的单位空间思想再利用包括两个重点方向，即旧单位空间的改造和新单位空间的规划（柴彦威等，2013）。旧单位改造，强调原有单位大院存量空间的弹性利用和活化再生，重新生成居民的日常活动空间。根据具体情况，可以形成不同的改造方式。其一，对已有单位大院进行更新改造，改善居住条件，维持职住平衡和社会网络，改造成退休者社区或者老年社区，保证单位大院的可持续利用，积极应对老龄化社会（柴彦威等，2011c；谷志莲和柴彦威，2012）。其二，由于旧单位社区多半集中在城市郊区内缘，利用过滤理论，将老单位社区改造成为公租房社区，提供给新就业者居住，维持职住平衡，改善单位社区残留的不利影响（张纯和柴彦威，2009b），实现不同年龄层的居住混合，增强社区的可持续性。其三，将老单位大院当作工业遗产予以综合保护与再利用，维持社区生活原貌，将工作空间合理利用（张艳和柴彦威，2013b）。

新单位空间规划重点在郊区，旨在重新思考郊区和郊区的生活空间，致力于通过节地、混合、紧凑和平衡的新生活空间单元设计。其核心目标是，在地方营造、日常企划以及参与建设的基本思想指导下，利用综合功能团地、生活社区等空间组织概念，通过产业发展、企业参与等多种途径导入在地化就业机会。同时，结合社区规划、市场机制和开发管制等手段引入商业服务业设施，培育社区运营商，建设社区地产，改造现有居住社区。另外，要引入就业、商服设施，工业区就近配建居住配套区，科教园区就近建设公寓社区，大型企业就近参与社区建设（如社会住宅、老年社区、公租房社区等），优化现有大学城等新单位地域，实现土地的相对混合利用，将"职住显著分离"适当复位，实现市场经济下的职住再接近。总体目标在于综合时间与空间、社会与行为政策，重新规划郊区生活空间，重新运营社区生活，形成"小而美，各美其美，美美与共"的新生活空间单元，再现"紧凑、平衡和多样化"的空间景观，再现"街道生活、景观丰富、亲邻睦里"的单位社区生活风貌。

（二）居民日常活动视角的再利用

单位制度的解体和市场化转型在城市空间的尺度上打乱了原来以单位为基础的生活圈体系（Liu and Chai, 2015）。居民日常活动视角的单位空间思想再利用的核心目标是重新构筑居民日常生活圈体系，其目的在于在新的社会经济条件下，通过设施供给与居民行为引导和规划，实现居民日常活动在时空体系中的有序、效率和质量。具体来说，就是以居住为核心，根据居民不同日常活动在发生频率、空间使用和出行需求等方面的特点，将购物、餐饮、医疗、就业、休闲等不同类型活动的设施需求在不同尺度的空间中予以满足。

目前，不同研究者在生活圈的具体划定方面还存在差别，但大体上可以划分为满足居民日常基本活动需求的社区生活圈、包含居民通勤及工作的通勤生活圈和满足居民偶发性活动的扩展生活圈三个层级（柴彦威和李春江，2019）。接下来，以五个圈层的日常生活圈体系划分为例来展示不同日常活动在城市时空中的精细组织。五个圈层从小到大依次是基础生活圈、社区生活圈、通勤生活圈、扩展生活圈以及都市区之间的协同生活圈（柴彦威等，2015）。

在居住小区附近及其近邻的周边，居民发生短时、规律性行为的次数最多，如散步、健身、就餐、买菜等。这一圈层的功能是满足居民的最基本需求，构成基础生活圈。由若干基础生活圈（居住组团）及其共用公共服务设施构成社区生活圈，主要包括一些大型的超市、街心公园等。在这一圈层，居民活动的时间节律性提高，以 1～3 日为活动发生的周期，进行低等级的购物、休闲等生活需求活动。通勤生活圈以居民的通勤距离为尺度，是包括居民就业地和工作地及周围设施的圈层，不同的居住区位呈现不同的空间尺度和形态。居民在这一圈层的活动以 1 日为周期，时间节律稳定。该圈层理想的是职住接近。扩展生活圈是以满足居民的偶发行为为目标，空间尺度可以扩大到整个城市范围，居民在这一圈层活动的时间节律性较弱，但由于远距离出行的活动大多发生在周末，故基本以一周为周期。该圈层可以满足居民大部分高等级休闲、购物等活动。再向外围城市空间扩展，少数居民会进行近邻城市之间的通勤、休闲等活动，形成都市区范围的协同生活圈。

（三）基层治理与居民生活视角的再利用

新中国成立以来，中国城市的基层治理经历了从单位制、街居制到社区制的演变（何海兵，2003）。在计划经济时期，单位制主导下的单位社区构成了城市基层治理的最重要单元。单位制在迅速改变居民生产和生活方面发挥了重要作用，但也导致了居民对单位的依赖和个性化选择的约束。市场化转型后，随着基层治理单元向城市社区的转移，社区被赋予了综合、复杂的功能（毛子丹和柴彦威，2013）。但整体而言，城市社区建设的效果并不够理想，作为基层最基本的治理单元还需要加强，特别是面对像2020年新冠肺炎这样极端和特殊情况的需求时（段进等，2020）。

另外，去单位化与市场转型瓦解了以单位大院为基础的日常生活单元结构体系，从原来的职住合一走向职住分离，从社会紧密联结走向分散，从平衡紧凑走向松散失衡，城市很多问题依此产生。例如，随着单位社区杂化，居民之间逐步疏离的同时，社区认同也降低了（塔娜和柴彦威，2010）。我国大城市的环境、交通、住房、贫困、社会公平和公共健康等城市问题交杂，显示了城市发展依靠的空间组织结构、土地利用等现有空间政策对生活质量改善不足，对居民时空间利用调整优化不足，对居民生活服务不足。

因此，如何通过社区建设，提升社区治理能力和社区韧性，将社区建成实现城市安全、公共健康与生活质量的基本单元是未来城市持续发展的基础工程。从这个意义上来说，社区不再是居住型的小区以及行政管理意义上的社区，而是落脚在城市治理、功能空间及居民活动上的空间单元。

在单位制模式下，社区居民主要基于业缘和地缘关系，利用单位空间内多样的生活设施，构造了稳定的生活共同体。面向未来，就是要在尊重市场机制和居民选择的基础上，重点通过治理提升和生活圈打造，再次构筑治理高效、服务满足的基层生活共同体，促进居民基本活动的在地化和地方归属感的形成。其中，治理提升方面的重点是结合社区规划师制度，通过对社区企业和居民等主体的唤醒，共同缔造自上而下与自下而上相结合的治理模式，推动社区治理的共建共享。生活圈打造方面，目标是将15min社区生活圈建设成为满足居民日常购物、教育、安全、健康等需求的功能空间。重点内容是通过资源下沉和功能修补，面向居民生活的多样需求，建造要素全面的完整社区。在社区治理和生活圈建设的标准方面，要特别注意兼容防疫、防灾，甚至战争等极端情况下的需求，使社区和15min生活圈迅速可以转换成为特殊时期社会组织与生活保障的基本单位。

第七章　中国城市的郊区空间

在城市空间重构的过程中，郊区化越来越成为中国城市空间的典型特征。郊区化是城市发展到一定阶段的产物，从 20 世纪 80 年代开始，北京、上海、广州、沈阳等大城市出现了人口、工业的外迁，中心城区人口出现绝对数量的下降，标志着我国狭义郊区化进程的开始（周一星，1992，1996）。进入 21 世纪以后，中国城市被动式的郊区化在减弱，主动式的郊区化在增加；居住郊区化和工业郊区化更加明显，商业郊区化和季节性郊区化开始出现；居民居住观念发生变化，城市社会阶层开始分化（冯健和周一星，2004；Feng et al.，2008）。

近十年，随着新型城镇化建设的提出，郊区化过程也进入了新的阶段：居住郊区化、工业郊区化、商业郊区化不均衡发展使得郊区空间形成高度异质化的社会空间（柴宏博和冯健，2014），聚集了多元化的社会群体，郊区化带来的社会问题日渐凸显，居住郊区化与就业岗位郊区化的不同步性所形成的居住 – 就业"空间错位"导致居民通勤时间与距离的显著增加（宋金平等，2007；Zhao et al.，2009；刘志林等，2009；Wang et al.，2011），郊区居民的日常生活依旧表现出强烈的城区依赖性（申悦和柴彦威，2012），而不同人口郊区化模式（主动与被动）之间居民生活质量的差异也在逐渐增大（潘海啸等，2010），生活空间的郊区化是继人口、工业、商业及办公业等郊区化浪潮之后郊区化的新趋势（张艳等，2014）。

第一节　城市郊区的形成

一、人口与居住郊区化过程

（一）人口增长从近域郊区化向多中心模式发展

20 世纪 80 年代开始，中国城市进入人口郊区化的雏形阶段（Zhou，1997）。从人口郊区化的总体特征看，中心城区人口减少而近郊区人口快速增长是主要趋势，特别是一些大城市开始出现远郊区的人口增长，逐渐形成人口多中心格局。20 世纪 80

年代开始，国内大城市如北京、上海、广州等便已经形成中心城区人口减少或增速放慢而近郊区人口快速增长的格局，呈现近域郊区化的模式（周一星，1995，2004）。例如，1982～1990 年，北京市中心城区人口减少 3.38%，上海、沈阳和大连则分别减少 2.26%、6.73% 和 11.82%。与此相对应，近郊区人口显著增长，北京、上海、沈阳和大连分别增长 40.46%、55.52%、31.04% 和 56%。从人口密度看，中心城区人口密度有所下降，郊区人口密度开始呈现上升趋势（张善余，1999）。

20 世纪 90 年代这种基本格局没有发生变化，但人口增减强度有所变动，即中心城人口减少得更快而近郊区人口增长得更快，大都市区远郊人口缓慢增长或缓慢负增长（王春兰和杨上广，2015）。以北京市为例，1990～2000 年中心城区人口减少 9.50%，明显高于 1982～1990 年减少幅度。近郊区人口增长率从 40.46% 增长到 60.15%（冯健等，2004）。同一时期，杭州中心区人口减少的强度从 11.86% 增长到 16.2%；而近郊区人口增长的幅度从 39.99% 增长到 70.1%（冯健，2002）。90 年代的人口密度变化与郊区化一致，人口密度斜率呈持续减小趋势。以上海市为例，由 1990 年的 0.333 减小到 1997 年的 0.216，人口"重心点"离开市中心的距离从 3km 外推到 4.6km（沈建法和王桂新，2000）。

近十年来，大城市人口郊区化逐步向远郊方向推进，城郊之间人口密度差异有所减小，远郊局部人口集聚中心开始形成（周春山和边艳，2014；王春兰和杨上广，2015）。以上海市为例，2000～2010 年，中心城区人口密度急剧下降，中心城边缘区人口密度变动不大，但是郊区人口密度整体提高，尤其是一些郊区的老城区人口密度快速上升，出现人口密集区。

（二）人口迁居由被动搬迁向主动迁居转变

20 世纪 80～90 年代，郊区化人口以一般工薪阶层和低收入者为主体，由于中心城工业的外迁和住房拆迁而搬迁到近郊区域，属于政府主导的被动郊区化过程。所谓被动郊区化，主要指居民主观上不愿意居住在郊区，但由于受各种客观原因的影响而不得不远离城市中心，最终进入城市郊区居住的过程。在郊区化初期往往是由于政府力量的主导，特别是由于城市土地功能置换带来大规模的拆迁。对于城市的低收入阶层和贫困人口而言，城市更新、危旧房改造等原因迫使其被动搬迁到郊区安置小区或者经济适用房。以北京市为例，北京市列入 1990～1995 年第一批危旧房改造计划的地区中位于中心城区的占 22 片，政府采取优惠政策，鼓励危旧房改造地区的居民向郊外新开发区疏散，导致大量中低收入居民外迁（周一星，1996）。

20 世纪 90 年代末之后，伴随着交通网的发展和私人交通工具的增长，市场主导下的主动搬迁开始成为郊区化的主要趋势。区别于前一阶段，主动式郊区化的增长、第二住宅和季节性郊区化的出现开始成为郊区化发展的新趋势。一方面，郊区化的理念开始深入人心，郊区的别墅和联排别墅建设兴起，高收入阶层也开始出现居住郊区化的现象。同时，郊区化的概念开始成为房地产开发商的宣传口号，居民的住房消费观念也开始调整和变化。在此背景下，郊区住宅建设逐渐加速发展。一方面，别墅、联排别墅等大量建设，满足了富裕阶层对住宅环境和质量的需求。以北京为例，1999～2003年建设的别墅，其98%分布在郊区，其中66%分布在远郊区。另一方面，随着部分居民经济条件的改善，第二住宅和季节性郊区化开始出现（冯健和周一星，2004；冯健等，2004）。

二、工业郊区化过程

在土地制度改革的推动下，中心与郊区的土地价值与土地价格差开始出现，以污染企业治理和土地功能置换为主要动力，工业郊区化几乎与人口郊区化同时出现（周一星，1996）。以北京市为例，1987年开始实行的城市土地有偿使用制度有力地推动了企业的用地置换与区位调整（柴彦威和张纯，2009a，2009b）。1987年以后，北京市区工业产值和工业用地的比重呈下降趋势，市区工业扩张速度趋缓。20世纪90年代开始，发展高新技术和技术密集型产业，限制和淘汰耗能高、污染环境、成本高、附加值低、工艺设备落后的工业成为北京工业发展和布局调整的指导方向。污染企业外迁仍是工业郊区化的主要内容，尤其是申奥成功之后，北京加快了污染企业外迁的力度，首钢集团等大型企业逐步迁出（柴彦威和塔娜，2009）。

随着经济的发展和企业规模的扩大，在企业自身发展需要的推动下，自主外迁也成为工业郊区化的一个特征。一方面，郊区较大的用地空间和相对宽松的用地条件，满足了一部分企业自身发展对用地空间的需求；另一方面，在搬迁过程中，企业因获得再投入的资金而调整产品结构或更新技术、设备，实现了对自身的改造（冯健和周一星，2004）。以北京市为例，约80%的制造业企业集中在距市中心45 km半径范围内，而市中心15km半径范围内的制造业企业所占比重持续下降；1996～2010年，北京市制造业企业呈现明显的郊区化布局特征（张晓平和孙磊，2012）。从北京市制造业空间结构及其演变的宏观趋势来看，多方向疏散的郊区化模式是北京市制造业布局调整的合理选择（曹广忠和刘涛，2007）。

三、商业郊区化过程

（一）郊区化推进商业空间结构日益扁平化

20世纪90年代以后，商业郊区化也开始逐步出现，郊区商业中心开始逐渐兴起，并形成"反磁力中心"吸引内城居民逆向购物（仵宗卿等，2001）。在零售业全球化与商业业态多元化的背景下，我国的城市商业中心等级体系已经由计划经济条件下单核心、金字塔式的结构逐渐向多核心、扁平化的方向发展（柴彦威等，2008a，2008b）。以北京市为例，郊区化推动城市商业等级体系日益完整并向扁平化发展，除了原有的三个高级商业中心外，朝外大街、木樨园、翠微、马甸、双榆树等商业中心业已形成集多种功能于一体的市级商业中心；区级商业中心功能提升，社区级商业中心发展迅速，以沿交通线分布的超市为主要形式，特色商业街和专业市场形成（张文忠等，2003）。在郊区化背景下，由于地价因素，郊区商业以大中型商场和超级购物中心的形式出现并逐年增长，不断伴随着人口的郊区化向西、向北发展；而专业性和批发类市场（如家具城等）主要集中在四环路周边交通便利的区域；大型超市分布在交通干道、快速交通线出口、大型居住区周边等方便人们使用（周尚意等，2003）。

（二）商业郊区化过程依旧滞后

虽然近年来商业郊区化取得了较大的成果，但是商业郊区化进程依旧相对滞后。以北京市为例，1984～1990年，中心区零售额所占比重平均超过45%，主导地位依然明显，属近郊区的低速扩散阶段；1990～2000年，近郊区商业出现快速增长，中心区所占比重下降了一半，属近郊区的快速扩散阶段；2000～2010年，中心区所占比重缓慢下降，远郊区的城市新区开始快速增长，显示出远郊区扩散的势头。由于中心区并未出现零售额的绝对下降，因此北京市还未进入商业郊区化的典型阶段（于伟等，2012）。从空间扩展上看，1998～2010年，北京商业土地出让地块距城中心平均距离由7.8km扩展到15.2km，外向扩展特征显著，其空间分布主要呈沿交通廊道在城郊居住区和远郊新城逐步形成集中分布区（于伟等，2012）。

尽管我国的一些大城市已经出现了商业郊区化的现象，但商业郊区化大大迟滞于人口郊区化进程，给人们的日常生活、工作带来很多不便（王琳等，2004）。我国商业郊区化发展迟缓的原因在于商业功能的属性决定了其很少会从商业中心地区撤出，较强的商业付租能力赋予了中心商业区很强的生命力，城市更新和老城区的再开发则阻止了商业郊区化的势头，而我国城市小汽车消费的比例不高也阻止了商业郊区化的发展（罗彦和周春山，2004）。

四、办公业郊区化过程

随着新的通信技术的发展，一些办公活动可以脱离面对面交流，郊区办公产业逐渐发展起来并集聚增长（王丹丹和张景秋，2015）。我国的办公业郊区化从2000年以后开始出现，目前在北京、上海、广州等大城市均出现了办公业郊区化的趋势。通过对北京城市写字楼的空间统计发现，北京市办公业的空间格局演变及其模式经历了分散—集中—分散的过程；并且，2005年前后，写字楼沿交通干线向外扩散，交通的轴向带动作用明显，亚运村、上地及远郊亦庄开发区等区域的办公业有所发展（张景秋等，2010a，2010b）。对上海写字楼分布情况的分析发现，上海办公楼选址已开始发生选择性的外迁，市中心核心区无办公用地出让而郊区的写字楼供应面积逐年上升（张翔，2008）。而上海市软件产业的空间分布也表明，软件企业办公空间有向郊区偏移的趋势，以嵌入式软件企业为主的中小企业甚至出现向远郊区扩散的特征（毕秀晶等，2011）。另外，借助分形理论和集中指数测算发现，广州市办公空间逐渐从传统中心区向外围转移，办公空间布局趋于均衡，集中程度呈下降趋势，办公空间逐渐分散化，外围区域开始出现新型办公集聚区（温锋华和许学强，2010）。

总体上看，中国城市经过多功能的郊区化进程以后，逐步形成了日益多样化的郊区空间。人口郊区化以内城改造和低收入居民的被动迁居为起点，逐步经历了保障房建设与中低收入外迁、商品房建设与主动迁居、二套房购买与季节性郊区化等，逐步形成了郊区异质化的居住空间格局（冯健和周一星，2004）。工业郊区化从 20 世纪 90 年代开始，通过污染企业搬迁、企业自身增长需求动力和城市规划引导等多重动力，城市重工业企业逐步从城市中心区向郊区、都市区甚至城市群尺度搬迁，但是搬迁过程中出现的二次搬迁、配套不足和单位职工长距离通勤等问题极为突出（冯健和周一星，2004）。而商业郊区化在经历了十多年的发展后，虽然出现了以大型超市、商业综合体为核心的郊区商业中心（冯健等，2004），为郊区居民提供了生活的便利，但是总体而言，大城市的市中心和副中心商业设施使用并未出现绝对数量的减少，反而呈现增强的趋势（王德等，2011b）。办公业郊区化开始得更晚，总体上表现为分散—集中—再分散的模式，逐步向郊区地域的就业副中心和开发区集聚（张景秋等，2010a，2010b；毕秀晶等，2011）。

第二节　城市郊区空间的结构与模式

中国郊区空间的复杂性正日益凸显。在制度、经济、社会、规划等因素的综合作用下，不断加剧的郊区化进程使郊区发展成为高度异质化的空间，商品房社区、杂化的单位社区、拆迁安置社区、城中村、开发区等多样化的空间形式在郊区空间中相互邻近而又彼此隔离；各个时期基于改善住房主动迁移、随就业迁移、保障性住房安置、拆迁安置等不同原因而从市区或外地迁移至郊区的居民，以及就地非农化居民、非本地居住的郊区就业者、外来务工人员等多元化的社会群体在郊区空间中不断集聚（魏立华和闫小培，2006；张雪和柴彦威，2019）。

一、城市郊区物质空间特征

（一）功能分区与萌发中的多中心结构

郊区空间的总体特征表现为城市功能分区与多核心集聚，从而逐渐推动城市空间结构由单中心向多中心发展。在我国目前快速郊区化的过程中，特别在发达省份和城市，城市高速公路、轨道交通等快速发展，私家车比例显著提升，个体移动能力不断增强；通信与信息网络技术发展，交流成本日益减低，地理空间阻力减少；城市产业结构升级促进生产者服务业向中心城区集聚，城市中心逐渐成为城市总部集聚中心和管理服务中心，第二产业则向郊区转移，形成工业郊区化；土地制度改革促使城市地租效应充分发挥，土地利用结构逐渐优化、高效化；住房制度改革促进更多居民向城市郊区搬迁，郊区住宅发展空前。这些因素都推动了城市郊区空间增长，带来了城市郊区空间结构的发展。

首先，郊区化过程中产业、居住、交通、商业等城市基本功能分区发生变化，致使城市功能空间重新配置，郊区土地利用格局与功能分区重新整合。从土地利用上看，随着郊区化的发展，郊区土地利用格局中建设用地大面积增加，而耕地、水域、未利用地面积逐年减少，特别是耕地、水域转化为建设用地明显。以北京市为例，郊区土地利用变化与城市功能分区密不可分，作为城市功能拓展区的朝阳区土地利用变化最为明显，而作为生态涵养区的密云区变化最小（万利等，2015）。从功能布局来看，不同城市功能的郊区化过程存在一定的时间差。以上海为例，住宅布局从近郊开始向远郊扩散，工业类设施远郊增长快而近郊增长微弱（中心城区出现负增长），商业办公设施近郊发展快而远郊次之，文教类设施远郊增长明显而近郊次之，总体上呈现出城市功能的圈层结构，核心区为商务办公中心、中心区，近郊区以居住和商办功能为主，而远郊区以居住和工业类功能为主（王郁，2007）。

其次，城市原有的"核心-外围"单中心格局逐渐扩散，特别是由于郊区新城产业、人口集聚以及配套设施的逐步完善，城市区域走向多中心空间结构。以上海市为例，上海城市空间格局目前已形成中心城区、通勤区和外围郊区三个层级，从总体看其未来发展目标是实现"多圈、多级、多核、多轴"的城市空间结构特征，其中多核指的就是由中心城区内部的CBD、副中心、区中心等构成的节点体系（宁越敏，2006）。可见，上海市随着郊区化的深入，已经形成了广泛分布于远郊和近郊的就业次中心，如嘉定安亭镇、新成路街道一带、闵行莘庄镇、颛桥镇一带以及浦东新区潍坊新村街道等；而人口次中心表现出从中心城区向近郊再向远郊外移的趋势（孙斌栋和魏旭红，2014）。

最后，新城成为郊区功能集聚的主体，为疏解中心城区过度集聚的人口与产业提供了空间保障。以上海松江新城为例，通过轨道交通建设与中心城区连接，形成反磁力中心吸引人口；通过新型工业化战略，逐渐实现了以第二产业为主、第三产业为辅的产业空间格局，承接中心城区职能转移；并通过大学城项目建设引入7所高校进驻；在不到20年间实现跨越式发展（林涛，2010）。

（二）制造业以开发区为载体集聚发展

随着城市产业结构调整，制造业占城市产业结构比重逐渐降低，制造业的产业空间布局和城市功能均会出现较大的调整和变化，尤其表现为制造业向郊区空间、特别是远郊区的蔓延。就中国城市而言，制造业仍是城市空间组织和区域格局演变的主要驱动力量，制造业的空间扩散推动城市空间结构呈现新的格局，从单中心向多中心发展（冯健，2002；樊杰等，2009）。

制造业空间格局呈现从城市中心向郊区扩散态势，并形成若干集聚核心。例如，北京市制造业空间布局呈现出沿主要交通干线的圈层扩展模式，并表现出多核心空间集聚（张晓平和孙磊，2012；李秀伟和路林，2011）。总体上，郊区制造业的空间格局呈现出三个主要阶段（图7.1）：1978年前为极核式发展，大部分企业位于城市中心，并在近郊区有少量单位分布；1978年后，随着城市退二进三、旧城改造的加速，制造业开始呈现圈层式扩展，向郊区搬迁。例如，北京形成了酒仙桥、清河、东郊等制造业高密度区；进入2000年后，随着城市交通发展和开发区建设的加速，制造业越来越表现为点轴式格局，大多数制造业企业沿高速公路分布。

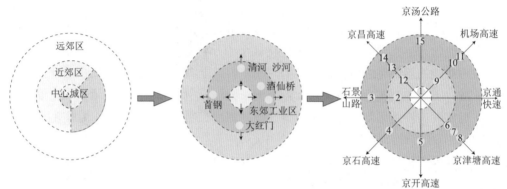

1-中关村科技园区德胜科技园；2-中关村科技园区石景山科技园；3-北京石龙经济开发区；4-北京良乡经济开发区
5-北京大兴经济开发区；6-中关村科技园区亦庄科技园；7-北京经济技术开发区；8-北京通州经济开发区
9-中关村科技园区电子城科技园；10-北京天竺出口加工区、北京天竺空港经济开发区；11-北京雁栖经济开发区
12-中关村科技园区海淀园；13-北京八达岭经济开发区；14-中关村科技园区昌平园；15-北京昌平小汤山工业园区

制造业高密度区　　制造业中密度区　　制造业低密度区　　无制造业区　　●制造业集聚区

图7.1　北京市制造业空间结构模式演变

资料来源：高菠阳等，2010

　　不同产业之间开始表现出空间分化模式，与城市功能、交通轴线的耦合关系逐渐加强，呈现了"大分散、小集中"的分布特征（高菠阳等，2010）。以北京市为例，建筑材料、黑色金属冶炼加工等资源密集型传统产业向远郊区集聚，设备制造及电气机械等资金密集型产业逐步向近郊区集聚，而高新技术产业主要分布在市中心及其外缘（张晓平和孙磊，2012）。上海市制造业向郊区的扩展逐渐形成了宝山钢铁城、嘉定汽车城、浦东张江高科技区、金山石化基地、临港新城装备制造业基地五大基地以及九大市级工业园区（徐宏亮，2009）。另外，交通轴线的分布也是制造业分布的重要因素。以南京为例，制造业的空间分布表现为围绕城市核心区的环状和南北轴向分布格局，这与南京市高速公路网的布局密不可分（吕卫国和陈雯，2009）。

　　开发区成为制造业的主要载体。在城区限制工业建设、外来投资增长和工业郊区化的大趋势下，20世纪90年代以来，开发区在产业建设中开始承担越来越重要的角色（柴彦威等，2008c）。以北京市为例，从1992年成立第一个开发区——中关村科技园区开始，经过开发区建设繁荣期和调整期，北京市的大多数产业园区已经进入开发的成熟期（李国平，2008）。这些产业园区多分布在顺义、通州、昌平等区，使得近郊成为北京工业发展的增长极，形成了多核点轴型的工业空间结构。根据 2004 年经济普查数据，各类开发区已吸纳了将近一半的大中型制造业企业及其从业人员，创造工业产值占全市总产值的64.66%（高菠阳等，2010）。上海市高新技术企业在郊区的分布主要聚集于开发区内（邱报等，2001）。南京市的九个主要开发区是南京制造业空间扩展轴上的集聚点和中心，也逐渐成为南京城市发展的副中心，如江宁东山、浦口新市区（吕卫国和陈雯，2009）。

随着开发区建设的日益繁荣，一些问题也逐渐暴露出来，如配套设施缺乏、夜间活动不足、长距离通勤等问题开始影响产业发展。在这样的背景下，综合新城成为城市产业郊区化的新方向，将职住问题协同解决成为郊区化发展的重要目标。以上海为例，从"十五"计划开始，《上海市城市总体规划（1999～2020年）》概要中就指出：要将上海市建设成为"中心城—新城（含县城）—中心镇—集镇"的新格局，重点推进市郊试点城镇的规划建设。"十二五"时期要将重心向郊区转移，力争到2015年，郊区新城基本形成产城融合的发展态势和城乡一体化基础设施体系。

（三）社区类型多样化与空间分异

居住郊区化以住宅小区建设为空间载体，呈快速上升趋势。与西方城市的自发性郊区化不同，中国城市的居住郊区化在很大程度上是政府政策影响的结果，突出表现在城市规划和旧城改造方面。例如，旧城改造、回迁安置使得郊区人口迅速地增加，形成了郊区新居住地带，新兴的"社区""居住小区"如雨后春笋般不断兴起（柴彦威等，2002）。与城市中心区传统社区和单位社区的功能混合、职住接近、小尺度社区不同，城市郊区的住宅建设以大型住宅社区为主，功能相对单一，职住分离严重，类型多样，对郊区社会空间带来了较大的影响。

总体而言，在市场化机制的作用下，不同类型的住房在建设成本、使用群体等经济因素的作用下表现为空间分异，包括以下 5 种主要类型：①商品房小区。从建设模式上来讲，以开发商来建设，通过市场招拍挂得到土地，其建设形式、建筑质量、分配机制和管理模式完全是新的。居住区包括少量商业和配套设施，不具有就业功能，没有单位福利性质。商品房小区主要集中分布在城市近郊区及内城外缘，形成住宅区向外蔓延之势，或者"见缝插针"分布在内城区空地及旧城改造后的地方。以北京为例，从 2003 年居住区竣工面积来看，普通商品房主要在四环至六环，其中五环和六环之间占28.5%，四环和五环之间占 21.9%，六环外占 15.5%（马清裕和张文尝，2006）。②保障房小区。其建设主要由政府主导，包括回迁、"安居工程"、经济适用房、廉租房、公租房等。其中，政府批地，并委托企业进行建设，然后以较低的价格分配给旧城改造中的一些居民，以及安置部分本地居民、本地农民的住房。这种小区叫作回迁安置小区。而经济适用房主要供应旧城拆迁户及低收入阶层，主要分布在房价较低而交通尚算方便的近郊外缘或者远郊区。以北京市为例，经济适用房主要在五环和六环之间，其比重达 79.2%，其次是四环和五环之间，占 11.2%（马清裕和张文尝，2006）。经济适用房的一般特点是体量巨大、功能单一、职住严重错位,典型代表如北京的回龙观和天通苑。回龙观居住区面积为 13km²,包括 40 余个社区,规划人口达 30 万(李强和李晓林,2007)。③以单位为主的新居住区建设。主要通过两种形式进行建设。一种是单位自建,另一种是单位和开发商合建。单位自建之后分给单位内部的职工,单位有班车接送,居民还是去单位使用原来单位的设施和服务(Wang et al.,2011)。后来在单位的影响下形成的这类居住区成为所谓的新单位社区(侯懿珊和柴彦威,2014;柴彦威等,2016)。④别墅、联排等高档住宅。这类社区主要面向富裕阶层,往往具有封闭特征和俱乐部特点的半公共领域,分布在居住环境好、人口密度低的区域,如北京西山、小汤山等(马清裕和张文尝,2006)。居民大都以私家车出行,生活便利。但是这类社区建设中往往将大量的自然环境改造为半公共空间,被少量人所优先享用,会导致在不同群体之间形成自然环境资源分配的失衡(杨卡和张小林,2008)。⑤未经规划引导产生的、自发性成的、空间布局上无序的定居点,如分布于历史上城乡交界地带的“城中村”,以外来人口居住为主。

住宅分异体现了住房可支付性在不同人群中的差异,直接导致了不同社会阶层的居住隔离,集中表现在以下两个方面。

首先,住房建设的空间分化逐渐显现,住房不平等逐渐形成和发展(Huang and Jiang,2009)。以北京为例,住宅的空间扩展不仅表现为沿公路环线同心圆向外扩展和沿快速交通干线扇面发展,还呈现不同类型住宅的区域差异(张文忠等,2003)。高档公寓住主要分布在近郊区,别墅分布在五环以外的区位环境优美的区域,经适房多集中在近郊相对位置比较差、土地价格比较低廉的地区,居住隔离已经有所显露(王宏伟,2003)。

其次,居住环境和配套设施的差异日益显著。高档居住区生活服务配套齐全、环境优美,但具有门禁性质,而低端居住区往往配套不全、环境较差,非正规居住区往往基础设施不完善,还具有“脏、乱、差”的特点(Deng and Huang,2004)。以广州为例,满意度与居民的收入和居住社区环境紧密相关,低收入群体的满意度最低(丛艳国,2013)。另外,居住空间分异和交通出行方式的差异进一步表现为可达性与空间活动范围的社会分异,从而形成社会公共服务供给的社会群体分异。例如,回龙观和天通苑两大居住区居民的工作地点主要还是集中分布在五环路以内的高科技园区和城市内部的商业发达区,其中大约 70% 分布在四环路以内,通勤距离集中分布在 10 ~ 20km,单程通勤时间平均 54min(李强和李晓林,2007)。

二、城市郊区社会空间特征

(一)居住社会空间破碎化

产业和住宅社区的空间分异在社会空间层面体现为人口分布格局的空间分异。随着郊区空间的日益发展,城市人口在郊区不同类型社区集聚,逐渐形成了多点集聚型的人口分布格局,并表现出不同群体之间的居住空间分异。

　　首先，不同收入、职业群体的社会分异逐渐明显。以广州为例，不同职业类型从业人员的空间分布差异明显，1990年工业从业者的分布与计划经济时期的工业区、厂矿区的空间分布一致，表现为行业的分异。但随着旧城改造、郊区化以及新建工业园区的作用，工业从业者从内城区逐渐向外围交通便捷的近郊区转移，低端服务业高度聚居于内城区，高端服务业从业者和政府机关职员的分布与高校、科研机构和政府机关的分布一致（魏立华等，2007）。李志刚等（2007）对上海的研究也发现类似特征，农业就业居民集中在近郊区和远郊区，呈簇状分布；工业和建筑业的从业人口反映了郊区分散化的趋势；而第三产业从业居民明显集中在城市中心区。

　　其次，郊区社会空间的破碎化特征日益明显。例如，上海新城人口在来源地、户籍、职业等方面呈现混合特性（查波等，2012）。南京新城内形成高档别墅、普通住宅、经济适用房、农民复建住区等多种类型居住景观的集聚（杨卡和张小林，2008）。广州郊区表现为大型国企、外资公司、封闭社区、原住村落、外来移民聚落、大型中产阶层居住区等多种社会空间的集合，并呈现隔离破碎化特征（魏立华和闫小培，2006）。北京近郊区的大型居住组团内形成单位性住房、市场性住房、安置性住房、保障性住房等不同类型住房混合共存的格局（张雪和柴彦威，2019）。

（二）外来人口的社会隔离

　　外来人口主要集中在郊区，特别是农民工群体主要集中在城中村以及开发区的配套宿舍等区域，形成社会隔离。以北京市为例，外来人口主要分布在近郊区，如朝阳、海淀和丰台三个区超过了总量的一半（Wu，2002；包书月和张宝秀，2012）。广州的城中村凭借优越的区位和低廉的租金，对外来人口有很强的吸引力，成为外来人口增长的区域，形成了具有二元性质的城市社会空间（Gu et al.，2006；袁媛等，2007）。上海的外来人口和户籍人口的增长呈现出差异化特征，户籍人口增长的地带主要集中在外环线附近，而外来人口的增长呈面状增长态势，增长速度最快的地区均位于远郊区（王春兰和杨上广，2015）。

　　由于低收入和户籍制度等限制，城中村成为外来人口、特别是农民工群体住房的首要选择（张文忠等，2003）。规模较大的有"浙江村""新疆村""安徽村""河南村""福建村"等，形成了独具特色的新居住空间（李志刚和顾朝林，2011）。这类空间的居民大部分由各地农村流动人口组成，年龄集中在20～30岁，在身份、职业构成、生活习惯、文化水平、生活质量及心理状态方面都明显不同于城市主流社会区的居民。城中村的居民以非正规就业和低收入的群体为主，体现了中国大城市社会分层的特征（汪明峰等，2012）。

三、城市郊区行为空间特征

　　在蓬勃发展、不断吸纳各类人口的同时，中国城市郊区以破碎化的空间特征、日益增加的汽车拥有量和职住分离等特征，深刻影响着郊区居民对于城市空间的利用，由此造成的长距离通勤、交通拥堵、职住空间错位、生活质量下降等城市问题引起了广泛的关注。一方面，郊区居住区远离内城，且土地利用较粗放，导致通勤距离超长、自家周边生活设施配套欠完善。另一方面，新迁入郊区的居民必须面对郊区就业岗位少、人群属性与内城区有所不同的局面，居民往往被迫塑造并适应一种全新的生活方式。不少居民在郊区仅"安居"而不"乐业"，甚至过着两极化的"城、郊生活"（柴彦威等，2014）。

（一）向心指向的活动空间格局

针对北京市亦庄和天通苑的研究发现，当人口、工业、商业 / 办公业等在郊区空间中不断集聚并形成新的郊区中心时，必然会使得一部分郊区居民的活动空间趋向于本地化；但与此同时，郊区居民整日活动空间的分析结果显示，工作日的活动空间仍然具有较强的中心城区指向性，整日活动空间在中心城区内的比例在 0 ~ 60% 的范围内呈正态分布，而且这一比例受到个人社会经济因素和就业地空间因素的显著影响（申悦和柴彦威，2013）。

相对于旧城和单位社区居民来说，郊区居民的日常活动空间范围更大，工作日的活动空间具有非常鲜明的通勤主导性，家附近的非工作活动相对较少。以工作日为例，北京市典型商品房和政策性住房居民的工作通勤的平均距离分别达到了 6.3km 和 8.1km，明显高于单位社区和旧城居住区的居民活动空间范围。在不同住房类型之间，政策性住房居民活动空间的扩展性更强，这与该群体较高的职住分离程度有直接的关系（柴彦威等，2011b）。虽然在距家 2km 内的工作密度达最高峰，但在距家 5km、10 ~ 15km 甚至 20km 处都分布了工作活动高密度区（柴彦威等，2014）。

（二）机动化、长距离的通勤模式

转型期以来，随着单位制解体以及郊区化的发展，以单位大院为基础的职住合一的空间模式日益消解，职住分离和空间错位开始出现（Wang et al.，2011）。居住与就业的空间错位不仅表现在郊区与内城区之间，还表现在内城区内部和郊区开发区内部（冯健和项怡之，2013）。但整体而言，问题最突出的表现在某些重点建设的大型居住区（孟斌，2009；刘志林和王茂军，2011）。这主要是由于人口郊区化与产业郊区化的不同步性，搬到郊区的居民依旧需要到中心城区完成就业活动。

在北京、上海、济南进行的郊区社区研究中，学者发现郊区大型社区的平均通勤时间约 45min，特别是以政策性住房社区为主的巨型社区由于"卧城"的性质，职住分离更加严重（表 7.1）。以北京的天通苑和回龙观为例，居民搬迁后通勤距离从 7.51km 增至 11.95km（李强和李晓林，2007）。从构建绿色低碳可持续城市的角度来看，需要对中国城市郊区化模式以及郊区空间组织方式进行反思（柴彦威和张艳，2010）。

表 7.1　郊区居民通勤距离的对比

资料来源	城市	年份	空间类型	通勤时间 /min	通勤距离 /km
刘志林等，2009	北京	2007	郊区商品房	40.4	7.2
			郊区政策住房	44.2	10.1
柴彦威和张纯，2009a，2009b	北京	2007	郊区商品房	41.8	7.2
			郊区政策住房	47.8	10.1
龙瀛等，2012	北京	2008	郊区大型社区	45.1	10
			郊区大型社区	39.4	7
			郊区大型社区	36.2	6.1
申悦和柴彦威，2012	北京	2010	郊区大型社区	62.1	14.94
			郊区产业新城		16.08
孟斌等，2012	北京	2005/2010	郊区大型社区	52.1/45.7	
			郊区大型社区	36.4/41.2	
王宏等，2013	济南		郊区大型社区	30	8.7
			郊区大型社区	31	12.6
			郊区大型社区	34	11
干迪，2013	上海	2011	郊区大型社区	41	11
陈赵炅等，2014	上海		郊区大型社区	58.2	

（三）圈层化的日常生活空间

郊区居民的日常生活空间呈现出明显的圈层特征，从不同活动的距离来看，工作活动、购物活动和休闲活动距离依次递减。不论是工作日还是休息日，活动都表现为以近家或围绕工作地的分布，更多的是散布在家、工作地以外的"第三场所"（柴彦威等，2014）。因此购物、休闲、上班在自家、工作地两极容易发生重叠，形成双中心的"眼镜形"行为空间。郊区居民的活动空间既涉及近家圈也涉及远距离的圈域，而且在远距离发生的活动更加丰富。可见，郊区居民的日常生活设施不能在近邻圈得到完全的满足，因此必须将一日分裂成两次出行，在不同的圈域得到满足。凡是没有余地进行第二次活动的，则在前一个活动之后直接回家。因此，郊区居民的活动空间伸缩范围的变异程度较大，现有的基于行政区划的设施配套规划并不能很好地满足这一需求。

通过对北京郊区女性居民生活空间的研究发现，大部分郊区女性居民选择在郊区附近就业，工作日的购物、休闲活动也主要在郊区空间发生；在休息日，购物活动向城区空间内延伸，休闲活动的空间范围虽然相比于工作日有所扩大，但仍主要在郊区空间内发生。这说明对于北京郊区的女性居民来说，目前郊区空间的发展已经逐步从居住空间向生活空间转变，但是仍然需要进一步增加郊区女性的就业岗位，完善购物设施与服务，继续加强郊区居住区周边休闲设施的配套（柴彦威和张雪，2014）。

（四）异质化的生活模式

在三十多年的转型过程中，中国城市郊区在土地利用上表现出破碎化的特征，在人口组成上表现出总体均值单体异质的特征，而在生活模式上表现出复杂性与多样性的特征。例如，北京市的郊区存在多种生活模式类型（塔娜等，2015）："空间排斥"生活方式代表了"活动分布集中、出行不活跃"的类型，该类居民在移动性和可达性上均处于劣势，日常活动仅限于郊区内部而且少有工作以外的家外活动，占总体样本的12.9%，是郊区居民中最容易被边缘化的群体。"本地化"生活方式代表了"活动分布集中、出行活跃"的类型，表示居民日常生活的本地化程度高，不仅实现了职住平衡，而且在家附近有相对完整的日常生活圈已完成各类非工作活动，占总体样本的12.2%，表示居民较好地融入郊区生活，实现了日常生活的郊区化，是郊区化的理想模式。"郊区性"生活方式代表了郊区居民的大多数，以机动化方式出行，工作与非工作活动距家平均距离都在7km左右，在本地或者是邻近的城市中心或者郊区地域就业（如中关村），职住距离适中，但是依旧表现出居住郊区化先于日常生活郊区化的现状，日出行距离为21.37km。"两极化"生活方式代表了"活动分散、出行不活跃"的类型，以长距离通勤居民为主，日常非工作活动少，时空制约限制了他们参与日常社会生活的能力，属于为生活奔波的人群，占总体样本的9.8%。"城市依赖"生活方式代表了"活动分散、出行活跃"的类型，表示居民日常生活对于中心城区的依赖程度高，代表了中心城区就业、高活动参与、小汽车出行的群体，其生活空间分布广、移动能力强，代表了郊区居民中的高收入者的活动特征，占总体样本的15.4%。

不同群体在时空行为上的差异日益显著，居住在郊区的弱势群体面临着一定的生活空间困境。例如，通过北京近郊区的研究发现，低收入居民的实际和潜在活动空间都更小（塔娜和柴彦威，2017）。通过对比不同住房来源居民的活动空间后发现，在工作日保障性住房居民的真实活动空间最小，同时潜在活动空间也最小（张雪和柴彦威，2019）。这说明，与其他住房来源居民相比，保障性住房居民在活动空间的扩展性方面最为弱势。这与保障性住房群体的通勤直线距离最远并且主要依赖公共交通出行有关。因此，促进这类群体的职住平衡，同时改善公共交通设施的可达性将改善其行为困境。

另外，市场性住房居民和单位性住房居民在工作日的真实活动空间较大，而潜在活动空间的面积大小仅处于中等水平，说明这两类群体在工作日的时空制约主要来自工作活动。对于安置性住房居民，其潜在活动空间面积较大，而真实活动空间面积较小，说明该群体具有较大的潜在活动范围，但经济支付能力等限制了其真实活动空间范围

（Zhang et al.，2018）。

可见，如何解决搬到郊区后居民面临的生活空间两极化问题、公共设施缺乏问题、郊区内部不同社会群体的社会融合问题等，成为城市规划与城市管理的新挑战。

综上所述，郊区空间结构由物质空间、社会空间和行为空间组成。郊区空间作为城市空间的重要组成部分，一方面构成了城市物质和社会空间重构的主要力量，另一方面也与城市空间有着千丝万缕的联系。随着郊区化进程的不断推进，越来越多的企业和居民迁移到城市郊区，带来了郊区土地利用格局的明显变化和功能的日益完善，郊区功能分区模式越来越显著，以开发区、普通住宅区、经济适用房、城中村等产业和居住空间为主体的郊区空间格局逐渐形成。在社会空间层面，产业和住宅的多类型化也带来了不同群体在郊区的"大分散小集中"居住模式，形成了郊区社会空间分异和外来人口的社会隔离问题。同时，越来越多的人搬到郊区，也导致了郊区行为空间的改变，城市依赖明显、本地空间利用不足和差异化的生活模式成为郊区居民行为空间的主要特征。

第三节　城市郊区空间的演化

一、城市郊区空间的演化背景

（一）土地制度改革

改革开放后，随着计划经济逐渐淡出历史舞台，在逐渐建立起的市场经济体制的带动和发展经济的需求下，城市土地开始实行有偿使用制度，并取代了以前的无偿划拨。深圳特区成为第一个收取土地使用费的城市，随后许多城市纷纷效仿。1988 年 9 月 27 日国务院颁布了《中华人民共和国城镇土地使用税暂行条例》，推进城镇土地的有偿使用法制化。而在 1988 年修正《中华人民共和国土地管理法》中提出，国家依法实行国有土地有偿使用制度。土地所有权与土地使用权彻底分离，土地使用权依法进入市场。城镇土地制度完成了由行政划拨向市场化运作的改革。

土地利用模式从行政计划主导的单位制走向市场竞争型的分区制，以此吸引资本的流动和集聚，空间的使用价值和价值得到了最大程度的利用。在城市空间调整和土地泛资本化的过程中，地方政府重新获得发展城市经济、改善投资环境、吸引资本流入的能力和机会，并延伸为"大力推进城市化、拉开城市框架、拓展城市容量"的城市经营策略。依此思路，地方政府利用空间资源，通过土地经营、资金杠杆滚动手法推动郊区房地产开发，将开发所得用于市中心改造，投入城市基础设施建设，并进一步推动郊区居住开发（柴彦威等，2011c）。

（二）住房制度改革

改革开放以后，随着住房的逐步市场化，住宅建设的政策进一步调整，鼓励以公私合营或民建公助的形式进行城市住宅的建设，住房投资的主体开始由国家转向单位，并逐渐转向房地产开发商。至今 20 多年来，中国的城镇住房制度改革大体经历了四个阶段（陈伯庚等，2003），包括 1978～1985 年为以公房出售试点为内容的住房制度改革的初始阶段、1986～1991 年为提租补贴的单项改革阶段、1992～1997 年为住房制度改革全面推进、综合配套改革阶段以及 1998 年至今为以住房分配货币化为中心内容的深化改革阶段。1998 年发布《国务院关于进一步深化城镇住房制度改革加快住房建设的通知》，明确指出"停止住房实物分配，逐步实行住房分配货币化；建立和完善以经济适用房为主的多层次住房供应体系；发展住房金融，培育和规范住房交易市场"。

住房分配制度改革以及住房市场化给居民提供了住房选择的自由和可能，个人可以根据自己的社会经济地位、家庭需求和住房偏好选择住房和邻里（Huang and Jiang，2009）。例如，广州市不同收入阶层的住房偏好相差很大，高收入阶层更关注小区治安、物业管理有无、房屋类型等（刘望保等，2006）。而家庭人口、交通便捷程度、价格因素、居住面积、周边环境和小区配套设施是影响北京市居民居住方式的主要指标（刘霄泉，2005）。影响北京市居民住宅区位选择的主要因素是交通条件、区位、价格、周边环境、基础配套设施、物业管理、教育环境等（张文忠等，2003）。另外，北京、上海、广州、武汉和重庆的对比研究发现，城市居民的居住区位偏好，提出收入、职业、偏好、住房类型、抵押贷款可得性等微观因素与城市规模和交通便利程度等宏观因素都影响居民对支付意愿和区位偏好的因素（郑思齐等，2005；郑思齐和刘洪玉，2005）。同时，家庭生命周期、社会经济地位、住房因子等是影响居住空间分化的重要原因（李志刚等，2007）。越来越多的居民选择搬迁到城市郊区，促进了主动郊区化（Zhao et al.，2009；Wang et al.，2011）。

（三）单位制度改革

单位曾经作为中国城市的基本单元，为城市居民提供居住、就业、福利等一揽子的社会服务。而随着单位制度改革的深入，单位逐步退出了住房分配和社区建设的舞台。一方面，大多数单位停止向职工分配公共住房，并将已有的单位住房出售给职工，实现住房私有化（Chai，2014）。原有单位居民逐渐通过购买单位住房获得住房产权，而新的职工只能通过市场购买或租赁获得住房（Huang，2004；Wang et al.，2011）。另一方面，单位大院逐渐在产业搬迁中升级改造，一些通过开发商重新建设成为商品住房，另一些作为工业遗产转为艺术园区等。20 世纪 90 年代之后，单位及其居民开始向郊区迁移，形成了中国城市郊区化的主要力量之一（Feng et al.，2008）。

二、城市郊区空间发展机制的演变

通过旧城拆迁、规划更新、退二进三、退城入园等政策，单位大院趋于解体，城市空间实现大规模的置换调整和分区重组；单位搬迁和郊区开发带动中国城市化迈入快速郊区化阶段，大量农地转化为建设用地，超大尺度、单一功能的用地单元成为主要的用地模式，城市规模迅速膨胀，郊区空间快速蔓延。中国城市郊区发展的动力机制可以分为政府主导和市场主导两个主要阶段。

（一）政府主导下的发展机制

早期郊区化与郊区发展的主要推动因素如图 7.2 所示（周一星，1996；Zhou，1997；曹广忠和柴彦威，1998）。在当时，城市土地有偿使用制度刚刚建立，在政府城市更新、旧城改造、危旧房拆迁等背景下，城市功能置换得以实现，在大量资金投入的背景下，郊区快速发展。在微观层面，主要是城市功能置换推动人口和工业外迁，居民属于被动式搬迁过程。

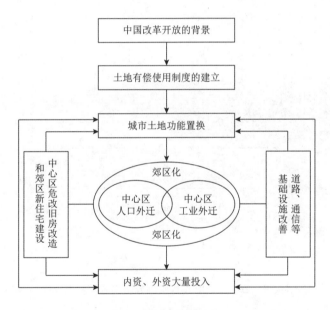

图 7.2　20 世纪 80 年代中国城市郊区化机制图

资料来源：周一星和孟延春，1997

（二）市场主导下的发展机制

20 世纪 90 年代以来，随着市场化程度的深入，中国城市郊区化的机制发生了变化（图 7.3）。从郊区化模式来讲，90 年代以来的中国郊区化是被动式和主动式并存，既包括企业为了自身发展的外迁，也包括居民追求更好生活环境的外迁和购买二套住宅。就郊区化模式而言，除了居住郊区化和工业郊区化以外，商业郊区化和季节性郊区化在90年代开始兴起。从动力机制而言，随着市场经济的不断完善，土地功能置换和资金投入带动下的郊区化依旧快速发展，同时城市社会开始发生变化，居民居住观念发生改变、社会阶层分化明显、私家车数量上升。因此，90年代不断完善的市场经济带来而郊区化的互动作用机制，一是社会层次上的机制，主要是社会变化，二是经济层次的机制，包括早期中国郊区化发展机制中所包含的要素（冯健等，2004）。

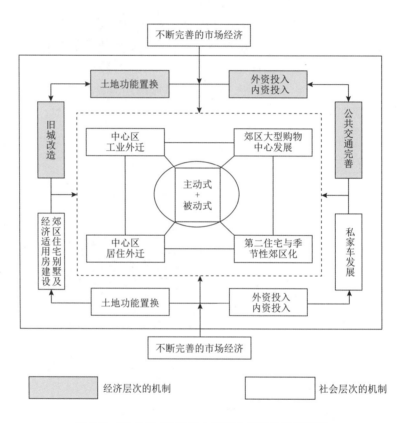

图7.3　20世纪90年代中国城市郊区化发展模型

资料来源：冯健等，2004

近年来，随着城市社会经济转型的深入，市场力量对于郊区空间的形成和发展得越来越大。郊区化的形成机制可以概括为推力、拉力和中介因素的综合作用（图7.4），服务业经济发展、人均GDP和收入提高等都是推动郊区空间发展的主要推动力，郊区建设中出现的新的产业空间、新的住宅类型和更好的配套设施是拉动居民向郊区迁移的主要动力，而原有的体制因素的转型和新的交通通信技术的发展是郊区发展的中介因素（吕拉昌，2006）。通过 1993～2010 年中国城市用地扩展的截面数据分析发现，人口规模、人均收入、交通建设、产业结构等是推动郊区化的核心动力（龙茂乾和孟晓晨，2015）。并且，区位通达水平、经济集聚程度、科技园区规划与政策也是北京制造业郊区化的主要动力（张晓平和孙磊，2012）。另外，高铁站的建设亦是城市郊区发展的重要动力之一（于涛等，2012）。总体来看，中国郊区化的动力更加复杂化，各类因素集中使得郊区化的速度更快、强度更高。

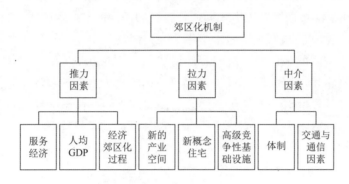

图 7.4　新时期郊区化驱动因子

资料来源：吕拉昌，2006

　　因此，总体来看，郊区空间的演化动力是随着市场经济发展而逐步深入的。在改革开放初期，以政府行政命令和规划政策为主导的郊区化占据主导地位，居民和企业处于附属地位，在城市旧城改造、工业"退二进三"等政策下进行迁居和搬迁，外移到城市郊区地域的居住区和工业开发区。而随着市场经济逐步确定并日渐完善，主动式郊区化成为郊区空间发展的新动力，一系列新的社会经济因素开始成为居民和企业搬迁到郊区区域的主要原因。

第四节　城市郊区的未来

　　回顾中国郊区空间的诞生和发展，城市郊区从附属地位逐渐成为城市空间扩张的主体。19 世纪末到 20 世纪初，郊区一直处于以农业发展为主的职能分工，"郊区"与"内城"之间一直存在服务与被服务的关系（刘健，2004）。20 世纪 80 年代以来，随着不断调整的城市总体规划，近郊出现了一批新工业区、居住区和相应配套设施。90 年代以来，市场主导的郊区化成为主体，新的郊区空间形式日益多样化。2000 年之后，大城市的郊区开始向多中心模式发展，郊区新城开始成为产业转移、人口迁移的主体。

　　但是，郊区化进程的不平衡性使得郊区空间组织发生了剧烈的变化，带来了严重的社会问题。人口郊区化优先于产业郊区化，导致了城市职住分离与职住空间错位日益严重（宋金平等，2007；刘志林等，2009；Zhao et al.，2009；刘志林和王茂军，2011；Wang et al.，2011；张艳等，2014）。从社会意义上来讲，日益增长的郊区与城市中心区之间的通勤流带来了交通拥堵、环境污染等问题，降低了城市整体的运行效率；而从个体意义上来讲，个人通勤距离和时间的增长对个体日常生活带来了较强的时空制约，减少了休闲娱乐活动和家庭时间，可能会造成生活质量和生活满意度的降低，对身心健康造成负面影响（申悦和傅行行，2019；张雪和柴彦威，2019）。并且，商业郊区化的缓慢发展和郊区设施配套不足在建成环境上形成了大型"卧城"，导致郊区地域对城市空间的强依赖，进一步使得居民个体的日常生活与居住空间分离，家庭成员之间的日常生活匹配度降低，人口郊区化模式（主动与被动）之间的生活质量差异逐渐加深（潘海啸等，2010），郊区居民内部不同群体虽居住邻近而行为空间分异（Zhang et al.，2018）等。这些问题的产生在很大程度上是由于郊区建设过程中过分强调了土地和人口的形态问题，而缺乏对"人"的关注，没有充分地考虑个体的需求，特别是郊区化导致的生活方式的改变（塔娜和柴彦威，2019）。

　　而从新的城市发展趋势来看，中国经济社会发展已经进入了"以人为本"的新型城镇化发展阶段，城市发展的核心目标正由经济增长、空间扩展逐步转变为社会管理的精细化与居民生活质量的提升（柴彦威等，2012）。郊区是城市空间扩张与重构的最前沿地区，地理学透过郊区这一地理空间及其不同类型的表现形态，窥视不同作用机制下中心城市与外围区域的相互关系，最终把握城市要素体系和空间结构重构的这一过程，郊区实际上动态地体现了人口对塑造新的地理空间所产生的影响。郊区对于城市空间和居民生活的重要性日益加深，代表了中国未来城市生活方式的发展方向。然而学界对于郊区社会生活的多样性和复杂性却知之甚少，因此，需要更多立足于郊区、面向居民日常生活的郊区空间研究（申悦等，2017）。

　　郊区目前出现的社会现象本质来说是城市整体流动性在郊区的表现，是与城市动态性增强的大趋势密不可分的。而对于这一动态性与流动性的研究，就需要从过程导向的视角，特别是行为过程的视角进行分析，关注居民整体的日常生活与行为表现，进行生活方式的郊区化研究。中国学者在近年来也提出了社会空间的郊区化、生活活动空间的郊区化等理念（冯健和叶宝源，2013；张艳和柴彦威，2013a），探讨郊区化与居民生活方式变迁、生活活动空间重构、社会空间分异以及社会网络重建之间的关系成为郊区化研究的新热点（冯健和叶宝源，2013；张艳和柴彦威，2013a；塔娜和柴彦威，2019）。

　　如果把城市空间划分为近邻圈、郊区圈与都心圈三个圈层，对于大多数郊区居民来说，近邻圈和郊区圈相当于其日常生活圈域，而都心圈属于非日常的圈域；除去少量的市中心区通勤者，郊区居住者的日常生活在郊区内部完全独立，与市中心部没有多大关联（川口太郎，1992）。现阶段中国城市郊区建设的居住区级商业中心、办公楼群虽然提供了相应的服务，但还没有达到同内城一样的丰富度，特别是对于一站多目的服务有所欠缺，不利于居民在郊区低密度路网的环境中高效活动。目前现有的基于行政区划的设施配套规划并不能很好地满足郊区居民的日常生活需求。因此，要将郊区真正建设成为更加宜人的城市生活空间，在未来的郊区建设与发展中，以居民自家为中心（而不是以中心地为中心）的生活圈域规划就显得尤为重要（柴彦威等，2016；柴彦威和李春江，2019）。

第八章 中国城市空间结构的未来

城市是人类经济社会活动的集聚中心，是漫长发展历史过程中人类各种行为活动与地理环境耦合作用的结果，也是一个不断发展变化的过程。作为人类经济社会活动与地理空间相互作用在城市地域空间的投影，城市空间结构也随着国家、区域、城市经济社会的发展而产生适应性的变化与调整。进入 20 世纪 90 年代以来，全球化与信息化作为两大重要动力开始强力影响着城市与区域发展及其空间结构变化。近些年来，我国提出了生态文明建设框架和新型城镇化战略，在人工智能、大数据、云计算等新一代智能技术的驱动和支撑下，将进一步推动我国城市空间结构的可持续智慧发展。

第一节 数字时代城市空间新动向

电子计算机的发明和普及，将人们带入数字信息时代。信息编码数字化、信息传播网络化、信息形态多样化和信息数量呈爆炸趋势激增是数字时代的主要特征。根据国际电信联盟（ITU）统计数据，2015 年全球网民数量达到 31.74 亿，比 2014 年底的 29.37 亿增长了 8% 多。与此同时，全球数字信息量更是激增，据国际数据公司（International Data Corporation，IDC）最新发布的《数字宇宙研究报告》（*Digital Universe*）显示，2020 年全球新建和复制的信息量将超过 40ZB，是 2012 年的 12 倍。互联网在中国的发展速度同样迅猛，中国互联网络信息中心发布最新数据显示，2019 年的中国网民规模已达 8.54 亿，其中手机上网占比 99.1%，互联网普及率达到 61.2%。互联网、电子商务、在线教育、电子政务等已成为较成熟的城市经济形态和新经济增长点。从某种程度上来讲，数字时代也可认为是信息时代的代名词。人类社会由工业社会向信息社会过渡是历史的必然，社会的经济、政治、文化等各个方面均将发生革命性的变化。普遍的观点认为，信息化就是在现代信息科技发展的推动下，由工业社会或各种发展阶段上的社会，向以信息产业为主导和信息媒体高度普及的社会转变的过程（Puglisi，1999）。在信息化阶段，知识和信息的作用逐渐占主导，传统的以物质生产为主的方式逐渐收缩被信息型、服务型生产方式所代替（甄峰等，2007）。

　　随着信息化快速发展与应用，城市空间信息化程度的加大，促使城市图像媒体空间、虚拟空间等全新的空间形态出现。以技术创新驱动为主导的高科技产业园区作为城市的新发展极核进一步加速了信息化城市社会空间的分异。信息经济、智能技术为支撑的创新体系、城市网络体系、全球互动观念以及流动空间观念共同作用，构成了信息化城市空间发展的影响因素。在信息化城市空间形态发展方面，出现了智能技术支撑下的全球城市、网络式布局的城市群与大都市带、边缘城市与城市中心的复兴等全新的城市空间现象；城市实体空间结构演变呈现出城市空间的扩散与聚集并存、城市与地区边缘界限的模糊以及城市区域结构网络化的特征。因此，从数字时代城市空间新动向来看，全球化和信息化发展加速了全球范围的要素流动，极大地改变了人流、物流、信息流等要素的流动性。在智能技术的作用下，空间逐渐由静止、封闭的状态转向流动和共享型空间，活动的时空灵活性不断增强（Graham and Marvin，2001；Schwanen and Kwan，2008；甄峰等，2015a），并出现了新的流动范式，丰富了城市空间研究方法论。

一、流空间

　　20 世纪 90 年代以来，随着智能技术进步与应用领域的拓展，人类社会也开始从工业时代进入了信息时代。在这个新的技术经济创新框架下，学者对地理学的变化与发展进行了多方面的研究与探讨（甄峰等，2015b）。哈维提出了著名的"时空压缩"观点（Harvey，1989），为一直以"场所空间"为本的地理学提供了新的研究视角和思维方向，引发了地理学界及相关社会科学领域的大思考。传统空间结构理论所依赖的"距离衰减"和"收益递减"规律面临着严峻挑战，要素空间作用机制与表现形式也发生了相应变化并产生出新的地域空间格局。与此同时，卡斯特尔设想了一个由计算机网络所创造的流空间（space of flows）概念，之后又结合地理空间对其进行修正，提出了流空间的 3 个层次（Castells，1989，1996；甄峰，2004）。

　　从概念上来看，流空间的概念包括五个层面（沈丽珍等，2012）：①流空间的研究对象是结合人的活动并作用于空间的各种流，有实体流和虚体流，包括物流、人流、信息流、资金流、技术流等，这些空间围绕流动而建立起来。②流空间的基本过程是空间位置有目的的，或反复的，或可程式化的位移、交换与互动。③流空间的媒介是以微电子为基础的设计、电子通信、电脑处理、广播系统、互联网等智能技术为支撑的空间流动和以高速运输走廊等作为媒介实现的空间流动。④流空间的重要组成是使流动循环的节点。流动在有微妙异同的节点之间产生，它总是从一个节点流动到其他节点。它将流向不同的各种流动相互连接起来。⑤流空间的典型空间即精英空间的组织。其沿着流动空间的连接线横跨全世界而建构起一个（相对）隔绝的空间，这一空间是对支配性利益的体现。精英空间体现从生活方式到支配利益的全流动。

　　流空间理论的提出为理解网络信息空间与地理实体空间的关系提供了重要的指导，对以地理距离为基础与核心的地理学和空间经济学也产生了颠覆性的影响。在智能技术和高速交通技术的支撑下，空间不再呈现静止、封闭的特点，而是各种要素流密集连接的在不同空间尺度的流动和共享型空间，从而促使人们形成新的流动时空观和流动区位观（甄峰等，2012b）。新的流动范式促使赛博空间和场所空间的相互作用和融合，对社会经济联系、居民日常行为活动、城市与区域空间结构产生系统性的影响，对流空间的认识也从单一的要素流网络分析转向对虚实空间互动耦合结果的流动空间转变，成为空间分析的新框架。流空间可以认为是在移动智能技术和高速交通网络支撑下，赛博空间和实体场所空间在时间、空间和距离三个维度上相互作用和融合的结果，流空间的本质是信息时代人的活动空间。在流空间的"地理根植""场所依赖"以及远程控制等作用机制影响下，将会不断重塑城市与区域空间结构，促进空间的集聚与扩散变化、空间结构重构、城市形态变化以及新的空间形式的出现。因此，流空间是信息时代地理学研究和分析空间的重要手段和理论分析框架（图8.1）。

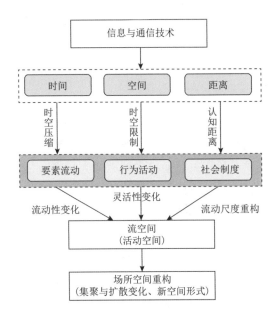

图 8.1 空间分析的新框架与思路

资料来源：甄峰等，2015a

二、"现实"与"虚拟"空间的转换与重组

数字技术所产生的虚拟空间冲击着传统的城市空间的概念、界限和表现方式，并导致城市"虚拟"与"现实"空间的转换、解构和重组，两者的共生和竞争颠覆和改变了传统城市空间理论。传统城市空间类型和时空模式因此趋于瓦解，导致城市空间结构重组，并将渗透虚拟空间的巨大作用和潜力。从工业化以来到信息时代，城市空间的变化如表8.1所示。

表 8.1　数字化时代与工业化时期城市空间比较

时期概念	工业化时期	信息化时代
区域空间	界线分明，边界清晰，联系有限	界线混沌，边界模糊，联系无限
城市空间	决定于城市区位、经济及交通	决定于数字信息网络、经济与交通
空间属性	实体空间	实体空间与虚拟空间并存
形态特征	集中圈层式或轴向延伸	网络式

资料来源：冒亚龙和何镜堂，2009。

数字网络形成了包含网络空间的新复合式空间，进而促使了城市空间的重构。但城市地理空间仍然十分重要，也以新的形式体现出来。网络空间依赖于地理空间并且不能完全取代地理空间的功能，因而它也并非地理空间的简单模仿和镜像。地理空间与网络空间相互依赖与交织，正是这种"空间"与"反空间"的相互依存构成了信息时代的复合式城市空间。网络空间将与现存的由砖头、混凝土和钢铁堆积起来的物理空间互补、竞争，共同构成新城市空间。网络空间将替代部分城市及其建筑空间，并以智能方式扩展城市区域，促使空间效率更高，综合性更强。

三、新的流动范式与研究方法

新流动范式是智能技术、居民活动和城市空间互动耦合所呈现的流动模式（Urry，2008），体现了赛博空间和场所空间的相互作用关系。新流动范式使得我们对流空间的认识从要素流的空间上升到虚实空间互动耦合的流动空间的转变。流动空间是在时空压缩、远程控制以及地理根植的复合作用下，赛博空间和实体场所空间相互作用和融合所呈现的新的空间形式，并对城市与区域空间关系、空间要素的集聚与扩散、城市空间结构、城市形态等产生重构作用。智慧城市的建设，进一步强化时空压缩和发挥远程控制作用，对流动空间将产生更加深刻、全面的影响。

智能技术的飞速发展，不仅改变了人们的生产生活方式，也使得城市内部和城市之间的空间组织发生了巨大的变化（秦萧等，2014）。为了适应这种快速变化的趋势，以研究城市地域空间组织及其变化规律为主要方向的城市地理学逐渐在研究范式、内容以及方法上寻找到了新的切入点（甄峰等，2007），突出表现为利用新的智能技术手段来研究城市网络空间和实体空间问题。从区域宏观角度看，利用主干网带宽与网络数量、互联网域名或 IP 地址等网络基础设施资料来研究全球层面（Malecki，2002）、国家或地区层面（Zook，2000；汪明峰和宁越敏，2004）的网络信息空间组织，利用微博等社交网络平台的访问数据来研究中国城市体系（甄峰等，2012a；汪明峰和卢姗，2011）。从城市中观角度看，设计城市综合性门户网站和社区网站（Moss，et al.，1999）来探讨城市内部网络信息空间，将电子通信手段整合进城市网络信息空间规划框架（Graham，1999）。从个人微观角度看，传统研究城市居民出行行为的活动日志（柴彦威等，2009）和问卷调查（马静等，2009）方法已经转变成为基于GPS、全球移动通信系统（global system for mobile communications，GSM）等定位技术与网络日志相结合的居民时空行为数据的采集和获取（申悦和柴彦威，2012）。

四、城市空间研究新内容

在移动信息、交通、物联网技术基础上建立起来的高度流动性社会，将成为当前和今后城市发展的重要支撑（甄峰等，2012a）。以云计算、移动互联、物联网、大数据等为核心的新一代智能技术应用，与无线通信、GPS、GIS 技术的结合所带来的从有线连接到无线接入的重大进步一起，将空间置于一个剧烈转型的过程之中，从而加速了城市空间研究内容的创新。主要表现在以下几个方面。

（一）城市空间形态与空间转型

在智能技术的影响下，地理空间与移动网络信息空间的关系变化对于理解新的可能出现的城市空间形态是至关重要的。如今，基于智能技术的经济形态或者空间单元也已出现，如互联网产业园区、智慧园区等。因此，需要强化以下研究内容：①网络空间与实体空间的关系研究。西方学者的研究表明了网络空间与实体空间的融合趋势，也强调了网络空间的大小与其对应的实体空间规模有关。但智能技术的广泛应用到底会加速地理与网络行为空间的一体化还是促使时空间更为碎化，是否会出现新的城市空间形态，这都是我们值得重点关注的话题；②固定智能技术和移动智能技术的特征及其对地理空间影响的比较研究，包括赛博文化与新的电子社区（如 Google 地球社区）及其对城市地理空间的影响，尤其是要关注从固定技术向移动技术变化过程中所产生的对城市空间的影响；③移动信息产业及其与其他产业的融合对城市空间结构的影响，包括围绕移动智能技术在促使城市空间增长模式转型方面的研究。

（二）城市经济活动的空间变化

移动电子商务的应用与普及对城市服务业活动的影响最大，它不仅会影响和改变消费者的传统消费理念与信息渠道，还会改变商业服务企业的成本收益格局、批发零售业与住宿餐饮业空间布局。已有的研究强调了电子商务线上、线下空间的融合，网络店铺的空间集聚与区位研究，以及网上购物对不同规模传统书店产生的影响效应。智能技术的出现进一步加速了城市商业服务业的发展与变化，需要加强：①智能技术相关产业的发展与城市职能的变化；②网络团购、消费券等新的促销模式对城市批发零售业与住宿餐饮业发展关系的研究，这一现象在国内大中城市都已出现；③城市商贸服务业及其空间变化的研究，包括智能技术所促发的新的零售业业态的出现，智能技术对传统的零售业如批发市场、百货市场空间布局产生的变化，以及电子商务平台对经济型连锁酒店空间集聚过程与格局的研究。

（三）城市居民行为空间变化

伴随着智能技术进步和高速铁路网络的完善，必将影响人们的感知并使居住地、工作地、邻里和城市的联系更加频繁和便捷，人员的流动性也相较于之前大大加强，其流动也逐渐从枯燥的空间位移向更加高效、舒适的智能化出行转型。相对于基于固定技术的信息网络，移动智能技术更加倾向时间效率的提高，而不仅仅是功能的时间替代。目前的研究对网络虚拟空间的内部层面的探讨和关注还不够，在信息化对人们日常生活的效应上还缺乏有力度的诠释。因此，需要加强导致信息流产生的具体个人的行为活动对实体空间结构的影响研究，探讨两者之间的互动，关注社交网络的空间效应，以及新型移动电子消费模式对于城市居民日常行为空间变化等的研究。具体包括：①电子商务和网上购物对城市居民购物行为以及出行模式的影响；②移动互联网的日益普及会减少通勤但可能增加娱乐休闲等活动的出行行为，对其影响过程与可能的结果尤其需要关注；③城市居民的就业结构、就业区位选择的变化研究；④城市居民居住空间结构与特征的变化，包括城市不同收入群体的就业与居住空间变化的研究。

（四）城市与区域空间作用

在传统的地理空间关系中，地理邻近、集聚经济是个非常重要的概念，空间关系的表达也由于功能上的等级联系而表现出圈层扩散的格局。而在赛博空间的影响下，地理空间被压缩，其"流动性"也增强，空间已经超越了原有场所空间的历史性含义，最大限度地克服了水平和垂直方向上的空间和距离摩擦，从而表现为某些特定空间互动作用的不断强化。已有的基于固定互联网的研究都表明城市的地理区位在决定互联网通达性的等级体系中起着重要的作用。在这一方面，交通影响和支撑下的城市区域关系重构，将是一个值得重点关注的内容。当然，其中离不开智能技术对城市居民、企业活动空间和场所的充分"释放"。因此，抓住高速交通与智能技术这个研究主线，研究移动通信技术和高铁技术影响下的城市间相互作用及其对城市与区域空间结构的影响，包括区域层面城市网络体系的变化、高铁沿线城市间就业与通勤的变化、城市功能变化与城市－区域关系的重构，以及智能技术的应用对城市交通、土地利用的影响研究。

第二节　中国城市空间结构发展新趋势

在可持续发展理念、全球化以及信息化的影响下，我国城市未来发展将进入全新的时期，城市空间结构也将面临进一步的转型与变革。这一背景下，城市空间结构对于新的发展趋势要积极响应、主动对接，引导并促进空间结构的可持续发展。

一、可持续发展理念下的城市空间重构

可持续发展是人类追求的最佳发展模式和走向高级发展阶段的需求。可持续发展为城市空间结构的塑造提出了更高的要求，倡导构建高效、紧凑的居住和公共空间，通达、便捷的交通骨架及基础设施，促进人流、物流、能流和信息流等流要素的高效流动，以及形成协调的生态网络格局。具体而言，可持续发展理念指导下的城市空间结构主要强调以下几点。

（一）城乡融合发展

城乡融合发展是指城市与乡村在经济、社会、生态环境、空间布局上实现整体性的协调发展，直接作用于城市的基本空间结构。城乡融合发展是新型城镇化的重要战略目标。基于城乡一体化导向组织城乡空间结构，无疑是实现城乡融合的必由之路。促进城乡融合发展，要掌握我国城市、县城、乡镇、村庄等不同等级城市组织之间的相互关系，把握四者在经济发展、社会发展与环境发展等方面的矛盾及其在空间结构上的表现，如产业结构发展差异、供给与需求关系、人口结构矛盾、城市用地与生态环境限制等。为了破解上述问题，需要进一步优化中心城区的空间布局，及其对于其他等级城市组织的带动作用，依托县城和中心镇重构县域空间，促进城乡经济的有效联动，引导人口和产业空间合理配置，建立起城区、县城、乡镇、村庄共生共长的城镇化网络平台，以此推进市域城镇化健康发展。

（二）产业体系格局优化

可持续发展理念下的城市空间要求不断完善产业体系、优化产业空间格局，强调三次产业的协调、绿色发展。首先，保障城市基本的农业生产格局，保护现有农田为基本格局底线，创新农业、农村和农地发展和利用方式，核算农田生态价值，建立补偿机制，实现城市生活与乡村生活等值化和功能的多样化。其次，构建新型产业体系，突出发展重点优势产业，推动先进制造业发展，鼓励生物科学、新能源、新材料等经济价值高、生态价值高的前沿产业，从而构建新型产业体系，发展成以基础产业为支撑、以高新技术产业为主导的现代工业结构，推动先进制造业向高端发展，促进高端生产性服务业发展。在此基础上，完善工业用地机制，坚持以市场力为主体，清退高污染、低产出、衰退型企业，整合完善综合地理信息产业用地管理系统，加快建立工业用地回收、退出管理机制，推进工业用地转型计划，向商业、住宅等生活用地和科教研发、文化创意和总部经济等专项产业用地过渡升级（李诚固等，2003）。

（三）土地集约利用

由于土地资源的稀缺性和人多地少的现实国情，集约利用土地成为我国城市土地开发必须遵循的基本原则（朱一中和曹裕，2011）。在可持续理念的影响下，城市土地集约利用的内涵可以理解为在城市土地上进行密集化、混合型的投入，不仅需要考虑经济产出，同时也需要考虑社会和生态效益。城市土地集约利用与城市空间结构联系紧密，实现土地的节约利用要求优化城市空间布局和用地结构，促使城市的各类经济活动有机地融合在一起，实现在合理的空间范围内设施共享以及土地功能合理组合，从而提升城市的用地效益与城市综合运行效率。实现土地集约利用的手段呈现多样化特点，主要可以归纳为行政手段以及市场规则。我国城市土地利用情况较为复杂，影响因素繁多，因此未来为了实现土地集约利用，从而加快可持续发展进程，就有必要将行政手段与市场力量相结合，共同发挥作用。

（四）绿色低碳住区

居住区是城市的最基本功能单元，也是与居民生活、休闲及社会交往等功能最紧密相关的空间。可持续发展理念下，城市居住区会加速向绿色低碳及智慧化方向发展。这就有必要科学处理居住用地与其他用地的关系，构建混合功能社区，适当安排工作场所及提供社区中心和公共空间，发展居住与就业的一体化综合型社区。注重绿色空间的建设以及节能环保建筑材料的运用，重视社区环境维护。改善邻里关系，增设便民商业设施和休闲娱乐设施，实现高宜居性、高安全性、高满意度、高生活品质的居住空间。

（五）绿色交通体系骨架

可持续发展理念指导下，未来我国城市的空间应构建绿色交通体系，形成基本的城市骨架。城市综合交通体系是城市空间结构的基本支撑，是城市人民生活的载体和城市功能正常运转的基本保证。可持续的交通体系能够为城市及其居民提供安全、便捷、高效、舒适的交通服务，并与城市的经济、社会、生态保持协调发展。创建以绿色交通系统为主导的交通发展模式，有必要提升公共交通和慢行交通的出行比例，突出二者对于城市空间格局的主导作用，即构建由大运量公交走廊串接城市主要公共服务设施和高强度混合开发用地的城市交通骨架及适宜慢行交通出行的集约高效的土地利用模式，同时限制私人小汽车交通的使用（张润朋等，2010）。

二、全球化视角下的城市空间演变

全球化背景下，城市是国家或地区参与全球经济分工和合作的主体。全球化正在导致世界主要国家经济、社会的重整，包括全球经济空间的重构以及区域和城市的重新定位。众多规模不同、功能差异的城市构成了全球城市体系，部分重要城市成为全球经济的指挥和决策中心，同时也是连接全球网络的主要空间节点。因此，从全球化的视角，对我国区域不均衡发展及一体化环境下的城市空间演变进行研究意义重大。

（一）城市空间结构演变趋势

全球化、信息化影响下，城市发展出现了城市功能全球化、城市规模巨型化、城市间交流快速化、城市联盟及其一体化趋势（顾朝林，2006），全球城市及其体系也逐渐形成。全球城市是区域性大城市发展到一定阶段的必然选择，它与城市的工业化、现代化以及国外资本的注入有着必然联系，不仅源于城市生产力发展的内在驱动力和城市区位优势，还源于全球经济一体化大趋势的推动，对于城市空间结构的塑造和转型具有非常大的影响。

全球化下的经济空间趋向于更加不均衡的分布，不同经济活动具有不同的区位模式，城市区域成为有效的组织形态和竞争单元（郑文晖和宋小冬，2009）。随着全球、国家、区域社会经济活动的网络化加速，作为社会经济载体和投影的城市空间结构也会发生相应的变化。由于区域间不同等级城市横向联系的增强，加之新的增长中心的出现，城市空间结构将会出现多中心、扁平化和网络化的趋势。随着节点网络体系的建立，中心地模式下的等级空间联系将会逐渐被网络模式下的多维空间联系所取代，它为空间结构的成长提供了一种弹性的环境。全球化对城市空间结构由"二元"空间结构模式向融合多核心网络模式发展、转变产生了深刻的影响，传统的高密度城市正在向多中心巨型城市转化。城市巨型工程是全球化影响城市和区域发展的一般过程的缩影，且日益成为一种新的人文现象和景观。

全球化时代，新的城市网络体系正在形成，参与全球化进程国际性城市建设至关重要。国内研究者应从现有的全球化与空间研究着手，对世界城市、都市化、城市-区域的形构、跨国空间的联结、都市空间结构的转换、区域不均衡和社会极化等未来在全球化进程中所进行的研究主题提出初步的响应和可能的讨论（顾朝林和吴莉娅，2008）。中国应以枢纽城市为主体，重构适应全球化趋势的国家城市体系空间结构，建设与全球化相配套的国家城市体系支撑系统，进行国家城市体系重建，应对知识经济与全球化，必须实行新的城市发展观念及战略性思路（顾朝林，2006）。

（二）城市空间变革的基本特点

1. 城市地位转变

在全球化趋势的影响下，全球成为一个统一的市场，并充分依靠市场机制，突破国家与地区界限，在全球范围内实现资源配置，进而形成了一个由资本、金融、信息、技术构成的相互依赖、相互作用的网络。城市的全球化首先体现于城市功能与地位的转变。一方面，全球要素的流动与结网推动了城市功能转型升级，城市逐渐融入全球网络。另一方面，城市自身在全球市场中主动对接全球化趋势，在国际上谋求地位（邵晖，2012）。随着我国社会经济的不断发展，全球化对于我国城市的影响越来越显著，城市空间结构面临转型，尤其是在上述城市地位变革的情况下，城市空间结构进一步做出反应，加大空间开放程度，与全球市场形成对接，通过土地利用与市场化引导，促进城市空间的科学、合理调整。

2. 产业转型发展

在经济全球化的背景下，我国的大城市、特大城市的活力被激发出来。城市社会经济有了长足发展，经济总量增长较快，城市规模明显扩大，城市空间结构发生明显变化。随着全球化的发展，我国城市的生产性服务业的市场开放度将越来越大，金融、保险、电信、流通等行业成为推动跨国投资的最重要力量。大城市的功能逐渐从以制造业为主转向以生产性服务业为主。由于大城市具有比较好的基础设施和投资环境，全球资本的流向将越来越向少数大城市集中。国际资本的流动成为造成大城市空间变化的基本动力。因为资本流动影响到城市土地需求的变化，而土地需求则造成地价变动，地价的变化会对中国城市的空间结构发生影响（张庭伟，2001）。

3. 组织方式变革下的生产空间集聚与扩散

全球化促进了城市企业内部技术分工，也使得管理和生产的分离成为可能，由此改变了企业的生产组织方式，出现了零散化以及外部化生产趋势，并引起了生产组织方式从纵向一体化向纵向分离的转变，这些转变都直接或间接地推动着城市空间结构的演变。生产技术和组织方式的变革，在交易成本机制下作用于企业、厂商的区位选择过程，产生了集聚和扩散两种空间布局形式（庞晶和叶裕民，2012）。联系密切的企业为了节约交易成本，倾向聚集到它们的经济重心，从而产生了空间聚集的拉力。而对于企业联系需求较低的生产部门，则倾向向外围地区扩散，以寻找生产成本最低的区位。

4. 不同生产方式下的城市空间结构

纵向考察分工和专业化的演进过程，可以发现社会发展和技术进步在推进专业化生产的同时，也促进了生产方式的变革。从20世纪初福特制生产方式的诞生到70年代后福特制的出现，由于不同生产方式具有不同的生产特点以及组织和管理特征，决定了企业不同区位决策行为，从而产生了不同的空间布局方式和产业联系（表8.2），影响了城市空间结构以及城市体系的形成。

表8.2　三种生产方式的比较及其对城市空间结构影响

项目	福特制	后福特制	
		柔性化生产	大规模定制
市场环境	稳定、可预测的需求和统一的市场	不稳定、不可预测的需求和多样化细分市场	不稳地、不可预测的需求和多样化细分市场
生产特点	大批量、专业化、流水线生产	小批量、灵活专业化生产	大规模生产＋柔性专业化（模块化生产）
产品特征	单一的标准化产品	个性化、多样化的产品	大批量的定制产品

项目	福特制	后福特制	
		柔性化生产	大规模定制
经济效益	规模经济	范围经济	规模经济和范围经济
生产组织特征	具有垂直等级特征的大企业组织	具有网络化组织特征的中小企业聚焦	具有网络化联系特征的大企业组织
管理组织特征	单向垂直管理、缺乏横向和自下而上的交流	扁平化管理组织，横向、纵向交流频繁	等级组织和网络化组织并存
产业联系特征	以物质联系为主，具有垂直等级联系特征	以信息联系为主、具有网络化联系特征	转包和动态联盟
决定区位因素	丰富、廉价的劳动力和土地以及便利的交通条件	便于及时交流的信息条件和发达的交通条件	便于及时交流的信息条件和发达的交通条件
空间布局倾向	多区位引起空间集聚和扩散两种趋势	高度聚集	灵活布局
区域空间结构	以大企业为核心的产业综合体	中小企业组成的柔性产业聚集体	企业网络
对城市体系的影响	以中心性为特征的等级制城市体系	网络化城市体系	等级制城市体系和网络化城市并存

资料来源：庞晶和叶裕民，2012。

5. 空间边界模糊

全球城市产业和人口的流动和分散，导致城市外围出现了一些新的以不同产业为主的城镇群体，使中心城市的功能结构得以优化，同时也使得大城市的市区和边缘地区的边界变得越来越模糊。具体而言，在全球化的影响下，人流、物流、资金流、技术流等开始在全球流动，尤其在全球城市之间和邻近区域表现尤为明显。传统的空间区位对于企业区位的影响变小，促进了城市边缘地区的发展。由于产业的分工与协作，城市中心与城市边缘的产业联系越来越多，城市与邻近城市、区域城市以及世界其他城市的联系也越来越紧密，从而导致空间边界的模糊化。

三、数字时代的城市空间转型与变革

互联网对空间流动性的影响，促进城市空间的破碎化、虚拟化、网络化和复合化，进而推动城市的融合发展，促进城市功能空间的转型，如城市居住、办公、消费、产业等功能空间的重构，进而推动智慧化城市功能空间的出现（席广亮和甄峰，2014）。

（一）办公空间：移动工作与融合的共享空间

智慧办公空间日益成为城市重要的办公空间组织形式。一方面，在智能技术和远程办公的支撑下,办公空间与城市其他场所融合,如办公空间与居住空间、城市产业区、生态休闲空间相结合,从而出现新的办公空间形态。智慧办公空间包括总部以及中心办公室、卫星办公室(远程办公中心)、家庭办公室(SOHO办公空间)等不同层次类型。另一方面,出现了专门为流动人群服务的办公空间,如联合办公空间(co-working space)、第三空间等。联合办公空间可以满足流动办公、远程办公和出差办公人群的办公需求;第三空间则兼具工作、休闲、交往和学习等多重功能,如图书馆、咖啡吧及社区中心等,为居民提供共享的活动场所,增强了居民相互间的交流,从而对社会关系的建构产生影响。由此可见,智慧办公空间可以有效提高工作者的互动性和流动性,是城市中重要的交往和创新场所。

　　众创空间作为一种新型创新空间,本质上是一个开放、流动的创新网络节点空间,在城市尺度上促进各种功能空间及创新资源的共享与融合,实现空间和经济的健康、活力发展。众创空间一般表现为邻近商务中心和邻近智力中心两种偏好(表8.3)。与一般城市空间的"排他性"不同,众创空间因其较小的体量、灵活的组织形式等,一般会倾向与城市其他功能空间融合共享,并充分利用这些空间的特质形成差异化的功能导向,对城市空间的整合产生催化作用(王晶和甄峰,2016)。

表8.3　众创空间的典型空间共享模式及案例

共享融合模式	特点	典型案例
与第三空间共享	促进非正式交流和社会交往,进而促进协作创新	北京车库咖啡、3W咖啡
与居住社区共享	根植于本地的社会创新平台,促进社区经济发展	成都清波社区创客空间
与老旧厂房共享	消极空间改造,空间的文化性、多样性等创意的产生	深圳"众创龙岗"计划
与办公空间共享	闲置办公空间再利用,促进与外部企业的知识流动与合作发生	哈尔滨存量改造计划
与高校空间共享	深化产学研合作,促进科技成果转化	清华X-lab

资料来源:王晶和甄峰,2016。

　　近年来,众创空间在政策的引导下,通过市场化机制、专业化服务和资本化途径正得到快速发展,并将成为新时期产业转型升级和城市空间再利用的重要动力。威廉斯(Williams)等从创建与管理资源的角度对一个创客空间进行民族志学研究,认为科技对于创客空间的管理至关重要(Williams and Hall,2015)。中国众创空间的快速发展也开始引起国外学者的关注,林特纳(Lindtner)对于中国创客空间表现出极大的兴趣与关注,他以上海新车间、深圳的几个创客空间为例,分析创客文化如何在中国生根发芽,以及中国创客文化的发展与实践等(Lindtner and Li,2012)。已有研究普遍认为,创客空间的产生和发展标志着"中国创新"已经存在,而其动力来源于草根团体的力量,中国的创客表现出中国制造业正在实现向大众生产模式的转变。

　　与此同时,中国学者也开展了对国内外相关案例的研究(徐思彦和李正风,2014)。周素红和裴亚新(2016)等学者对技术创新和互联网共享经济发展影响下的众创空间这种新型办公载体进行研究，认为创客空间是创客聚集的空间，是他们通过分享知识、共同工作等方式创造新事物的实体实验室和虚拟社区。其对众创空间产生的动因进行了梳理，探讨非正式创新联系网络的组织模式和网络构建，并进而从规划选址、社会环境建设和微空间设计等维度，构建众创空间规划编制和管理的内容体系，为创新城市规划提供思路，并对规划应对措施进行了探讨。王晶和甄峰（2016）对众创空间的研究认为，众创空间本质上是以"共享"为核心的微型创新产业集群，通过资源共享来降低创新成本、集聚创新要素，并结合国内众创空间发展趋势与实践，从区位选择、外部空间和内部空间三个层面考察了众创空间的共享特征与机制，在此基础上提出引入规划体系、发展社区众创空间、改造存量空间等规划策略。

总体上，目前国内外有关众创空间的研究主要集中在空间的内涵、产生的文化背景、类型和运营模式等方面，都强调创新及创新文化在众创空间产生中的作用，然而已有文献缺乏从该空间产生的重要基础、创新网络的构建及其对空间选择的影响等角度进行研究，也缺乏对政府规划管理启示的讨论。

（二）消费空间：个性化的流动服务模式

在网络购物日益风靡的背景下，传统消费空间也在发生变化，购物中心这种新型消费空间受到了大量关注，购物中心的功能变得日趋综合，甚至开始扩展线下和线上结合的商业模式。席广亮和甄峰（2014）的研究认为，互联网、电子商务等要素作用于传统商业空间，带来全新的商业业态，从而推动传统商业空间功能多元化和土地利用方式转变，如南京珠江路电子产品商业街在电子商务经济的冲击下，原有的沿街低端零售店铺逐步被淘汰，转向多种复合功能的电子产品综合商城，同时部分电子产品零售店开始实行网上销售。另外，电子商务等虚拟商业实体化再现，出现了网络店铺的实体展示、配送和休闲体验等空间，如顺丰公司旗下的"嘿客"网购服务社区店，成为网上商品线下展示、体验的重要场所。

由此可见，在互联网的影响下，城市商业消费空间的组织更加多元化，传统的商业空间结构正在发生改变。智能技术对消费服务模式的影响最显著的表现是供应链组织的变革，在互联网和流动服务模式的影响下，传统的商业空间也开始向智慧化的消费空间转型，表现为智慧商业综合体、智慧商贸城和智慧商业街等不同形式。申峻霞等（2012）从鲍德里亚的消费社会理论出发，运用符号学方法，对南京"淘淘巷"网络实体街区这一消费空间的建构与扩散机制进行了分析，指出符号是消费空间特色塑造的重要路径，但消费空间的扩散并非简单的符号复制过程，揭示了网络实体消费空间作为一种半组织性的社会空间，其内涵的社会关系和运行的内在机制才是它得以存在的内因。

另外，国内也有诸多学者对网络消费空间进行关注。席广亮等（2014）学者对互联网络和智能技术的影响下的网络消费进行研究，通过对南京居民网络消费情况的问卷调查，分析个人社会经济属性、住房状况、交通方式以及移动网络使用等体现居民社会阶层状况的要素对居民网络消费选择的影响，进而分析居民网络消费的空间分布特征，研究城市不同空间的网络消费构成和网络消费商品类型特征，在此基础上分析不同空间网络消费对交通出行和实体商业空间结构的影响程度。张敏等（2015）学者对网络消费空间进行研究，认为网络消费空间是一种新型关系性社会空间，援引空间生产的三元空间论，通过对中国最大的 C2C① 电子购物平台淘宝网的 10 家原创女装店的文本分析与深度访谈，对网络消费空间的实践、空间的表征与表征性空间进行解析，认为网络消费空间的实践主要支持并为消费关系所决定，空间的表征主要通过符号的操作，是结构化与能动性的结合，表征性空间是对社会主流文化的顺从与反叛，呈现出矛盾与不平衡性。孙智群等（2009）学者对网购行为进行研究，以深圳市民网上购物行为问卷调查的第一手资料为基础，通过不同调查区之间网上购物行为的频率、花费、目的等的比较，研究中国大城市居民网上购物行为的空间特征，对网购行为中体现的虚拟空间与实体空间之间的联系进行总结。

（三）产业空间：全球性流动与社会化创新

　　经济全球化和信息化发展推动了国际性的资本、技术、管理、信息与本地创新及生产要素结合，一方面提升了城市创新能力，促进了具有世界竞争力的创新空间出现；另一方面促进了城市参与全球的生产分工，并在城市发展以智能技术、先进制造业为主的新产业区。新技术通常以跨国公司、技术转让等形式在全球流动，在形成全球性的创新和生产网络的同时，促进了地方场所的创新空间和生产功能区集聚。此外，智能技术加强了城市的创新空间、新产业区与全球性的创新和生产网络的联系，使得城市创新空间和新产业区嵌入全球流动空间中，并成为重要节点。在"互联网+"行动、"大众创业、万众创新"和"智慧城市"建设的推动下，以创客空间、创业社区和大数据产业园等为典型代表的智慧产业空间不断涌现。尤其是鼓励个人和草根创新的创客空间，可以激发更多的人群参与创新活动，具有社会化创新的特征。生活实验室（Living Lab）、个人制造实验室（Fab Lab）和众包等典型创新模式不断涌现，如美国麻省理工学院比特与原子研究中心发起的小型制造实验室——Fab Lab 所采用的自下而上社会化的创新模式，迅速在全球得以复制，目前全球已经成立了 600 多个 Fab Lab 实验室。例如，法国图卢兹的个人制造实验室具有电子元器件、家具、创意设计，以及 3D 打印、加工制造、植物培育和联合办公等功能。互联网与传统产业结合，培育出了新的智慧产业业态和功能空间；同时，互联网强大的动员能力，推动了网络创新空间的形成，通过远程协作、实时沟通，将散布在不同地方的创新人才、创新资源集聚起来，实现远程协同创新。虚拟网络的创新组织与实体场所结合，正是互联网推动创客空间、创业社区等创新空间形成的内在动力。

　　以互联网为代表的智能技术进步，促进企业的区位因子发生较大改变，表现为物

---

① C2C（consumer to consumer）即个人与个人之间的电子商务。

质区位因子的弱化，以及新区位因子作用的突显，企业区位选择和生产要素流动的决定机制逐步由"距离成本"转向"时间成本"（宋周莺和刘卫东，2012）。技术进步和劳动力市场的变化，促使福特主义的大规模集中生产向世界各地的分散布局和弹性生产（flexible production）转变，伴随而来的是资本、技术、劳动力和知识创新等新区位要素在全球流动。进入弹性生产时代，空间和距离的障碍被消除，空间中任何一个场所都被纳入信息网络中，并在全球范围配置生产要素和资源，形成全球性的生产管理、加工和市场节点，这些节点是全球生产网络中的重要场所和功能区。弹性生产中的垂直转包方式，以及网络信息在生产、管理中的作用，使得远程的管理控制得以实现，从而形成全球化价值链的流动组织。价值链的流动组织表现在生产关系各个环节的变化上。在生产领域，智能化工具的个性化生产逐渐替代大规模集中化生产；智能技术和产品逐渐介入产品分配当中，计算机和互联网技术产生后产品交换的领域与场所发生变化在消费环节，可以通过智能技术和网络直接将生产商及消费者联系起来。在生产环节发生变化的同时，带来生产链、供应链、企业和企业网络的弹性布局，通过智能技术、要素流动的结合，将分散的生产环节联系起来，形成流动生产网络。价值链的流动组织提高了商品生产的管理、科技研发、生产加工和销售等活动场所布局的灵活性。因此，互联网影响下价值链的流动组织，不仅可以促进全球生产要素在地方空间的积累（胡大平，2003），还能与本地文化价值、社会经济、资源禀赋、劳动力市场等相互作用，形成新的生产空间。

（四）居住空间：流动与功能复合的智慧社区

互联网改变了社区和居住空间的活动方式，使空间由休息、消费等传统活动的场所转变为集休闲、消费和办公等活动于一体的场所。随着家庭互联网连接性的不断增强，越来越多的在线活动在家进行，家不仅成为通信的节点，还成为各类线上线下活动的节点。信息查询、网上购物、网上银行、居家办公、网络社交和在线游戏等活动改变了家庭活动模式与居住空间功能，在一定程度上改变了人们在家的时间和社交方式，居住空间逐渐成为交往场所和社会要素流动的连接点，居住空间的流动性不断加强。

智慧社区源于社区信息化的升级，从20世纪末起，西方学者便开始了对于社区信息化的理论和实践探索。80年代，随着技术的发展在日常生活中日益广泛的应用，美国"智能化住宅技术合作联盟"（PATH）成立，此协会旨在引导和规范住宅智能化领域的新产品、新技术以及相关设计建造行为（刘春年和邹珊，2007），随后社区智能化和信息化的研究实践在欧洲和亚洲的一些国家和地区也相继展开。随着研究和实践的推进，社区信息化的内涵逐渐由社区的技术改造逐步发展为利用信息通信技术促进社区经济、社会、政治综合发展的新路径，这种演变也促成了智慧社区概念的诞生。美国圣地亚哥大学通信国际中心于1992年提出智慧社区的概念，并开始致力于智慧社区的实践推行，并在四年后与州政府合作，推出世界第一个智慧社区实践项目。他们认为智慧社区的内涵是将智能技术充分运用于对于社区居民生活环境的改造中，并引导促进社区各主体和阶层的多元参与，以此来改善居民的生活方式。智慧社区论坛（Intelligent Community Forum，ICF）认为，智慧社区是在传统社区面临信息社会的挑战的背景下，利用智能技术来促进社区的健康和可持续发展（智慧社区论坛）。社区网络、社区信息中心、电子民主、线上参与等方面都成为社区信息化和智慧社区研究和实践的重点（Wellman，2001；Nonnecke, et al.，2006；O'Neil，2013）。西方一些有卓有成效的智慧社区实践中，其关注点往往超越智能技术的应用本身，将智能技术融入传统社区发展框架之中，并将社会性因素置于信息化建设过程的核心（Anderson and Melchior，1995；Servon and Nelson，2001）。

而国内对智慧社区的关注较晚，主要源于对于智慧城市研究实践的延伸，目前各领域对于智慧社区的内涵以及构建思路方面的研究仍处于初期阶段。有些学者从技术应用的视角出发，认为智慧社区是一种全新的现代的信息化社区形态，其充分借助互联网、物联网等技术，将社区内部各要素互联互通，形成一种网络化结构，具体实践内容包括智慧政务、智慧养老、智能家居、智慧民生、智慧教育等方面（康春鹏，2012；焦俊一，2013；李宇翔等，2012）。也有部分学者强调智慧社区是将智慧作为社区的发展理念，利用智能技术手段，提升社区管理与服务能力，提升居民生活品质，推进社区可持续发展（郑从卓等，2013；蒋力群和姚丽萍，2012；柴彦威和郭文伯，2015；申悦等，2014）。另外，也有一些学者对智慧社区的意义进行一些反思，认为社区服务的日益智能和便捷化使得人们越来越走入一个更加"宅"的生活状态（Aldrich，2003；Graham and Marvin，1996）。工作娱乐、查询信息、获取服务、朋友交流都可以在家中进行，通过智能技术和虚拟空间，家和社区的传统意义似乎从现实生活中抽离。因而我们应重新思考智慧社区的核心要义，何种智慧真正可以促进社区的活力与综合发展值得进一步研究和探索。

智慧社区发展规划应更多的立足于传统社区发展框架。当前的智慧社区建设实践多浮于表面的"智能化"，而社区规划是一个从社区发展构成要素研究到决策的完整过程，也是一个从理论到实践的转变过程（赵民，2003）。面对智慧社区脱离社区发展整体框架和传统根基的现状，我们应该明确智慧社区的真正意义不仅仅在于社区信息化改造和提升，更应在把握传统社区发展核心要义的基础上，将新的技术、方法和理念融入传统社区发展规划框架中，打开技术的黑箱，综合考虑社区社会环境、社区组织运行、社区物质环境等方面的发展现状，针对现状寻找智能技术的切入点和作用方式，从而制定合理的技术政策，在技术政策的指引下将智慧社区建设落脚于社区基础设施、社区服务、社区治理、社区互动等领域，进而指导社区信息化基础设施和网络平台等方面的建设。而针对智慧社区实践内容中过于关注智能技术的应用以及社区服务的提升，对社区参与、社区内部交往和活力重视不足的现状，则需要认识到社区参与、社区内部活力营造的重要性和长远意义，从而使得人们通过线上重新回到线下，通过面对面的交流产生更多价值，从互联互通到共建共享，从而带动社区活力的激发。智慧社区建设应面向当前社区发展中的关键性、根本性问题，明确社区的智慧化诉求以及智能技术在社区的作用和影响机制，结合智能技术的作用和影响机制，进而提出针对性应对方案。

第三节　中国城市空间结构研究新方向

一、基于多源大数据的城市空间结构模拟研究

（一）大数据反映了区域层面城市空间结构特征

大量反映城市空间组织和居民行为特征的网络大数据（社交网络、主题网站、搜索引擎等）为城市空间结构的模拟提供了可能。社交网络不仅仅反映居民群体间的虚拟关系和联系，也是城市实体活动在网络空间中的体现。通过对社交网络数据的挖掘和利用，可以衡量城市对信息资源的掌控能力，并在区域环境中显示出等级特征。国外学者运用 Twitter 数据进行研究的较多，国内学者也相继利用微博数据分析城市之间的互动联系，如利用新浪微博好友数据来分析城市网络结构和体系、利用移动定位社交签到数据分析城市联系、利用百度指数对区域城市网络进行评价、利用交通数据分析区域人口日常流动特征与空间格局。

国内学者利用微博签到、百度指数等数据对区域城市网络结构进行了分析与评价（甄峰等；2012a；陈映雪等，2012；熊丽芳等，2013；王波等，2013）。研究发现，中国城市网络信息关系呈现出"一超多强"的空间极化不对称格局，网络空间不对称格局与地理距离、经济社会发展水平存在密切关联性，东、中、西部三大地区间网络信息不对称关系与经济发展梯度的相对一致性。对长三角城市网络的时空演变研究也发现：①城市网络层级变动大，但上海依然是网络的绝对核心；②城市网络结构逐渐优化：由以南京、上海、杭州和宁波为支撑节点的"Z"形，发展到以扬州、南通、南京、上海、杭州和宁波为支撑节点的"8"字形，越来越多的城市融入成长为网络中的重要节点；③城市网络内部稳定性日趋增强：各城市信息联系总量增加，但年际变化减小。

刘望保和石恩名（2016）通过采集"百度迁徙"数据库中 2015 年一季度（2 月 7 日至 5 月 16 日）国内 369 个城市之间的逐日的人口流动数据，分"季度平均、春运期间（春节前）、春运期间（春节后）、劳动节、周末和工作日"6 个时间段，从人流集散层级、人流集散网络体系的分层集聚、人口日常流动空间格局及其与"胡焕庸线"之间的关系等角度分析各时间段的城市之间的人口日常流动相关特征与空间格局。研究发现，"百度迁徙"大数据清晰地显示了春运期间中部和沿海地区之间的人口流动格局。人流集散中心主要分布在京津冀、长三角、珠三角和成渝四大城市群中，并与其城市等级有较强的一致性。人口日常流动集散体系呈明显的分层集聚，京津冀、长

三角、珠三角、成渝和乌鲁木齐。

（二）智能技术的发展，为城市内部空间结构的研究提供了新的范式

智能技术的快速发展与广泛应用，改变了人们生活生产的同时，也为研究城市地域空间结构的学者提供了新的视角。使得学者不仅可以从众多主题网站（大众点评网、淘宝网、搜房网等）中获取城市不同空间的动态位置、文本信息、图片数据，还可以掌握城市居民对这些空间的态度评价数据，结合因子分析、舆情分析及图片分析等方法可以对各类空间的综合发展质量进行全面科学评价（秦萧和甄峰，2017）。

其中，秦萧等（2014）运用大众点评网（南京站）餐饮商户的点评数据，在建立口碑评价指标体系的基础上，计算各商户的口碑综合得分和排名，并对城市餐饮业的空间分布格局进行核密度分析和综合评价。研究发现，南京城区餐饮商户大致分为4个等级，呈现"头小底大"的金字塔形状，口碑较差的商户占据绝大多数，中等口碑的商户较为缺乏，餐饮业发展综合水平较低；餐饮业的空间分布主要呈现出以新街口为服务核心，其他多个次级服务中心共生发展的格局；高等级餐饮服务中心仍旧集中在主城区范围内，发展较为孤立，大致表现为服务质量圈层递减或沿交通线路轴向扩展特征；城市商圈业态也会影响传统和休闲类餐饮商户的空间分布趋势（图8.2，图8.3）。

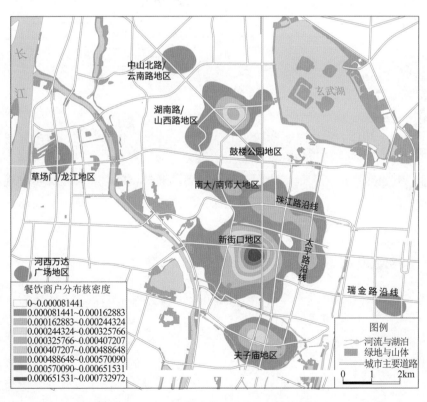

图 8.2　南京城区餐饮商户分布核密度

资料来源：秦萧等，2014

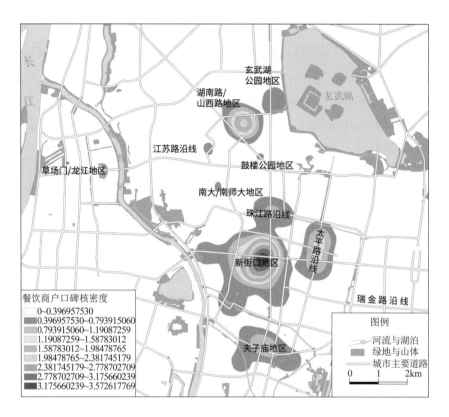

图 8.3 南京城区餐饮商户口碑核密度

资料来源：秦萧等，2014

席广亮等（2015）采用京东商城网上购物评论的用户信息数据，来研究网络消费时空演变趋势及网络消费区域联系特征。结果表明网络消费增长呈现东部高、中西部低的特征，并且东中西三大地带内发展差异显著。通过空间联系强度分析发现，中西部地区网络消费空间联系强度低于东部地区，但区域空间联系网络由不均衡逐渐向均衡状态转变。

二、基于移动设备数据的城市流动模式研究

近年来随着移动定位服务和云处理技术的发展，搜集和处理个人定位信息已成为现实。由移动定位数据组成的海量数据（大数据）库打破了传统的资料搜集方式，推动了城市空间研究的发展。诸多学者利用当前可获取的移动定位大数据开展了城市空间研究，取得了较丰富的成果。手机作为城市人群必需的通信设备，一直以来存储着海量的人脉信息、通话记录、基站间的信令记录等。随着智能手机普及，更为丰富的数据信息被囊括进来，包括上网记录和应用程序（APP）使用记录、GPS 定位等。这些数据间接反映了城市人群的行为偏好、活动范围、分布特征等信息，对于城市流动

模式的研究蕴含巨大潜力。以手机信令数据为例,手机信令数据覆盖了每一个手机用户,具有样本量大的特点,大致与即时人口分布对应,能用于定量描述城市活动的时空变化。手机信令数据连续记录,大致反映手机持有者时空轨迹,为描述就业、游憩、居住等居民活动之间功能联系提供了可能。居民活动的强度、居民活动的功能联系恰恰是城市设计所需要,传统方法却难以获取基础信息。

（一）分析区域居民流动特征,支撑城市空间结构扩展

姚凯和钮心毅(2016)通过与联通大数据团队合作,在《南昌大都市区规划(2015—2030)》的编制中,通过研究区域城市联系强度、识别中心城市、识别区域发展廊道的方式,来评估城镇体系等级结构、分析中心城市腹地,从而支撑城市空间结构的扩展。具体表现为:首先,通过区域手机用户的流动来表征区域城市联系强度,进而基于网络联系强度评估城镇等级体系。研究团队以县区为基本研究单元,市区归并,将研究范围归并为42个城市单元,赋予基站属性。通过手机信令数据,识别出手机用户的夜间居住区地和日间活动地,由此建立居民在城市间活动的OD联系强度(该研究只分析跨县区OD)。在区域城镇OD联系强度矩阵的基础上,每个城市(县区)取前五位联系城市作为其主要联系方向。从主要联系方向叠加识别城市等级,即被主要联系越多的城市就是更高等级的城市,最终将城市分为四档类型。其次,在识别中心城市腹地方面,基于第一部分研究,以第一档和第二档城市(外加地级市宜春)作为中心城市,通过人流强度识别5个中心城市的腹地。第三部分,是基于通过人流量强度识别区域发展廊道。该部分研究将基本单元进一步细化至乡镇层面,在剔除过境用户后,统计累加平均日通过的用户数量,基于乡镇通过人流量强度和连绵度识别区域发展廊道(龙瀛等,2012)。

（二）利用移动信息设备采集数据,分析与测度城市内部空间结构

基于定位功能的移动信息设备(GPS、智能手机、IC卡等)技术的逐渐成熟,也提供了较为精确的居民位置信息,为测度城市空间结构、识别城市中心、评价城市职住平衡问题提供了新的思路。贝克尔利用美国新泽西州莫里斯市(Morris town)2万居民在2个月内的匿名通话数据,结合制图原理、统计分析和可视化方法分析了城市本地居民及外来人员的生活习惯并进行空间聚类,从而揭示了城市空间结构及其动态变化(Becker et al.,2011)。

钮心毅等(2014)认为居民的就业、游憩、居住等活动空间分布与城市空间结构密切相关,并基于手机大数据通过特定时间点多日平均密度的计算,来探讨公共中心规划功能和等级的实施效用,同时认为手机用户密度越高,人流聚集度越强,越可能是公共中心并将多日平均密度值高于2.5万人/km^{2}的区域,作为高值区,从而识别上海外环以内的中心城空间结构。钮心毅和丁亮(2015)使用手机信令数据计算出了上海市域居民通勤数据,用于分析上海市域的职住空间关系。并通过研究发现中心城居

民通勤范围集中在中心城及周边的通勤区内,在中心城及通勤区内,超过97%的居民实现了职住平衡。在郊区新城中,宝山新城、闵行新城大部已经进入中心城通勤区。其余7个郊区新城居民至中心城通勤的比例均低于5%。郊区新城中居民主体仍是在新城内部通勤,或者新城以外的本区域内通勤。

朱寿佳等(2016)以南京大学仙林校区的校园学生活动作为研究对象,引入智能手机移动调查方法,从活动轨迹、活动内容和活动空间关系等方面对校园学生活动空间进行评价,通过停留活动分析来识别活动缺乏的空间,通过离差系数和主次活动的占比分析来识别功能缺乏、功能单一与功能混合等空间,并结合5类功能空间提出3类校园空间优化策略。

三、基于交通数据的城市功能区识别研究

公交刷卡、出租车等数据记录了具有精细时空标签的轨迹。对于城市内部功能区识别具有重要的研究意义。龙瀛(2014)利用2008年度、2010年度和2012年度的北京市公交和轨道交通刷卡数据,以及2008年公交刷卡数据(854万持卡人连续一周共7797万次出行),对北京市通勤出行进行了识别,得到22万余人的居住地、就业地和通勤出行,进而对通勤形态的时空分布进行了评价,并对典型居住区和就业地的通勤出行进行了重点分析。此外,还基于识别的通勤出行,对北京市的通勤效率和职住平衡情况进行了评价,以及利用公交刷卡记录和兴趣点(points of interest,POI)数据进行北京市的城市功能区识别。龙瀛等(2012)利用北京市出租车轨迹数据和兴趣点(POI)数据评价交通分析小区(traffic analysis zone,TAZ)尺度的城市功能,并计划将公交刷卡数据与出租车轨迹数据整合,实现更为完整的城市功能的评价。预期的评价结果是,每个交通分析小区能够识别出各项城市功能的比例,如居住、就业、购物等,进而评价每个小区的混合使用程度,是对传统的基于土地使用数据评价土地混合使用程度的一种方法补充。

四、网络地图集成及可视化开发

数据的空间分析和可视化一直以来都是地图技术研究的关键,网络地图功能的开发和完善使得这一技术产生了新的突破。哈德森·史密斯等研制了一款集成在谷歌地图引擎的软件(Map Tube),可以将其他地图叠置在Google地图上制作专题地图,包括谷歌地图制作器、图片制作器和图片叠置制作器三部分工具,并能够使用户在网上显示和分享信息(Hudson-Smith,et al.,2009)。可以预见,通过利用网络地图与专题信息集成技术,城市空间研究能够清晰表达大量信息数据所反映的居民活动和城市空间结构变化,从而更直观揭示出城市现象的内在规律或机制。

参 考 文 献

包书月，张宝秀. 2012. 北京市流动人口空间分布特征及变化趋势研究. 首都师范大学学报, 33(2): 74-78.

保继刚，古诗韵. 1998. 城市 RBD 初步研究. 规划师, 14(4): 59-64, 126.

北京市地方志编纂委员会. 2009. 北京志·城乡规划卷·规划志. 北京：北京出版社.

德鲁克 P. 2006. 下一个社会的管理. 蔡文燕，译. 北京：机械工业出版社.

毕秀晶，汪明峰，李健，等. 2011. 上海大都市区软件产业空间集聚与郊区化. 地理学报, 66(12): 1682-1694.

边燕杰，罗根 J，卢汉龙，等. 1996. "单位制"与住房商品化. 社会学研究, 1996(1): 83-95.

卞历南. 2011. 制度变迁的逻辑——中国现代国营企业制度之形成. 杭州：浙江大学出版社.

蔡晓梅，赖正均. 2008. 广州居民在外饮食消费行为的时空特征研究. 人文地理, 23(3): 79-84.

蔡渝平. 1987. 地域结构的演变和预测. 地理学报, 54(1): 69-81.

曹广忠，柴彦威. 1998. 大连市内部地域结构转型与郊区化. 地理科学, 18(3): 234-241.

曹广忠，刘涛. 2007. 北京市制造业就业分布重心变动研究——基于基本单位普查数据的分析. 城市发展研究, 14(6): 8-14.

柴宏博，冯健. 2014. 基于迁居的郊区大型居住区社会空间形成——以北京回龙观居住区为例. 地域研究与开发, 33(5): 77-81.

柴彦威. 1991. 中国都市の内部地域構造——蘭州市を例として. 人文地理, 43(6): 1-17.

柴彦威. 1995. 郊区化及其研究. 经济地理, 15(2): 48-53.

柴彦威. 1996. 以单位为基础的中国城市内部生活空间结构——兰州市的实证研究. 地理研究, 15(1): 30-38.

柴彦威. 1998. 时间地理学的起源、主要概念及其应用. 地理科学, 18(1): 65-72.

柴彦威. 1999a. 城市空间. 北京：科学出版社.

柴彦威. 1999b. 中、日城市内部空间结构比较研究. 人文地理, 14(1): 6-10.

柴彦威，等. 2014. 空间行为与行为空间. 南京：东南大学出版社.

柴彦威，王恩宙. 1997. 时间地理学的基本概念与表示方法. 经济地理, 17(3): 55-61.

柴彦威，周一星. 2000. 大连市居住郊区化的现状、机制及趋势. 地理科学, (2): 127-132.

柴彦威，沈洁. 2008. 基于活动分析法的人类空间行为研究. 地理科学, 28(5): 594-600.

柴彦威，塔娜. 2009. 北京市 60 年城市空间发展及展望. 经济地理, 29(9): 1421-1427.

柴彦威，张纯. 2009. 地理学视角下的城市单位：解读中国城市转型的钥匙. 国际城市规划, 24(5): 2-6.

柴彦威，张艳. 2009. 关于"中国城市单位转型研究". 国际城市规划, 24(5): 1-1.

柴彦威，张艳. 2010. 应对全球气候变化，重新审视中国城市单位社区. 国际城市规划, 25(1): 20-23, 46.

柴彦威，塔娜. 2013. 中国时空间行为研究进展. 地理科学进展, 32(9): 1362-1373.

柴彦威，张雪. 2014. 北京郊区女性居民一周时空间行为的日间差异研究. 地理科学, 34(6): 725-732.

柴彦威，郭文伯. 2015. 中国城市社区管理与服务的智慧化路径. 地理科学进展, 34(4): 466-472.

柴彦威，李春江. 2019. 城市生活圈规划：从研究到实践. 城市规划, 43(5): 9-16, 60.

柴彦威, 刘志林, 李峥嵘, 等. 2002. 中国城市的时空间结构. 北京: 北京大学出版社.

柴彦威, 翁桂兰, 沈洁. 2008a. 基于居民购物消费行为的上海城市商业空间结构研究. 地理研究, 27(4): 897-906.

柴彦威, 刘志林, 沈洁. 2008b. 中国城市单位制度的变化及其影响. 干旱区地理, 31(2): 155-163.

柴彦威, 曲华林, 马玫. 2008c. 开发区产业与空间及管理转型. 北京: 科学出版社.

柴彦威, 张文佳, 张艳, 等. 2009. 微观个体行为时空数据的生产过程与质量管理——以北京居民活动日志调查为例. 人文地理, (6): 1-9.

柴彦威, 塔娜, 毛子丹. 2011a. 单位视角下的中国城市空间重构. 现代城市研究, (3): 4-9.

柴彦威, 张艳, 刘志林. 2011b. 职住分离的空间差异性及其影响因素研究. 地理学报, 66(2): 157-166.

柴彦威, 肖作鹏, 张艳. 2011c. 中国城市空间组织与规划转型的单位视角. 城市规划学刊, (6): 28-35.

柴彦威, 申悦, 肖作鹏, 等. 2012. 时空间行为研究动态及其实践应用前景. 地理科学进展, 31(6): 667-675.

柴彦威, 刘天宝, 塔娜, 等. 2013. 中国城市单位制研究的一个新框架. 人文地理, 28(4): 1-6.

柴彦威, 张雪, 孙道胜. 2015. 基于时空间行为的城市生活圈规划研究——以北京市为例. 城市规划学刊, (3): 61-69.

柴彦威, 肖作鹏, 刘天宝, 等. 2016. 中国城市的单位透视. 南京: 东南大学出版社.

柴彦威, 刘伯初, 塔娜. 2017. 单位社区居民日常活动模式比较研究——以西宁市为例. 社会科学战线, (8): 163-173.

陈伯庚, 顾志敏, 陆开和. 2003. 城镇住房制度改革的理论与实践. 上海: 上海人民出版社.

陈从周, 章明. 1988. 上海近代建筑史稿. 上海: 上海三联书店.

陈代光. 1996. 广州城市发展史. 广州: 暨南大学出版社.

陈江龙, 高金龙, 徐梦月, 等. 2014. 南京大都市区建设用地扩张特征与机理. 地理研究, 33(3): 427-438.

陈联. 1995. CBD 规划研究的前提及方法. 城市规划, (3): 32-34.

陈爽, 刘云霞, 彭立华. 2008. 城市生态空间演变规律及调控机制——以南京市为例. 生态学报, (5): 2270-2278.

陈伟新. 2003. 国内大中城市中央商务区近今发展实证研究. 城市规划, (12): 18-23.

陈彦光. 2000. 城市人口空间分布函数的理论基础与修正形式——利用最大熵方法推导关于城市人口密度衰减的 Clark 模型. 华中师范大学学报 (自然科学版), (4): 489-492.

陈瑛. 2005. 城市 CBD 与 CBD 系统. 北京: 科学出版社.

陈映雪, 甄峰, 王波, 等. 2012. 基于微博平台的中国城市网络信息不对称关系研究. 地球科学进展, 27(12): 1353-1362.

陈赵炅, 杨东援, 郭高华. 2014. 上海市大型居住社区居民职住分离情况研究. 交通运输研究, 42(15): 19-24.

楚义芳. 1992. CBD 与城市发展. 城市规划, (3): 3-8, 64.

川口太郎. 1992. 郊外地域内生活行动圈的考察. 地域学研究, (5): 83-99.

丛艳国. 2013. 广州市人居环境满意度的阶层分异研究. 城市规划, 37(1): 40-44.

崔功豪, 武进. 1990. 中国城市边缘区空间结构特征及其发展——以南京等城市为例. 地理学报, (4): 399-411.

代鑫, 杨俊宴, 吴浩. 2016. 基于手机信令数据的城市商业中心空间活力研究——以上海为例 // 中国城市规划学会, 沈阳市人民政府编. 规划 60 年: 成就与挑战——2016 中国城市规划年会论文集 (04 城市规划新技术应用). 北京: 中国建筑工业出版社.

邓琳爽,伍江.2017.近代上海城市公共娱乐空间结构演化过程及其规律研究 (1843-1949).城市规划学刊,000(3): 95-102.

邓晓梅.2002.从单位社区到城市社区.规划师,18(8): 9-12.

邓羽,司月芳.2015.北京市城区扩展的空间格局与影响因素.地理研究,34(12): 2247-2256.

丁娟,焦华富,李俊峰.2014.产业演进对旅游城市空间形态演变的作用机理——以黄山市为例.地理研究,33(10): 1966-1976.

丁亮,钮心毅,宋小冬.2017.上海中心城区商业中心空间特征研究.城市规划学刊,(1): 63-70.

丁一,王红梅,沈明,等.2014.广州市旧城更新改造模式的优选研究.城市规划,38(5): 15-21.

董贺轩,卢济威.2009.作为集约化城市组织形式的城市综合体深度解析.城市规划学刊,(1): 54-61.

董佳.2012.国民政府时期的南京《首都计划》——一个民国首都的规划与政治.城市规划,36(8): 14-19.

董鉴泓.2004.中国城市建设史.北京:中国建筑工业出版社.

董琦,甄峰.2013.基于物流企业网络的中国城市网络空间结构特征研究.人文地理,(4): 71-76.

董志凯,吴江.2004.新中国工业的奠基石:156项建设研究.广州:广东经济出版社.

杜春兰,柴彦威,张天新,等.2012."邻里"视角下单位大院与居住小区的空间比较.城市发展研究,19(5): 88-94.

段进.1999.城市空间发展论.南京:江苏科学技术出版社.

段进,季松,王海宁.2002.城镇空间解析——太湖流域古镇空间结构与形态.北京:中国建筑工业出版社.

段进,杨保军,周岚,等.2020.规划提高城市免疫力——应对新型冠状病毒肺炎突发事件笔谈会.城市规划,44(02): 115-136.

樊杰,王宏远,陶岸君,等.2009.工业企业区位与城镇体系布局的空间耦合分析.地理学报,64(2): 131-141.

范炜.2002.单位用地割据——当前城市管理中面临的难题.城市规划汇刊,(6): 76-79.

范文莉.2007.当代城市地下空间发展趋势——从附属使用到城市地下、地上空间一体化.国际城市规划,(06): 53-57.

方远平,谢蔓,林彰平.2013.信息技术对服务业创新影响的空间计量分析.地理学报,68(8): 1119-1130.

冯健.2002.杭州城市工业的空间扩散与郊区化研究.城市规划汇刊,(2): 42-47.

冯健.2005.西方城市内部空间结构研究及其启示.城市规划,(8): 41-50.

冯健,周一星.2003a.中国城市内部空间结构研究进展与展望.地理科学进展,22(3): 304-315.

冯健,周一星.2003b.近20年来北京都市区人口增长与分布.地理学报,58(6): 903-916.

冯健,周一星.2003c.北京都市区社会空间结构及其演化 (1982-2000).地理研究,22(4): 465-483.

冯健,周一星.2004.郊区化进程中北京城市内部迁居及相关空间行为——基于千份问卷调查的分析.地理研究,23(2): 227-242.

冯健,项怡之.2013.开发区社区居民日常活动空间研究——以北京经济技术开发区为例.人文地理,28(3): 42-50.

冯健,叶宝源.2013.西方社会空间视角下的郊区化研究及其启示.人文地理,28(3): 20-26.

冯健,周一星,王晓光,等.2004.1990年代北京郊区化的最新发展趋势及其对策.城市规划,28(3): 13-29.

冯章献,王士君,张颖.2010.中心城市极化背景下开发区功能转型与结构优化.城市发展研究,17(01): 5-8.

付承伟，陈明星．2010．国内城乡结合部研究进展．地理科学进展，29(12): 1525-1531.

付磊，唐子来．2008．上海市外来人口社会空间结构演化的特征与趋势．城市规划学刊，(1): 69-76.

傅辰昊，周素红，闫小培，等．2017．广州市零售商业中心的居民消费时空行为及其机制．地理学报，72(4): 603-617.

傅辰昊，周素红，闫小培，等．2018．广州市零售商业中心消费活动时变模式及其影响因素．地理科学，38(01): 20-30.

干迪．2013．上海市郊区大型社区不同人群通勤特征分析研究．上海城市规划，(6): 106-111.

高菠阳，刘卫东，Norcliffe G，等．2010．土地制度对北京制造业空间分布的影响．地理科学进展，29(7): 878-886.

高相铎，李诚固，高艳丽，等．2005．西部大学城对未来西安市城市空间扩散的影响．人文地理，(5): 62-65.

高鑫，修春亮，魏冶．2012．城市地理学的"流空间"视角及其中国化研究．人文地理，27(4): 32-36, 160.

古杰，齐兰兰，周素红，等．2016．国内外城市时空间结构研究的渊源及述评．世界地理研究，(3): 69-79.

古杰，周素红，闫小培，等．2012．居民日常出行时空集聚视角下的城市交通拥堵形成机制研究——以广州为例．地理科学，(8): 921-927.

谷志莲，柴彦威．2012．老龄化社会背景下单位社区的"宜老性"研究——以北京大学燕东园社区为例．城市发展研究，19(11): 89-95, 102.

顾朝林．1999．北京土地利用/覆盖变化机制研究．自然资源学报，14(4): 16-21.

顾朝林．2006．中国城市发展的新趋势．城市规划，(3): 26-31.

顾朝林．2013．城市社会学．北京：清华大学出版社．

顾朝林，等．1995．中国大城市边缘区研究．北京：科学出版社．

顾朝林，陈振光．1994．中国大都市空间增长形态．城市规划，18(6): 45-50.

顾朝林，克斯特洛德．1997a．北京社会空间结构影响因素及其演化研究．城市规划，(4): 12-15.

顾朝林，克斯特洛德．1997b．北京社会极化与空间分异研究．地理学报，(5): 385-393.

顾朝林，孙樱．1998．中国大城市发展的新动向——城市郊区化．规划师，(2): 102-104.

顾朝林，宋国臣．2001．北京城市意象空间及构成要素研究．地理学报，(1): 64-74.

顾朝林，吴莉娅．2008．中国城市化研究主要成果综述．城市问题，(12): 2-12.

顾朝林，陈田，丁金宏，等．1993．中国大城市边缘区特性研究．地理学报，60(4): 317-328.

顾朝林，赵令勋，等．1998．中国高技术产业与园区．北京：中信出版社．

顾朝林，甄峰，张京祥．2000．集聚与扩散：城市空间结构新论．南京：东南大学出版社．

顾朝林，柴彦威，蔡建明，等．2002．中国城市地理．北京：商务印书馆．

关美宝，谷志莲，塔娜，等．2013．定性GIS在时空间行为研究中的应用．地理科学进展，32(9): 1316-1331.

广州地方志编撰委员会．1995．广州市志．广州：广州出版社．

郭嵘，李元，黄梦石．2019．哈尔滨15分钟社区生活圈划定及步行网络优化策略．规划师，35(4): 18-24.

郭月婷，廖和平，彭征．2009．中国城市空间拓展研究动态．地理科学进展，28(3): 370-375.

郭湛．1998．单位社会化、城市现代化——浅谈单位体制对我国现代城市的影响．城市规划汇刊，(6): 60-62.

郝新华，周素红，柳林．2016．广州市高峰小时居住用地交通产生与分布——基于出租车GPS起讫关联的分析．人文地理，31(6): 109-114, 151.

何海兵．2003．我国城市基层社会管理体制的变迁：从单位制、街居制到社区制．管理世界，(6): 52-62.

何嘉宁．2003．广州传统城市轴线的历史演进．南方建筑，(4): 65-67.

何深静, 刘玉亭 . 2010. 市场转轨时期中国城市绅士化现象的机制与效应研究 . 地理科学, 30(4): 496-502.

何深静 . 2019. 中国飞地城市主义及其社会空间影响 . 城市与区域规划研究, 11(1): 190-200.

何重达, 吕斌 . 2007. 中国单位制度社会功能的变迁 . 城市问题, (11): 48-56.

洪启东, 童千慈 . 2009. 从上海 M50 创意园看城市转型中的创意产业崛起 . 城市观察, 3(3): 96-104.

洪世键, 张京祥 . 2009. 土地使用制度改革背景下中国城市空间扩展: 一个理论分析框架 . 城市规划学刊, (3): 89-94.

侯懿珊, 柴彦威 . 2014. 中国住房改革中的单位作用 "隐形化" 及其住房表现——以北京部分高校居住区为例 . 人文地理, 29(5): 19-24.

胡大平 . 2003. 弹性生产、全球资本主义和社会主义改革——20 世纪后半叶资本主义的变化及其政策启示 . 南京大学学报: 哲学·人文科学·社会科学版, 40(1): 23-32.

华揽洪 . 1981. 重建中国: 城市规划三十年 (1949-1979). 李颖, 译 . 2006. 北京: 生活·读书·新知三联书店 .

黄慧明 . 2018. 广州旧城形态演变特征与机制研究 . 北京: 中国建筑工业出版社 .

黄杉, 武前波, 崔万珍 . 2013. 国内外城市综合体的发展特征与类型模式 . 经济地理, 33(4): 1-8.

黄晓军, 李诚固, 黄馨 . 2009. 长春城市蔓延机理与调控路径研究 . 地理科学进展, 28(1): 76-84.

黄亚平 . 2002. 城市空间理论与空间分析 . 南京: 东南大学出版社 .

黄友琴, 易成栋 . 2009. 户口、迁移与居住分异——以武汉为例的实证研究 . 城市发展研究, 16(6): 36-40, 46.

吉伯德, 等 . 1983. 市镇设计 . 程里尧, 译 . 北京: 中国建筑工业出版社 .

蒋朝晖 . 2005. 中国大城市中央商务区 (CBD) 建设之辨 . 国外城市规划, 20(4): 68-71.

蒋力群, 姚丽萍 . 2012. 城市智慧社区建设的新趋势与综合对策——以上海为例 . 上海城市管理, (4): 25-28.

蒋丽, 吴缚龙 . 2014. 2000-2010 年广州外来人口空间分布变动与对多中心城市空间结构影响研究 . 现代城市研究, (5): 15-21.

焦俊一 . 2013. 智慧社区服务创新应用系统的探索 . 物联网技术, (2): 8-11.

揭爱花 . 2000. 单位: 一种特殊的社会生活空间 . 浙江大学学报, 30(5): 76-84.

靳美娟, 张志斌 . 2006. 国内外城市空间结构研究综述 . 热带地理, 26(2): 134-138.

康春鹏 . 2012. 智慧社区在社会管理中的应用 . 北京青年政治学院学报, (2): 72-76.

拉夫洛夫 . 1982. 大城市改建 . 李康, 译 . 北京: 中国建筑工业出版社 .

黎夏, 叶嘉安 . 1997a. 利用遥感监测和分析珠江三角洲的城市扩张过程——以东莞市为例 . 地理研究, 16(4): 56-62.

黎夏, 叶嘉安 . 1997b. 利用主成分分析改善土地利用变化的遥感监测精度——以珠江三角洲城市用地扩张为例 . 遥感学报, (4): 283-289.

黎夏, 叶嘉安 . 1999. 约束性单元自动演化 CA 模型及可持续城市发展形态的模拟 . 地理学报, (4): 3-12.

黎夏, 叶嘉安 . 2002. 基于神经网络的单元自动机 CA 及真实和优化的城市模拟 . 地理学报, 57(2): 159-166.

李百浩, 黄亚平 . 2003. 历史·风景·街市·生活——广州传统城市中轴线概念城市设计 . 城市规划, 27(3): 81-86.

李诚固, 韩守庆, 郑文升 . 2004. 城市产业结构升级的城市化响应研究 . 城市规划, (4): 31-36.

李诚固，李培祥，谭雪兰，等．2003．东北地区产业结构调整与升级的趋势及对策研究．地理科学，23(1): 7-12.

李东君．1997．面向未来的新世纪蓝图——陆家嘴中心区 CBD 规划设计．时代建筑，(1): 16-21.

李国豪．1991．土木建筑工程词典．上海：上海辞书出版社．

李国平．2008．我国工业化与城镇化的协调关系分析与评估．地域研究与开发，27(5): 6-11.

李浩．2012．历史回眸与反思——写在"三年不搞城市规划"提出 50 周年之际．城市规划，36(01): 73-79.

李和平，章征涛．2011．城市中低收入者的被动郊区化．城市问题，(10): 97-101.

李津莉，张威．2010．快速发展的天津城市与遗产保护．时代建筑，(5): 16-21.

李克欣．2011．中国城市化的低碳战略．中国科学院院刊，26(1): 49-55.

李路路．2002．论"单位"研究．社会学研究，17(5): 23-32.

李路路，苗大雷，王修晓．2009．市场转型与"单位"变迁——再论"单位"研究．社会，29(4): 1-25, 224.

李猛，周飞舟，李康．1996．单位：制度化组织的内部．中国社会科学季刊（香港），16(5): 135-167.

李沛霖．2011．三十年来民国南京城市经济研究综述．民国档案，(2): 135-143.

李强，李晓林．2007．北京市近郊大型居住区居民上班出行特征分析．城市问题，(7): 55-59.

李瑞，冰河．2006．中外旧城更新的发展状况及发展动向．武汉大学学报（工学版），39(2): 114-118.

李小波，李强．2000．从天文到人文——汉唐长安城规划思想的演变．城市规划，24(9): 37-42.

李晓文，方精云，朴世龙．2003．上海城市用地扩展强度、模式及其空间分异特征．自然资源学报，18(4): 412-422.

李秀伟，路林．2011．北京产业发展空间特征及利用策略．北京规划建设，(6): 53-56.

李郇，许学强．1993．广州市城市意象空间分析．人文地理，(3): 27-35.

李郇，李灵犀．2006．国内城市新区开发的政府与市场的互动机制与模式——以广州琶洲地区开发为例．热带地理，26(3): 243-247.

李永乐，吴群．2013．中国式分权与城市扩张：基于公地悲剧的再解释．资源科学，35(1): 199-206.

李宇翔，费世英，李端明．2012．智慧社区系统架构研究．知识管理论坛，(12): 39-44.

李志刚．2011．中国城市社会空间结构转型．南京：东南大学出版社．

李志刚．2012．中国大都市新移民的住房模式与影响机制．地理学报，67(2): 189-200.

李志刚，吴缚龙．2006．转型期上海社会空间分异研究．地理学报，61(2): 199-211.

李志刚，顾朝林．2011．中国城市社会空间结构转型．南京：东南大学出版社．

李志刚，刘晔．2011．中国城市"新移民"社会网络与空间分异．地理学报，66(6): 785-795.

李志刚，吴缚龙，高向东．2007．"全球城市"极化与上海社会空间分异研究．地理科学，27(3): 304-311.

李志刚，薛德升，Michael L，等．2008．广州小北路黑人聚居区社会空间分析．地理学报，63(2): 207-218.

李志刚，吴缚龙，肖扬．2014．基于全国第六次人口普查数据的广州新移民居住分异研究．地理研究，33(11): 2056-2068.

理．1992．城市社会空间结构．王兴中，译．西安：西安地图出版社．

梁鹤年．1999．城市土地使用规划的几个战略性选择．城市规划，(9): 21-24.

梁江，孙晖．2007．模式与动因——中国城市中心区的形态演变．北京：中国建筑工业出版社．

梁进社．2002．中国建设用地省际分布的统计分析．地球科学进展，17(2): 196-200.

廖和平，彭征，洪惠坤，等．2007．重庆市直辖以来的城市空间扩展与机制．地理研究，26(6): 1137-1146.

林耿．2009．居住郊区化背景下消费空间的特征及其演化——以广州市为例．地理科学，29(3): 353-359.

林耿，沈建萍．2011．大城市健身消费与地方建构．地理学报，66(10): 1321-1331.

林家彬．2013．对城镇化问题的几点思考．中国发展观察，(9): 6-8.

林涛 . 2010. 郊区新城发展与大城市空间结构调整 : 松江案例 . 人文地理 , 25(5): 75-80.

刘春芳 , 张志英 . 2018. 从城乡一体化到城乡融合 : 新型城乡关系的思考 . 地理科学 , 38(10): 1624-1633.

刘春年 , 邹珊 . 2007. 数字社区市场的发展及探索 . 情报杂志 , 26(4): 132-133.

刘恩芳 . 2002. 难舍渐已逝去的上海里弄情怀——上海静安新福康里规划设计 , 建筑学报 . (10): 51-53.

刘海泳 , 顾朝林 . 1999. 北京流动人口聚落的形态、结构与功能 . 地理科学 , 19(6): 497-503.

刘怀玉 . 2004. 索亚 : 后现代地理景观的空间本体论批判 . 南京大学学报 (哲学・人文科学・社会科学 版), 41(5): 15-19.

刘建军 . 2000. 单位中国——社会调控体系中的个人、组织与国家 . 天津 : 天津人民出版社 .

刘健 . 2004. 区域·城市·郊区——北京城市空间发展的重新审视 . 北京规划建设 , (2): 64-67.

刘君德 , 靳润成 , 张俊芳 . 2004. 中国社区地理 . 北京 : 科学出版社 .

刘平 , 王汉生 , 张笑会 . 2008. 变动的单位制与体制内的分化——以限制介入性大型国有企业为例 . 社 会学研究 , (3): 56-80.

刘沁萍 , 杨永春 , 付冬暇 , 等 . 2014. 基于 DMSP_OLS 灯光数据的 1992 ～ 2010 年中国城市空间扩张 研究 . 地理科学 , 34(2): 129-136.

刘涛 , 曹广忠 . 2010. 城市用地扩张及驱动力研究进展 . 地理科学进展 , 29(8): 927-934.

刘天宝 . 2017. 中国城市的单位模式 . 南京 : 东南大学出版社 .

刘天宝 , 柴彦威 . 2012a. 结构主义视角下城市单位制的形成逻辑 . 人文地理 , 27(1): 34-38.

刘天宝 , 柴彦威 . 2012b. 中国城市单位制形成的影响因素 . 城市发展研究 , 19(7): 53-60.

刘天宝 , 柴彦威 . 2012c. 地理学视角下单位制研究进展 . 地理科学进展 , 31(4): 527-534.

刘天宝 , 柴彦威 . 2013. 中国城市单位制研究进展 . 地域研究与开发 , 32(5): 13-21.

刘天宝 , 柴彦威 . 2014. 中国城市单位大院空间及其社会关系的生产与再生产 . 南京社会科学 , (07): 48-55.

刘天宝 , 柴彦威 . 2017. 中国城市单位制度解体的表征、逻辑与过程 . 学习与探索 , (11): 45-51.

刘望保 , 闫小培 . 2007. 转型期广州市居住迁移影响因素于户籍之间的比较 . 地理研究 , (5): 1055-1066.

刘望保 , 石恩名 . 2016. 基于ICT的中国城市间人口日常流动空间格局——以百度迁徙为例 . 地理科学 , 71(10): 1667-1679.

刘望保 , 闫小培 , 曹小曙 , 等 . 2006. 住房制度改革背景下广州市居民居住偏好研究 . 地域研究与开发 , 25(6): 37-42.

刘望保 , 陈忠暖 , 闫小培 . 2009. 转型期广州市居住迁移的分阶段比较 . 热带地理 , 29(2): 123-128.

刘卫东 , 甄峰 . 2004. 信息化对社会经济空间组织的影响研究 . 地理学报 , 59(Z1): 67-76.

刘卫东 , Dicken P, 杨伟聪 . 2004. 信息技术对企业空间组织的影响——以诺基亚北京星网工业园为例 . 地理研究 , 23(06): 833-844.

刘霄泉 . 2005. 北京市居民居住方式及居住空间分析 . 城市问题 , (6): 66-69.

刘旭 . 2017. 移植与涵化 : 俄日侵占时期的大连中心城区空间结构演变 . 大连城市历史文化研究 , (00): 63-90.

刘学 , 甄峰 , 张敏 , 等 . 2015. 网上购物对个人出行与城市零售空间影响的研究进展及启示 . 地理科学 进展 , (1): 48-54.

刘彦随 . 1999. 土地利用优化配置中系列模型的应用——以乐清市为例 . 地理科学进展 , 18(1): 26-31.

刘艳军 , 李诚固 , 徐一伟 . 2007. 城市产业结构升级与空间结构形态演变研究——以长春市为例 . 人文 地理 , 22(4): 41-45.

刘玉亭 . 2005. 转型期中国城市贫困的社会空间 . 北京 : 科学出版社 .

刘玉亭，何深静，顾朝林 . 2002. 国内城市贫困问题研究 . 城市问题 , (5): 45-49.

刘云刚，陈跃 . 2014. 广州日本移民族裔经济的形成及其社会空间特征 . 地理学报 , 69(10): 1533-1546.

刘志林，柴彦威 . 2001. 深圳市民周末休闲活动的空间结构 . 经济地理 , 21(4): 504-508.

刘志林，王茂军 . 2011. 北京市职住空间错位对居民通勤行为的影响分析——基于就业可达性与通勤时间的讨论 . 地理学报 , 66(4): 457-467.

刘志林，张艳，柴彦威 . 2009. 中国大城市职住分离现象及其特征 : 以北京市为例 . 城市发展研究 , 16(9): 110-117.

龙茂乾，孟晓晨 . 2015. 城镇化、郊区化与中国城市空间扩张 . 地域研究与开发 , 34(3): 53-60.

龙小凤 . 2010. 西安历次城市总体规划理念的转变与启示 . 规划师 , 26(12): 40-45.

龙瀛，茅明睿，毛其智，等 . 2014. 大数据时代的精细化城市模拟 : 方法、数据和案例 . 人文地理 , 3: 7-13.

龙瀛，张宇，崔承印 . 2012. 利用公交刷卡数据分析北京职住关系和通勤出行 . 地理学报 , 67(10): 1339-1352.

卢汉龙 . 1999. 单位与社区 : 中国城市社会生活的组织重建 . 社会科学 , (2): 52-55.

卢汉龙，陶希东 . 2011. 上海社会发展报告 (2011 版公共政策与社会融合). 北京 : 社会科学文献出版社 .

陆大道 . 2007. 我国的城镇化进程与空间扩张 . 中国城市经济 , (10): 14-17.

路风 . 1989. 单位 : 一种特殊的社会组织形式 . 中国社会科学 , (1): 72-89.

罗福源，罗寿枚 . 2004. 国内 CBD 研究回顾与展望 . 城市问题 , (6): 15-19.

罗荣渠 . 1993. 现代化新论 . 北京 : 北京大学出版社 .

罗小龙，甄峰 . 2000. 生态位态势理论在城乡结合部应用的初步研究——以南京市为例 . 经济地理 , (5): 55-58, 71.

罗小龙，沈建法 . 2006. 跨界的城市增长——以江阴经济开发区靖江园区为例 . 地理学报 , 61(4): 101-111.

罗彦，周春山 . 2004. 中国城市的商业郊区化及研究迟缓发展探讨 . 人文地理 , 19(6): 39-43.

吕拉昌 . 2006. 新经济时代中国大都市的郊区化机制探讨——兼与美国郊区化的比较 . 地域研究与开发 , 25(4): 6-10.

吕卫国，陈雯 . 2009. 制造业企业区位选择与南京城市空间重构 . 地理学报 , 64(2): 142-152.

马静，柴彦威，张文佳 . 2009. 北京市居民购物出行影响因素的空间分异 . 经济地理 , 29(12): 2006-2011.

马静，柴彦威，刘志林 . 2011. 基于居民出行行为的北京市交通碳排放影响机理 . 地理学报 , (8): 1023-1032.

马清裕，张文尝 . 2006. 北京市居住郊区化分布特征及其影响因素 . 地理研究 , 25(1): 121-131.

马仁锋，张猛，陈旭，等 . 2010. 昆明主城空间结构演变的驱动力研究 . 北京城市学院学报 , (2): 8-13.

马妍，李苗裔 . 2016. "互联网 +" 环境下城市商业功能空间演变及规划响应 . 规划师 , 32(4): 17-22.

毛小岗，宋金平，杨鸿雁，等 . 2012. 2000-2010 年北京城市公园空间格局变化 . 地理科学进展 , 31(10): 1295-1306.

毛子丹，柴彦威 . 2013. 中国城市单位社区治理模式转型路径及其未来趋势——以北京市毛纺南社区为例 . 城市发展研究 , 3(3): 17-22.

冒亚龙，何镜堂 . 2009. 数字时代的城市空间结构——以长沙市为例 . 城市规划学刊 , (4): 14-17.

孟斌 . 2009. 北京城市居民职住分离的空间组织特征 . 地理学报 , 64(12): 1457-1466.

孟斌，于慧丽，郑丽敏 . 2012. 北京大型居住区居民通勤行为对比研究——以望京居住区和天通苑居住区为例 . 地理研究 , 31(11): 2069-2079.

牟凤云，张增祥，谭文彬，等 . 2007. 广州城市空间形态特征与时空演化分析 . 地球信息科学 , 5(10):

94-98.

牟宇峰，孙伟，吴加伟.2014.南京商业中心演化与布局研究.世界地理研究,23(2): 112-122.

牟振宇.2008.近代上海法租界城市空间的扩展.城市规划学刊,(2): 111-118.

宁越敏.1984.上海市区商业中心区位的探讨.地理学报,51(2): 163-172.

宁越敏.2000.上海市区生产服务业及办公楼区位研究.城市规划,(8): 9-12, 20.

宁越敏.2006.上海大都市区空间结构的重构.城市规划,30(B11): 44-45.

宁越敏，侯学钢.1998.上海办公楼的发展及对上海中心城空间规划的再思考.上海城市规划,(4): 9-15.

宁越敏，黄胜利.2005.上海市区商业中心的等级体系及其变迁特征.地域研究与开发,24(2): 15-19.

宁越敏，张务栋，钱今昔.1994.中国城市发展史.合肥：安徽科学技术出版社.

钮心毅，丁亮.2015.利用手机数据分析上海市域的职住空间关系——若干结论和讨论.上海城市规划,
  (2): 39-43.

钮心毅，丁亮，宋小冬.2014.基于手机数据识别上海中心城的城市空间结构.城市规划学刊,(6): 61-67.

潘海啸，汤諹，麦贤敏，等.2010.公共自行车交通发展模式比较.城市交通,08(6): 40-43.

潘竟虎，韩文超.2013.近20a中国省会及以上城市空间形态演变.自然资源学报,28(3): 470-480.

庞晶，叶裕民.2012.全球化对城市空间结构的作用机制分析.城市发展研究,19(4): 50-54.

钱紫华，陈晓键.2005.西安城市边缘区空间扩展研究.人文地理,(3): 54-58.

乔永学.2004.北京"单位大院"的历史变迁及其对北京城市空间的影响.华中建筑,22(5): 91-95.

秦波，赵群毅，周一星.2003.重庆市CBD的地域界定研究.城市规划学刊,(3): 84-89.

秦萧，甄峰.2017.大数据与小数据结合：信息时代城市研究方法探讨.地理科学,37(3): 321-330.

秦萧，甄峰，熊丽芳，等.2013.大数据时代城市时空间行为研究方法.地理科学进展,32(9): 1352-1361.

秦萧，甄峰，朱寿佳，等.2014.基于网络口碑度的南京城区餐饮业空间分布格局研究——以大众点评
  网为例.地理科学,34(7): 810-817.

邱报，孙娟，王铮，等.2001.上海高新技术产业内部空间分布及区位分析.城市规划,25(1): 46-48.

冉斌.2013.手机数据在交通调查和交通规划中的应用.城市交通,11(1): 72-81, 32.

任学丽.2010.单位制度的初始意图与意外后果.理论探索,(5): 111-114.

任颐，毛荣昌.2014.手机数据与规划智慧化——以无锡市基于手机数据的出行调查为例.国际城市规
  划,29(6): 66-71.

任云英.2019.转型与重构：近代西安城市空间结构演变.北京：科学出版社.

阮智炜.2010.1949-1978年广州市居住-就业空间发展特征及其形成机制研究.广州：中山大学.

邵晖.2012.从大城市到全球城市—区域——中国大城市空间重构的动力研究.发展研究,(7): 110-114.

申峻霞，张敏，甄峰.2012.符号化的空间与空间的符号化——网络实体消费空间的建构与扩散.人文
  地理,(1): 29-33.

申悦，柴彦威.2012.基于GPS数据的城市居民通勤弹性研究——以北京市郊区巨型社区为例.地理
  学报,67(6): 733-744.

申悦，柴彦威.2013.基于GPS数据的北京市郊区巨型社区居民日常活动空间.地理学报,68(4):
  506-516.

申悦，傅行行.2019.社区主客观特征对社区满意度的影响机理——以上海市郊区为例.地理科学进展,
  38(5): 686-697.

申悦，柴彦威，马修军.2014.人本导向的智慧社区的概念、模式与架构.现代城市研究,(10): 13-17.

申悦，塔娜，柴彦威.2017.基于生活空间与活动空间视角的郊区空间研究框架.人文地理,32(4): 1-6.

沈建法，王桂新.2000.90年代上海中心城市人口分布及其变动趋势的模型研究.中国人口科学,(5):

45-52.

沈磊．2014.城市中心区规划．北京：中国建筑工业出版社．

沈丽珍．2010.流动空间．南京：东南大学出版社．

沈丽珍，甄峰，席广亮．2012.解析信息社会流动空间的概念、属性与特征．人文地理，(4): 14-18.

石崧．2004.城市空间结构演变的动力机制分析．城市规划学刊，(1): 50-52.

石铁矛，王大嵩，李绥．2015.低碳可持续性评价：从单体建筑到街区尺度——德国 DGNB-NS 新建城市街区评价体系对我国的启示．沈阳建筑大学学报（社会科学版), (6): 217-224.

石炀，边兰春，葛天任．2015.社会空间与居住改善导向的历史街区居住再生——北京旧城若干历史街区的调查与分析 // 中国规划学会．2015 中国城市规划年会论文集．北京：中国建筑工业出版社．

石忆邵．1999.从单中心城市到多中心城市——中国特大城市发展的空间组织模式．城市规划汇刊，(3): 36-39.

石忆邵，章仁彪．2001.从多中心城市到都市经济圈——长江三角洲地区协调发展的空间组织模式．城市规划汇刊，(4): 51-54, 80.

史北祥．2018.城市中心体系极化与扁平化共生现象研究——集散对流效应作用下城市中心体系的演变．规划师，34(3): 85-90.

史北祥，杨俊宴．2010.南京市新街口中心区用地空间演替研究 // 中国城市学会．规划创新：2010 中国城市规划年会论文集，重庆：重庆出版社．

史培军，陈晋，潘耀忠．2000.深圳市土地利用变化机制分析．地理学报，(2): 151-160.

司徒尚纪，李宁利．1998.广州古城选址和布局的风水地理透视．岭南文史，(3): 33-38.

宋家泰，崔功豪，张同海．1983.城市总体规划．北京：商务印书馆．

宋金平，李丽平．2000.北京市城乡过渡地带产业结构演化研究．地理科学，20(1): 20-26.

宋金平，王恩儒，张文新，等．2007.北京住宅郊区化与就业空间错位．地理学报，62(4): 387-396.

宋周莺，刘卫东．2012.信息时代的企业区位研究．地理学报，67(4): 479-489.

孙斌栋，魏旭红．2014.上海都市区就业—人口空间结构演化特征．地理学报，69(6): 747-758.

孙斌栋，石巍，宁越敏．2010.上海市多中心城市结构的实证检验与战略思考．城市规划学刊，(1): 58-63.

孙斌栋，涂婷，石巍，等．2013.特大城市多中心空间结构的交通绩效检验——上海案例研究．城市规划学刊，(2): 63-69.

孙道胜，柴彦威．2018.城市社区生活圈体系及公共服务设施空间优化——以北京市清河街道为例．城市发展研究，24(9): 7-14.

孙世界．2001.信息化城市：信息技术与城市关系初探．城市规划，(6): 30-33, 49.

孙铁山，王兰兰，李国平．2013.北京都市区多中心空间结构特征与形成机制．城市规划，37(7): 28-32, 41.

孙智群，柴彦威，王冬根．2009.深圳市民网上购物行为的空间特征．城市发展研究，16(6): 106-112.

塔娜，柴彦威．2010.过滤视角下的中国城市单位社区变化研究．人文地理，25(5): 6-10.

塔娜，柴彦威．2017.基于收入群体差异的北京典型郊区低收入居民的行为空间困境．地理学报，72(10), 1776-1786.

塔娜，柴彦威．2019.理解中国城市生活方式：基于时空行为的研究框架．人文地理，34(2), 17-23.

塔娜，柴彦威，刘志林．2012.单位社区杂化过程与城市性的构建．人文地理，27(3): 39-43.

塔娜，柴彦威，关美宝．2015.北京郊区居民日常生活方式的行为测度与空间—行为互动．地理学报，70(8): 1271-1280.

汤国良．1989.广州工业四十年．广州：广东人民出版社．

滕堂伟，施春蓓．2013. 区域经济联系与卫星城产业区发展：以上海临港产业区为例．经济地理，
　　33(08): 61-67.

田剑平，许学强，赵晓斌，等．2002. 城市外来低收入移民安置与自下而上城市化发展．地理科学，(4):
　　476-482.

田艳平．2012. 旧城改造对城市社会空间分异的影响——以武汉市为例．人口学刊，(6): 72-80.

田毅鹏．2004. "典型单位制"对东北老工业基地社区发展的制约．吉林大学社会科学学报，(4): 97-102.

田毅鹏，刘杰．2010. "单位社会"历史地位的再评价．学习与探索，(4): 41-46.

田宗星，李贵才．2017. 基于 TOD 的城市更新策略探析——以深圳龙华新区为例．国际城市规划，
　　33(5): 93-98.

仝德，冯长春．2009. 国内外城中村研究进展及展望．人文地理，(6): 29-35.

万利，孙丽慧，谭靖，等．2015. 北京郊区土地利用变化及其生态效应研究．水土保持研究，22(5): 92-99.

万艳华，卢彧，徐莎莎．2010. 向度与选择——旧城更新目标新论．城市发展研究，(7): 98-105.

汪程．2016. 城市中心区人群空间利用的时空特征及动因研究——以南京市新街口地区为例．现代城
　　市研究，(7): 59-67.

汪德华．1997. 凭吊洛阳、长安两京——古代城市规划传统思想探源．城市规划汇刊，(03): 10-23, 64.

汪德华．2005. 中国城市规划史纲．南京：东南大学出版社．

汪定增．1956. 上海曹杨新村住宅区的规划设计．建筑学报，(2): 1-15.

汪明峰，宁越敏．2002. 网络信息空间的城市地理学研究：综述与展望．地球科学进展，17(06): 855-863.

江明峰，宁越敏．2004. 互联网与中国信息网络城市的崛起．地理学报，59(3): 446-454.

汪明峰，卢姗．2011. 网上零售企业的空间组织研究——以"当当网"为例．地理研究，30(6): 956-976.

汪明峰，卢姗．2012. 替代抑或补充：网上购物与传统购物出行的关系研究．人文地理，(3): 44-49.

汪明峰，林小玲，宁越敏．2012. 外来人口、临时居所与城中村改造——来自上海的调查报告．城市规
　　划，36(7): 73-80.

王波，甄峰，席广亮，等．2013. 基于微博用户关系的网络信息地理研究——以新浪微博为例．地理研
　　究，32(2): 380-391.

王波，甄峰，魏宗财．2014. 南京市区活动空间总体特征研究——基于大数据的实证分析．人文地理，
　　(3): 14-21.

王波，甄峰，张浩．2015. 基于签到数据的城市活动时空间动态变化及区划研究．地理科学，35(02):
　　151-160.

王朝晖，李秋实．2002. 现代国外城市中心商务区研究与规划．北京：中国建筑工业出版社．

王成新，郝兆印，孙雪，等．2013. 基于科学发展观的中国城市化新模式与路径选择．城市发展研究，
　　20(01): 9-13, 22.

王春兰，杨上广．2015. 上海人口郊区化与新城发展动态分析．城市规划，39(4): 65-70.

王丹丹，张景秋．2015. 北京城市办公郊区化及其发展阶段研究．北京联合大学学报：自然科学版，
　　29(3): 49-57.

王德，张晋庆．2001. 上海市消费者出行特征与商业空间结构分析．城市规划，(10): 6-14.

王德，朱玮，黄万枢．2004. 南京东路消费行为的空间特征分析．城市规划汇刊，(1): 31-36, 95.

王德，农耘之，朱玮．2011a. 王府井大街的消费者行为与商业空间结构研究．城市规划，35(7): 43-48, 60.

王德，许尊，朱玮．2011b. 上海市郊区居民商业设施使用特征及规划应对——以莘庄地区为例．城市
　　规划学刊，(5): 80-86.

王德，王灿，谢栋灿，等．2015. 基于手机信令数据的上海市不同等级商业中心商圈的比较——以南京

东路、五角场、鞍山路为例.城市规划学刊,(3): 50-60.

王德,顾家焕,晏龙旭.2018.上海都市区边界划分——基于手机信令数据的探索.地理学报,73(10): 1896-1909.

王方兵,吴瑞君.2015.上海人口郊区化与产业郊区化协同发展研究.生态经济,31(1): 85-90, 96.

王宏,崔东旭,张志伟.2013.大城市功能外迁中双向通勤现象探析.城市发展研究,20(4): 149-152.

王宏伟.2003.大城市郊区化、居住空间分异与模式研究——以北京市为例.建筑学报,(9): 11-13.

王宏伟.2004.中国城市增长的空间组织模式研究.城市发展研究,11(1): 28-31.

王慧.2002.新城市主义的理念与实践、理想与现实.国外城市规划,(3): 35-38.

王慧.2003.开发区与城市相互关系的内在肌理及空间效应.城市规划,27(3): 20-25.

王缉慈,王可.1999.区域创新环境和企业根植性——兼论我国高新技术企业开发区的发展.地理研究, 18(04): 357-362.

王缉慈,宋向辉,李光宇.1996.北京中关村高新技术企业的集聚与扩散.地理学报,63(6): 481-488.

王晶,甄峰.2016.城市众创空间的特征、机制及其空间规划应对.规划师,32(9): 5-10.

王开泳,戚伟,邓羽.2014.2000年以来中国城市空间扩张的时空平稳性.地理研究,33(7): 1195-1206.

王凯.2006.50年来我国城镇空间结构的四次转变.城市规划,(12): 9-14, 86.

王乐,梁江.2010.单位大院的形态演变模式分析.华中建筑,28(7): 151-154.

王琳,白光润,曹嵘.2004.大城市商业郊区化的问题及调控——以上海市徐汇区为例.城市问题,(3): 26-30.

王士君,浩飞龙,姜丽丽.2015.长春市大型商业网点的区位特征及其影响因素.地理学报,70(6): 893-905.

王新生,刘纪远,庄大方,等.2005.中国特大城市空间形态变化的时空特征.地理学报,60(3): 392-400.

王兴中.1989.后工业化大城市内部经济空间结构和演化主导本质.人文地理,(2): 1-6.

王兴中,等.2000.中国城市社会空间结构研究.北京:科学出版社.

王永超,王士君,冯章献.2013.基于石油开采的城市空间结构演变及其特殊性——以大庆市为例.资 源开发与市场,(10): 1065-1069, 1101.

王郁.2007.上海城市功能与人口郊区迁移的特征和影响分析.人文地理,22(5): 34-37.

王战和,许玲.2005.高新技术产业开发区与城市经济空间结构演变.人文地理,21(2): 98-100.

王振坡,游斌,王丽艳.2014.基于精明增长的城市新区空间结构优化研究——以天津市滨海新区为例. 地域研究与开发,33(4): 90-95.

魏昂德.1991.关于中国城市中工作单位制度的经济社会学研究.国外社会学,(5): 26-32.

魏立华,闫小培.2005a.社会经济转型期中国城市社会空间研究述评.城市规划学刊,(5): 16-20.

魏立华,闫小培.2005b.“城中村”:存续前提下的转型——兼论“城中村”改造的可行性模式.城市 规划,29(7): 9-13.

魏立华,闫小培.2006.大城市郊区化中社会空间的“非均衡破碎化”——以广州市为例.城市规划,(5): 55-60, 87.

魏立华,刘玉亭.2010.转型期中国城市“社会空间问题”的研究述评.国际城市规划,25(6): 70-73.

魏立华,卢鸣,闫小培.2006.社会经济转型期中国“转型城市”的含义、界定及其研究架构.现代城 市研究,21(9): 36-44.

魏立华,丛艳国,李志刚,等.2007.20世纪90年代广州从业人员的社会空间分异.地理学报,62(4): 407-417.

魏立华,闫小培,刘玉亭.2008.清代广州城市社会空间结构研究.地理学报,63(6): 613-624.

魏心镇, 林亚真. 1989. 国土规划的理论开拓——关于地域结构的研究. 地理学报, 56(3): 262-271.

魏宗财, 王开泳, 陈婷婷. 2015. 新型城镇化背景下开发区转型研究——以广州民营科技园为例. 地理
　　科学进展, (9): 1195-1208.

温锋华, 许学强. 2010. 基于分形理论的特大城市新型产业空间发展演变研究——以广州商务办公空
　　间为例. 城市发展研究, 17(5): 23-29.

温锋华, 李立勋, 许学强. 2008. 20 世纪 90 年代以来我国商务办公空间研究综述. 热带地理, (5):
　　439-443.

吴必虎. 2001. 大城市环城游憩带 (ReBAM) 研究——以上海市为例. 地理科学, 21(4): . 354-359.

吴缚龙. 2006. 中国的城市化与"新"城市主义. 城市规划, 30(8): 19-23.

吴缚龙. 2008. 超越渐进主义: 中国的城市革命与崛起的城市. 城市规划学刊, (1): 18-22.

吴立, 刘红叶. 2008. 黄山市区域旅游系统空间结构模式与优化. 安徽农学通报, 014(1): 111-113, 132.

吴良镛. 1994. 北京旧城与菊儿胡同. 北京: 中国建筑工业出版社.

吴明伟, 孔令龙, 陈联. 1999a. 城市中心区规划. 南京: 东南大学出版社.

吴明伟, 段进, 孔令龙. 1999b. "千峰环野立, 一水抱城流"——桂林城市中心区环城水系规划设计.
　　城市规划, (12): 44-47.

吴启焰, 陈辉, Wu B, 等. 2012. 城市空间形态的最低成本—周期扩张规律——以昆明为例. 地理研究,
　　31(3): 484-494.

吴启焰, 崔功豪. 1999. 南京市居住空间分异特征及其形成机制. 城市规划, 23(12): 23-35.

吴启焰, 朱喜刚. 2009. 城市经济学. 北京: 中国建筑工业出版社.

吴启焰. 2001. 大城市居住空间分异研究的理论与实践. 北京: 科学出版社.

吴松弟. 2014. 近代中国的城市发展与空间分布. 历史地理, (1): 154-167.

吴晓峰, 彭建东. 2012. 基于生态城市理念的"三旧"改造模式研究——以东莞市"三旧"改造为例.
　　城市发展研究, 19(6): 149-152.

仵宗卿, 柴彦威. 1999. 商业活动与城市商业空间结构研究. 地理与地理信息科学, 000(3): 20-24.

仵宗卿, 柴彦威, 戴学珍, 等. 2001. 购物出行空间的等级结构研究——以天津市为例. 地理研究,
　　20(4): 479-488.

武进. 1990. 中国城市形态结构特征及其演变. 南京: 江苏科学技术出版社.

武进, 马清亮. 1990. 城市边缘区空间结构演化的机制分析. 城市规划, (2): 38-42, 64.

郗志群. 2010. 简论民国时期北京城市建设和社会变迁. 北京联合大学学报 (人文社会科学版), (2):
　　57-63.

席广亮, 甄峰. 2014. 基于可持续发展目标的智慧城市空间组织和规划思考. 城市发展研究, (5):
　　102-109.

席广亮, 甄峰, 汪侠, 等. 2014. 南京市居民网络消费的影响因素及空间特征. 地理研究, 33(2): 284-295.

席广亮, 甄峰, 张敏, 等. 2015. 网络消费时空演变及区域联系特征研究——以京东商城为例. 地理科
　　学, 35(11): 1372-1380.

肖作鹏, 柴彦威. 2014. 产权实践视角下单位大院的物质空间演变——以北京化工大院为例. 城市发展
　　研究, 21(4): 105-112.

肖作鹏, 刘天宝, 柴彦威. 2018. 中国单位制度空间范型的探索性分析. 新建筑, 180(5): 38-42.

谢守红, 宁越敏. 2006. 广州市人口郊区化研究——兼与北京、上海的比较. 地域研究与开发, 25(3):
　　116-119.

熊丽芳, 甄峰, 王波, 等. 2013. 基于百度指数的长三角核心区城市网络特征研究. 经济地理, 33(7):

67-73.

熊世伟，葛越峰 . 2000. 跨国公司在上海的区位行为及其空间影响 . 地理科学 , 20(3): 229-235.

熊月之 . 1999. 上海通史 (当代社会卷). 上海 : 上海人民出版社 .

修春亮 . 1998. 对中国城市中心商务区演变规律的初步研究 . 人文地理 , (4): 53-56.

徐卞融，吴晓 . 2010. 基于"居住 - 就业"视角的南京市流动人口职住空间分离量化 . 城市规划学刊 , (5): 87-97.

徐宏亮 . 2009. 上海大都市区制造业郊区化研究 . 上海 : 同济大学 .

徐鹏 . 2016. 大后方城市的黄金期——抗日战争时期成都城市发展研究 . 四川文理学院学报 , 26(4): 98-103.

徐思彦，李正风 . 2014. 公众参与创新的社会网络 : 创客运动与创客空间 . 科学学研究 , 32(12): 1789-1796.

徐向东 . 1996. 建国后北京城市建设方针的演变 . 北京党史研究 , (2): 28-31.

徐永健，阎小培 . 1999. 西方国家城市交通系统与土地利用关系研究 . 城市规划 , 000(11): 38-43, 64.

许宁，尹凌，胡金星 . 2014. 从大规模短期规则采样的手机定位数据中识别居民职住地 . 武汉大学学报 (信息科学版), 39(6): 750-756.

许学强，周素红 . 2003. 20 世纪 80 年代以来我国城市地理学研究的回顾与展望 . 经济地理 , 23(4): 433-440.

许学强，李郇 . 2009. 改革开放 30 年珠江三角洲城镇化的回顾与展望 . 经济地理 , 29(1): 13-18.

许学强，胡华颖，叶嘉安 . 1989. 广州市社会空间结构的因子生态分析 . 地理学报 , 44(4): 385-399.

许学强，周素红，林耿 . 2002. 广州市大型零售商店布局分析 . 城市规划 , 000(7): 23-28.

许学强，周一星，宁越敏 . 2009. 城市地理学 (第二版). 北京 : 高等教育出版社 .

许彦曦，陈凤，濮励杰 . 2007. 城市空间扩展与城市土地利用扩展的研究进展 . 经济地理 , 27(2): 296-301.

薛凤旋 . 2002. 中国城市与城市发展理论的历史 . 地理学报 , 57(6): 723-730.

闫佳晖，万映辰 . 2016. 俄日殖民大连时期的城市规划研究综述 . 大连大学学报 , 37(5): 6-10.

阎小培 . 1994. 信息产业对广州城市发展的影响初探 . 经济地理 , 14(3): 58-64.

阎小培 . 1999. 广州信息密集服务业的空间发展及其对城市地域结构的影响 . 地理科学 , 19(5): 405-410.

阎小培，姚一民 . 1997. 广州第三产业发展变化及空间分布特征分析 . 经济地理 , 17(2): 41-48.

阎小培，许学强，杨轶辉 . 1993. 广州市中心商业区土地利用特征、成因及发展 . 城市问题 , (4): 14-20.

阎小培，周春山，冷勇 等 . 2000. 广州 CBD 的功能特征与空间结构 . 地理学报 , 67(4): 475-486.

阎小培，周春山，邓世文，等 . 2001. 广州市及周边地区商品房的开发与分布 . 地理学报 , 68(5): 569-579.

阎小培，周素红，毛蒋兴 . 2006. 高密度开发城市的交通系统与土地利用——以广州为例 . 北京 : 科学出版社 .

颜文涛，邢忠，张庆 . 2005. 基于 GIS 的旧城改造开发容量的研究——以南阳市旧城更新改造为例 . 土木建筑与环境工程 , 27(6): 6-11.

晏龙旭，张尚武，王德，等 . 2016. 上海城市生活中心体系的识别与评估 . 城市规划学刊 , (6): 65-71.

阳建强 . 2004. 南京古城格局的独特魅力与保护延续 . 城市规划 , (12): 41-46.

阳建强，吴明伟 . 1999. 现代城市更新 . 南京 : 东南大学出版社 .

杨俊宴 . 2013. 城市中心区规划设计理论与方法 . 南京 : 东南大学出版社 .

杨俊宴，史北祥 . 2012. 城市中心区圈核结构模式的空间增长过程研究——对南京中心区 30 年演替的定量分析 . 城市规划 , (9): 29-38.

杨俊宴，史宜 . 2014. 老城中心区的发展演替及动力机制研究——以上海市中心人民广场地区为例 . 城市规划学刊 , (2): 51-59.

杨俊宴,吕传廷,杨明,等.2011.广州城市中心体系规划研究.城市规划,35(10):23-31.

杨俊宴,章飙,史宜.2012.城市中心体系发展的理论框架探索.城市规划学刊,(1):33-39.

杨卡,张小林.2008.大都市郊区新城住区的空间演变与分化——以南京市为例.城市规划,32(5):55-61.

杨荣南,张雪莲.1997.城市空间扩展的动力机制与模式研究.地域研究与开发,16(2):1-4.

杨吾扬.1989.区位论原理——产业、城市和区域的区位经济分析(第一版).兰州:甘肃人民出版社.

杨吾扬.1994.北京市零售商业与服务业中心和网点的过去、现在和未来.地理学报,49(1):9-16.

杨吾扬,梁进社.1987.地域分工与区位优势.地理学报,(3):201-210.

杨永春,曾尊固.2002.兰州市地域结构分析.地理科学,22(4):468-475.

杨振山,孙艺芸.2015.城市收缩现象、过程与问题.人文地理,30(4):6-10.

姚凯,钮心毅.2016.手机信令数据分析在城镇体系规划中的应用实践——南昌大都市区的案例.上海城市规划,(4):91-97.

姚士谋.1998.中国大都市的空间扩展.北京:中国科学技术出版社.

姚士谋,帅江平.1995.城市用地与城市生长——以东南沿海城市扩展为例.北京:中国科学技术出版社.

姚士谋,陈爽,吴建楠,等.2009.中国大城市用地空间扩展若干规律的探索——以苏州市为例.地理科学,29(1):15-21.

姚亦锋.2005.长江下游变迁与南京古城景观的形成.风景园林,(4):67-72.

姚永玲.2011.北京郊区化进程中的"超非均衡"空间结构.经济地理,31(9):1458-1462.

叶昌东,周春山,李振.2012.城市新区开发的供需关系分析.城市规划,36(7):32-37,72.

叶超,柴彦威.2011.城市空间的生产方法论探析.城市发展研究,18(12):86-89.

叶超,柴彦威,张小林.2011."空间的生产"理论、研究进展及其对中国城市研究的启示.经济地理,31(3):409-413.

叶嘉安,徐江,易虹.2006.中国城市化的第四波.城市规划,30(S1):13-18.

叶麒麟.2008.中国单位制度变迁——一种历史制度分析的视角.华东理工大学学报(社会科学版),(4):66-71.

叶玉瑶,张虹鸥.2007.珠江三角洲城市群空间集聚与扩散.经济地理,(5):773-776.

易峥.2004.重庆组团式城市结构的演变和发展.规划师,20(9):33-36.

殷洁,张京祥,罗小龙.2010.重申全球化时代的空间观:后现代地理学的理论与实践.人文地理,(4):12-17.

尹宏程,李孜,海慧.2016.基于旧城更新背景下的工业遗存保护研究——以西安市幸福路地区军工厂为例.住宅科技,36(6):27-32.

于洪俊.1983.试论城市地域结构的均质性.地理学报,50(3):241-251.

于涛方,吴志强.2006."Global Region"结构与重构研究——以长三角地区为例.城市规划学刊,(02):4-11.

于涛方,吴唯佳.2016.单中心还是多中心:北京城市就业次中心研究.城市规划学刊,(3):21-29.

于涛,陈昭,朱鹏宇.2012.高铁驱动中国城市郊区化的特征与机制研究——以京沪高铁为例.地理科学,32(9):1041-1046.

于伟,杨帅,郭敏,等.2012.功能疏解背景下北京商业郊区化研究.地理研究,31(1):123-134.

于文波,王竹,孟海宁.2007.中国的"单位制社区"VS美国的TOD社区.城市规划,31(5):57-61.

虞蔚.1986.城市社会空间的研究与规划.城市规划,(6):25-28.

袁奇峰.2001.21世纪广州市中心商务区(GCBD21)探索.城市规划汇刊,000(4):31-37.

袁也.2003.公共空间视角下的社区规划实施评价——基于上海曹杨新村的实证研究.城市规划学刊,

(2): 87-94.

袁也 . 2013. 公共空间视角下的社区规划实施评价——基于上海曹杨新村的实证研究 . 城市规划学刊 , (2): 87-94.

袁媛 , 许学强 . 2008. 广州市城市贫困空间分布、演变和规划启示 . 城市规划学刊 , (4): 87-91.

袁媛 , 许学强 , 薛德升 . 2007. 广州市 1990-2000 年外来人口空间分布、演变和影响因素 . 经济地理 , 27(2): 250-255.

袁媛 , 吴缚龙 , 许学强 . 2009. 转型期中国城市贫困和剥夺的空间模式 . 地理学报 , 64(6): 753-763.

臧筱珊 . 1983. 宋、明、清代太原城的形成和布局 . 城市规划 , (6): 17-21.

曾思敏 , 陈忠暖 . 2013. 国外网上零售商业空间及其影响效应研究综述 . 人文地理 , (1): 36-42.

曾昭璇 . 1999. 广州历史地理 . 广东 : 广东人民出版社 .

查波 , 季芳 , 王春兰 . 2012. 上海郊区新城人口集聚现状分析 . 统计科学与实践 , 31(10): 23-25.

张兵 . 1993. 关于城市住房制度改革对我国城市规划若干影响的研究 . 城市规划 , 17(4): 11-15, 63.

张兵 . 1995. 我国城市住房空间分布重构 . 城市规划汇刊 , (2): 37-40, 65.

张传勇 , 王丰龙 , 杜玉虎 . 2020. 大城市存量工业用地再开发的问题及其对策 : 以上海为例 . 华东师范大学学报 (哲学社会科学版), (2): 161-171.

张纯 , 柴彦威 . 2009a. 中国城市单位社区的空间演化 : 空间形态与土地利用 . 国际城市规划 , 24(5): 28-32.

张纯 , 柴彦威 . 2009b. 中国城市单位社区的残留现象及其影响因素 . 国际城市规划 , 24 (5): 15-19.

张纯 , 柴彦威 , 陈零极 . 2009. 从单位社区到城市社区的演替 : 北京同仁堂的案例 . 国际城市规划 , 24(5): 33-36.

张鸿雁 , 殷京生 . 2000. 当代中国城市社区社会结构变迁论 . 东南大学学报 : 哲学社会科学版 , 2(4): 32-41.

张建坤 , 冯亚军 , 刘志刚 . 2010. 基于 DPSIR 模型的旧城更新改造可持续评价研究——以南京市秦淮区为例 . 南京农业大学学报社会科学版 , 10(4): 80-87.

张建明 , 许学强 . 1997. 城乡边缘带研究的回顾与展望 . 人文地理 , (3): 9-12, 37.

张捷 , 顾朝林 , 都金康 , 等 . 2000. 计算机网络信息空间 (Cyberspace) 的人文地理学研究进展与展望 . 地理科学 , (4): 368-374.

张京祥 , 胡毅 , 孙东琪 . 2014. 空间生产视角下的城中村物质空间与社会变迁——南京市江东村的实证研究 . 人文地理 , 29(2): 1-6.

张京祥 , 吴缚龙 . 2004. 从行政区兼并到区域管治——长江三角洲的实证与思考 . 城市规划 , (5): 25-30.

张京祥 , 赵丹 , 陈浩 . 2013. 增长主义的终结与中国城市规划的转型 . 城市规划 , (1): 45-50.

张景秋 , 贾磊 , 孟斌 . 2010a. 北京城市办公活动空间集聚区研究 . 地理研究 , 29(4): 675-682.

张景秋 , 陈叶龙 , 张宝秀 . 2010b. 北京市办公业的空间格局演变及其模式研究 . 城市发展研究 , 17(10): 87-91.

张景秋 , 陈叶龙 , 等 . 2012. 城市办公空间 . 北京 : 科学出版社 .

张路峰 . 2006. 生态视野下的北京旧城更新 . 建筑学报 , (4): 40-41.

张梦竹 , 周素红 . 2015. 城市混合土地利用新趋势及其规划控制管理研究 . 规划师 , 31(7): 42-48.

张敏 , 张翔 , 申峻霞 . 2015. 网络消费空间的性质与生产——以淘宝网原创女装店为例 . 地理科学 , 35(8): 960-968.

张娜 , 宁越敏 . 2010. 上海城市边缘区扩展与大都市空间结构演变 . 中国城市研究 , 5(1): 49-58.

张盼盼 , 王美飞 , 何丹 . 2014. 中心城区工业用地退出路径与机制——以上海为例 . 城市观察 , 34(6): 88-96.

张倩 . 2012. 老城空间碎成化和绅士化的调研样本与思索 . 现代城市研究 , 27(6): 72-78.

张润朋，周春山，明立波．2010．紧凑城市与绿色交通体系构建．规划师，26(9)：11-15．

张善余．1999．近年上海市人口分布态势的巨大变化．人口研究，23(5)：16-24．

张水清，杜德斌．2001．上海郊区城市化模式探讨．地域研究与开发，20(4)：22-26．

张庭伟．2001．1990年代中国城市空间结构的变化及其动力机制．城市规划，25(7)：7-14．

张文忠，李业锦．2006．北京城市居民消费区位偏好与决策行为分析——以西城区和海淀中心地区为例．地理学报，61(10)：1037-1045．

张文忠，刘旺，李业锦．2003．北京城市内部居住空间分布与居民居住区位偏好．地理研究，(6)：751-759．

张翔．2008．上海市办公楼布局调整趋势．上海房地，(9)：33-35．

张小林．1996．苏南乡村城市化发展研究．经济地理，16(3)：21-26．

张晓平，刘卫东．2003．开发区与我国城市空间结构演进及其动力机制．地理科学，23(2)：142-149．

张晓平，孙磊．2012．北京市制造业空间格局演化及影响因子分析．地理学报，67(10)：1308-1316．

张秀芹，洪再生．2009．近代天津城市空间形态的演变．城市规划学刊，(6)：93-98．

张雪，柴彦威．2019．北京不同住房来源居民活动——移动模式的社会分异．城市发展研究，26(12)：17-27，2．

张艳，柴彦威．2009．基于居住区比较的北京城市通勤研究．地理研究，28(5)：1327-1340．

张艳，柴彦威．2013a．生活活动空间的郊区化研究．地理科学进展，32(12)：1723-1731．

张艳，柴彦威．2013b．北京现代工业遗产的保护与文化内涵挖掘——基于城市单位大院的思考．城市发展研究，20(2)：23-28．

张艳，柴彦威，周千钧．2009．中国城市单位大院的空间性及其变化：北京京棉二厂的案例．国际城市规划，24(5)：20-27．

张艳，柴彦威，郭文伯．2014．北京城市居民日常活动空间的社区分异．地域研究与开发，33(5)：65-71．

张越，叶高斌，姚士谋．2015．开发区新城建设与城市空间扩展互动研究——以上海、杭州、南京为例．经济地理，(2)：84-91．

赵和生．1999．城市规划和城市发展．南京：东南大学出版社．

赵辉，王东明，谭许伟．2007．沈阳城市形态与空间结构的分形特征研究．规划师，23(2)：81-83．

赵景柱，宋瑜，石龙宇，等．2011．城市空间形态紧凑度模型构建方法研究．生态学报，31(21)：6338-6343．

赵亮．2004．抗日战争时期中国西部城市的发展．成都大学学报（社会科学版），(4)：42-45．

赵民．2003．社区发展规划．北京：中国建筑工业出版社．

赵民，孙忆敏，杜宁，等．2010．我国城市旧住区渐进式更新研究——理论、实践与策略．国际城市规划，(1)：24-32．

赵入坤．2008．"文化大革命"以前中国城市劳动就业问题．当代中国史研究，(4)：41-48，125．

赵童．2000．国外城市土地使用——交通系统一体化模型．经济地理，20(6)：79-83，128．

赵燕菁．2004．空间结构与城市竞争的理论与实践．规划师，(7)：5-13．

赵英魁，张建军，王丽丹，等．2010．沈抚同城区域协作探索——以沈抚同城化规划为例．城市规划，34(3)：85-88．

甄峰．2004．信息时代的区域空间结构．北京：商务印书馆．

甄峰，顾朝林．2002．信息时代空间结构研究新进展．地理研究，21(2)：257-266．

甄峰，刘晓霞，刘慧．2007．信息技术影响下的区域城市网络：城市研究的新方向．人文地理，19(2)：76-80．

甄峰，王波，陈映雪．2012a．基于网络社会空间的中国城市网络特征——以新浪微博为例．地理学报，

67(8): 1031-1043.

甄峰, 翟青, 陈刚, 等. 2012b. 信息时代移动社会理论构建与城市地理研究. 地理研究, 31(2): 197-206.

甄峰, 秦萧, 席广亮. 2015a. 信息时代的地理学与人文地理学创新. 地理科学, 35(1): 12-18.

甄峰, 席广亮, 秦萧. 2015b. 基于地理视角的智慧城市规划与建设的理论思考. 地理科学进展, 34(4): 402-409.

郑从卓, 顾德道, 高光耀. 2013. 我国智慧社区服务体系构建的对策研究. 科技管理研究, 33(9): 53-56.

郑国, 周一星. 2005. 北京经济技术开发区对北京郊区化的影响研究. 城市规划学刊, (6): 27-30, 51.

郑静, 许学强, 陈浩光. 1995. 广州市社会空间的因子生态再分析. 地理研究, 21(2): 15-26.

郑思齐, 符育明, 刘洪玉. 2005. 城市居民对居住区位的偏好及其区位选择的实证研究. 经济地理, 25(2): 194-198.

郑思齐, 刘洪玉. 2005. 住房需求的收入弹性: 模型、估计与预测. 土木工程学报, 38(7): 122-126.

郑思齐, 龙奋杰, 王轶军, 等. 2007. 就业与居住的空间匹配——基于城市经济学角度的思考. 城市问题, (6): 56-62.

郑文晖, 宋小冬. 2009. 全球化下经济空间结构演化趋势的解析. 城市规划学刊, (1): 81-89.

周春山. 2007. 城市空间结构与形态. 北京: 科学出版社.

周春山, 叶昌东. 2013. 中国城市空间结构研究评述. 地理科学进展, 32(7): 1030-1038.

周春山, 边艳. 2014. 1982-2010 年广州市人口增长与空间分布演变研究. 地理科学, 34(9): 1085-1092.

周春山, 刘洋, 朱红. 2006. 转型时期广州市社会区分析. 地理学报, (10): 1046-1056.

周春山, 罗仁泽, 代丹丹. 2015. 2000-2010 年广州市居住空间结构演变及机制分析. 地理研究, 34(6): 1109-1124.

周国华, 贺艳华. 2006. 长沙城市土地扩张特征及影响因素. 地理学报, 61(11): 1171-1180.

周国磊, 李诚固, 张婧, 等. 2015. 2003 年以来长春市城市功能用地演替. 地理学报, 70(4): 539-550.

周建国. 2009. 单位制与共同体: 一种可重拾的美德. 浙江学刊, (4): 174-179.

周江评. 2004. "空间不匹配"假设与城市弱势群体就业问题: 美国相关研究及其对中国的启示. 现代城市研究, (9): 8-14.

周年兴, 俞孔坚, 李迪华. 2004. 信息时代城市功能及其空间结构的变迁. 地理与地理信息科学, 20(2): 69-72.

周尚意. 2004. 英美文化研究与新文化地理学. 地理学报, 59(z1): 162-166.

周尚意, 李新, 董蓬勃. 2003. 北京郊区化进程中人口分布与大中型商场布局的互动. 经济地理, 23(3): 333-337.

周尚意, 杨鸿雁, 孔翔. 2011. 地方性形成机制的结构主义与人文主义分析——以 798 和 M50 两个艺术区在城市地方性塑造中的作用为例. 地理研究, 30(9): 1566-1576.

周素红. 2015a. 时空关联视角下城市空间结构研究的几个思考 // 柴彦威. 时空间行为研究前沿. 南京: 东南大学出版社: 56-68.

周素红. 2015b. 规划管理必须应对众包、众筹、众创的共享理念. 城市规划, 39(12): 96-97.

周素红, 闫小培. 2005. 城市居住-就业空间特征及组织模式——以广州市为例. 地理学报, 25(6): 664-670.

周素红, 闫小培. 2006. 广州城市居住—就业空间及对居民出行的影响. 城市规划, 000(5): 13-18.

周素红, 邓丽芳. 2010. 基于 T-GIS 的广州市居民日常活动时空关系. 地理学报, (12): 1454-1463.

周素红, 刘玉兰. 2010. 转型期广州城市居民居住与就业地区位选择的空间关系及其变迁. 地理学报, 65(2): 191-201.

周素红, 杨文越. 2012. 广州市跨江大桥建设对城市空间发展的影响. 现代城市研究, 27(1): 72-78.

周素红, 林耿, 闫小培. 2008. 广州市消费者行为与商业业态空间及居住空间分析. 地理学报, 63(4): 395-404.

周素红, 周锐波, 吴志东. 2011. 快速城市化下的城中村改造与村社转型. 广州: 中山大学出版社.

周素红, 郝新华, 柳林. 2014. 多中心化下的城市商业中心空间吸引衰减率验证–深圳市浮动车 GPS 时空数据挖掘. 地理学报, 69(12): 1810-1820.

周素红, 裴亚新. 2016. 众创空间的非正式创新联系网络构建及规划应对. 规划师, 32(9): 11-17.

周霞. 2005. 广州城市形态演进. 北京: 中国建筑工业出版社.

周一星. 1992. 论中国城市发展的规模政策. 管理世界, 1992(6): 160-165.

周一星. 1995. 城镇郊区化和逆城镇化. 城市, (4): 7-10.

周一星. 1996. 北京的郊区化及引发的思考. 地理科学, 16(3): 198-206.

周一星. 2004. 就城市郊区化的几个问题与张骁鸣讨论. 现代城市研究, (6): 8-12.

周一星, 史育龙. 1995. 建立中国城市的实体地域概念. 地理学报, (4): 289-301.

周一星, 孟延春. 1997. 沈阳的郊区化——兼论中西方郊区化的比较. 地理学报, 52(4): 289-299.

周一星, 孟延春. 1998. 中国大城市的郊区化趋势. 城市规划学刊, 000(3): 22-27.

朱竑, 钱俊希, 封丹. 2010. 空间象征性意义的研究进展与启示. 地理科学进展, 29(6): 643-648.

朱军献. 2011. 郑州城市规划与空间结构变迁研究 (1906-1957). 城市规划, 35(8): 44-48.

朱寿佳, 甄峰, 曹阳, 秦萧. 2016. 基于智能手机移动调查的校园活动空间评价. 规划师, (12): 105-108.

朱玮, 王德, TiMMerMans H. 2009. 多代理人系统在商业街消费者行为模拟中的应用: 以上海南京东路为例. 地理学报, 64(4): 445-455.

朱一中, 曹裕. 2011. 基于 PSR 模型的广东省城市土地集约利用空间差异分析. 经济地理, 31(8): 1375-1380.

朱哲学, 张康. 2013. 近代武汉城市空间结构的变迁. 武汉文史资料, (10): 57-60.

Aase T H. 1994. Symbolic space: representations of space in geography and anthropology. Geografiska Annaler, 76(1): 51-58.

Abbott J. 2002. An analysis of informal settlement upgrading and critique of existing methodological approaches. Habitat International, 26(3): 303-315.

Aldrich F K. 2003. Smart Homes: Past, Present and Future//Harper R. Inside the Smart Home. London: Springer: 17-39.

Alonso W. 1964. Location and Land Use: Toward a General Theory of Land Rent. Cambridge: Harvard University Press.

Anderson T E, Melchior A. 1995. Assessing telecommunications technology as a tool for urban community building. Journal of Urban Technology, 3(1): 29-44.

Bailly A S. 1995. Producer services research in Europe. Professional Geographer, 47(1): 70-74.

Baldwin R E. 1999. Agglomeration and endogenous capital. European Economic Review, 43(2): 253-280.

Becker R A, Caceres R, Hanson K, et al. 2011. A tale of one city: Using cellular network data for urban Planning. IEEE Pervasive Computing, 10(4): 18-26.

Bellandi M. 1996. Innovation and change in the Marshallian industrial district. European Planning Studies, 4(3): 357-368.

Bjorklund E M. 1986. The Danwei: Socio-spatial characteristics of work units in China's urban society. Economic Geography, 62(1): 19-29.

215

Bourne L S. 1982. Internal Structure of the City. 2nd ed. Oxford: Oxford University Press.

Bray D. 2005. Social Space and Governance in Urban China: The Danwei System from Origins to Reform. Stanford : Stanford University Press.

Buechley R W, Shevky E, Bell W. 1956. Social area analysis. Journal of the American Statistical Association, 51(273): 195.

Burgess E W. 1925. The growth of the city//Park R E, Burgess E W, Mckenzie R D. The City. Chicago: The University of Chicago.

Campo K, Gijsbrechts E, Goossens T, et al. 2000. The impact of location factors on the attractiveness and optimal space shares of product categories. International Journal of Research in Marketing, 17(4): 255-279.

Castells M. 1989. The Informational City: Informational Technology, Economic Restructuring and the Urban-Regional Process. Oxford: Blackwell.

Castells M. 1996. The Rise of the Network Society: The Information Age, Economy, Society, and Culture. Oxford: Black-Well Publishers.

Chai Y. 1996. The internal structure of a city in Chinese arid areas: A case study of Lanzhou, Gansu Province. Chinese Journal of Arid Land Research, 9(3): 169-180.

Chai Y. 2013. Space-time behavior research in china: Recent development and future prospect. Annals of the Association of American Geographers, 103(103): 1093-1099.

Chai Y. 2014. From socialist danwei to new danwei: A daily-life-based framework for sustainable development in urban China. Asian Geographer, 31(2): 183-190.

Cosgrove D, Jackson P. 1987. New directions in cultural geography. Area, 19(2): 95-101.

Davie M R, Gallion A B, Eisner S. 1950. The urban pattern: City planning and design. American Sociological Review, 15(6).

Davies K, Sparks L. 1989. The development of superstore retailing in Great Britain 1960-1986: Results from a new database. Transactions of the Institute of British Geographers, 14(1): 74-89.

Dawson J A. 1980. Retail Geography . London: Croom Helm.

Deng F F. Huang Y. 2004. Uneven land reform and urban sprawl in China: The case of Beijing. Progress in Planning, 61(3): 211-236.

Dixit A K, Stiglitz J E. 1977. Monopolistic competition and optimum product diversity. The American Economic Review, 67(3): 297-308.

Feng J, Zhou Y, Wu F. 2008. New trends of suburbanization in Beijing since 1990: From government-led to market-oriented. Regional Studies, 42(1): 83-99.

Foley D L. 1964. An approach to metropolitan spatial structure//Webber M M. Explorations into Urban Structure. Philadelphia: University of Pennsylvania Press: 21-78.

Fotheringham A S, Trew R. 1993. Chain image and store-choice modeling: The effects of income and race. Environment & Planning A, 25(2): 179-196.

Friedmann J. 1986. The world city hypothesis. Development & Change, 17(1): 69-83.

Gottdiener M, Hutchison R. 2011. The New Urban Sociology. Boulder: Westview Press.

Graham S, Marvin S. 1996. Telecommunications and the City: Electronic Spaces, Urban Places. London: Routledge.

Graham S, Marvin S. 2001. Splintering Urbanism: Networkedinfrastructures, Technological Mobilities and the Urban Condition. London: Routledge.

Graham S, Marvin S. 2002. Telecommunications and the City: Electronic Spaces, Urban Places. London: Routledge.

Graham S. 1999. Towards urban cyberspace planning: grounding the global through urban telematics policy and planning//Downey J, Mc Guigan J. Technocities. London: Sage.

Gu C, Chan R C K, Liu J, et al. 2006. Beijing's social-spatial restructuring: Immigration and social transformation in the epoch of national economic reformation. Progress in Planning, 66: 249-310.

Hägerstrand T. 1970. What about people in regional science?. Papers of the Regional Science Association, 24(1): 6-21.

Harris C D, Ullman E l. 1945. The nature of cities. The Annals of the American Academy of Political and Science, (242): 7-17.

Harvey D. 1989. The Condition of Postmodernity: An Enquiry into the Origins of Cultural Change. Oxford: Black well, 240-244.

Harvey D. 1990. Between space and time: Reflections on the geographical imagination. Annals of the Association of American Geographers, 80(3): 418-434.

Harvey D. 2000. Space of hope . Berkeley, C A: University of California Press.

Hesse M. 1995. Urban space and logistics: on the road to sustainability?. World Transport Policy and Practice, 1(4): 39-45.

Hoyt H. 1939. The Structure and Growth of Residential Neighborhoods in American Cities. Washington DC: Government Printing Office.

Huang Y, Jiang L. 2009. Housing inequality in transitional Beijing. International Journal of Urban and Reginal Research, 33(4): 936-956.

Huang Y. 2004. Housing markets, government behaviors, and housing choice: a case study of three cities in China. Environment & Planning A, 36(1): 45-68.

Hudson-Smith A, Batty M, Crooks A, Milton R. 2009. Mapping for the Masses Accessing Web 2.0 Through Crowdsourcing. Social Science Computer Review, 27(4): 524-538.

Jackson P. 1989. Maps of Meaning: An Introduction to cultural geography. London: Unwin Hyman.

Jameson F. 1991. Postmodern, or the Cultural Logic of Late Capitalism . Durhan: Duke University Press.

Janelle, D G. 1969. Spatial reorganization: a model and a concept . Annals of the Association of American Geographers, 59 (2): 348-364.

Jones K G, Simmons J W. 1987. Location, Location, Location: Analysing the Retail Environment. London: Methuen.

Kitchin R. 2014. The real-time city? big data and smart urbanism. GeoJournal, 79 (1): 1-14.

Kwan M. 2004. GIS methods in time-geographic research: Geocomputation and geovisualization of human activity patterns. Geografiska Annaler, 86(4): 267-280.

Lefebvre H. 1991. The Production of Space. Oxford: Blackwell.

Lindtner S, Li D. 2012. Created in China: the makings of China's hackerspace community. Interaction, 19(6): 18-22.

Liu T, Chai Y. 2015. Daily life circle reconstruction: A scheme for sustainable development in urban China. Habitat International, 50: 250-260.

Liu W, Hou Q. 2016. Excess commuting in transitional urban China: A case study of Guangzhou. Chinese Geographical Science, 26(5): 599-608.

Liu Z, Chai Y. 2013. Danwei, family ties, and residential mobility of urban elderly in Beijing//Besharov D J,

Baehler K. Chinese Social Policy in a Time of Transition. Oxford: Oxford University Press: 196.

Lu D. 2006. Remaking Chinese Urban Form: Modernity, Scarcity and Space, 1949-2005. London: Routledge.

Malecki E J. 2002. The Internet: A preliminary analysis of its evolving economic geography. Economic Geography, 78(4): 399-424.

Marshall A. 1920. Principles of Economics: an Introductory Volume. London: Macmillan.

Martin P, Ottaviano G I P. 2001. Growth and agglomeration. CEPR Discussion Papers, 42(4): 947-968.

Mills E S. 1967. An aggregative model of resource allocation in a metropolitan area. American Economic Review, 57: 197-210.

Moss M L, Wardrip-Fruin N, Harrigan P. 1999. New York city web guides: an in-depth analysis of New York City's web presence. New York: Taub Urban Research Center, New York University.

Murphy R E. 1974. The central business district: A study in urban geography. Geografiska Annaler, 26(4): 448-460.

Murphy R E., Vance J E. 1954a. A comparative study of nine central business districts. Economic Geography, 30(4): 301-336.

Murphy R E, Vance J E. 1954b. Delimiting the CBD. Economic Geography, 30(3): 189-222.

Muth R F. 1969. Cities and Housing. Chicago: University of Chicago Press.

Neda K. 1997. Recent trends on the retail location in the urban retailing system: A case study of Kushiro, Hokkaido. Geography Review in Japan, 79(1): 41-56.

Nong Y, Zhou S, Liu L, et al. 2019. Structural cities: Delimiting commercial centre boundaries and their hierarchical characteristics in urban China based on GPS -enabled taxi data. Journal of Planning Education and Research, 39(3): 345-359.

Nonnecke B, Andrews D, Preece J. 2006. Non-public and public online community participation: Needs, attitudes and behavior. Electronic Commerce Research, 6(1): 7-20.

O'Brien, 1991. Global financial integration: The end of geography . London: Printer.

O'Neil D. 2013. Assessing community informatics: A review of methodological approaches for evaluating community networks and community technology centers. Internet Research, 12(12): 76-102.

Pahl R E. 1968. Readings in Urban Sociology. London: Pergamon Press.

Puglisi L P. 1999. Hyper Architecture: Spaces in the Electronic Age. Berlin: Birkhauser.

Relph E. 1976. Place and Placelessness . London: Pion.

Sauer C O. 1925. The morphology of landscape . University of California Publications in Geography, (2): 19-54.

Schön D, Sanyal B, Mitchell W J. 1998. The city of bits hypothesis//High Technology and Low-Income Communities: Prospects for the Positive Use of Advanced Information Technology. Cambridge, MA: MIT Press: 105-129.

Schwanen T, Kwan M P. 2008. The internet, mobile phone and space-time constraints. Geoforum, 39(3): 1362-1377.

Servon L J, Nelson M K. 2001. Community Technology Centers: Narrowing the Digital Divide in Low-Income, Urban Communities. Journal of Urban Affairs, 23(23): 279-290.

Shaw S L, Yu H. 2009. A GIS-based time-geographic approach of studying individual activities and interactions in a hybrid physical-virtual space. Urban Planning International, 17(2): 141-149.

Shevky E, Williams M. 1949. The Social Areas of Los Angeles. Berkeley: The University of California Press.

Soja E W. 1996. Thirdspace: Journeys to Los Angeles and Other Real-And-Imagined Places. Oxford: Blackwell.

Stansfield C A, Rickert J E. 1970. The Recreational Business District. Journal of Leisure Research, 2(4): 213-225.

Tuan Y F. 1977. Space and Place: the Perspective of Experience. Minneapolis: University of Minnesota Press.

Tuan Y F. 1974. Topophilia: A Study of Environmental Perception Attitudes and Values. Cambridge: Cambridge University Press.

Urry J. 2008. Moving on the mobility turn//Canzler W, Kaufmann V, Kesselring S. Tracing Mobilities: Towards Acosmopolitan Perspective in Mobility Research. UK: Ashgate.

Walder A G. 1983. Organized dependency and cultures of authority in Chinese industry. Journal of Asian Studies, 43(1): 51-76.

Wang D, Chai Y. 2009. The jobs-housing relationship and commuting in Beijing, China: the legacy of Danwei. Journal of Transport Geography, 17: 30-38.

Wang E, Song J, Xu T. 2011. From "spatial bond" to "spatial mismatch": An assessment of changing jobs-housing relationship in Beijing. Habitat International, 35(2): 398-409.

Webber M M. 1964. Exploration into Urban Structure. Philadelphia: University of Pennsylvania Press.

Wellman B. 2001. Computer networks as social networks. Science, 293(5537): 2031-2034.

Weltevreden J W. 2007. Substitution or complementarity? How the Internet changes city centre shopping. Journal of Retailing and Consumer Services, 14(3): 192-207.

Wilkinson T O. 1960. Urban structure and industrialization. American Sociological Review, 25(3): 356-363.

Williams D R, Patterson M E, Roggenbuck J W, et al. 1992. Beyond the commodity metaphor: examining emotional and symbolic attachment to place. Leisure Sciences, 14(1): 29-46.

Williams M R, Hall J C. 2015. Hackerspaces: A case study in the creation and management of a common pool resource. Journal of Institutional Economics, 11(4): 769-781.

Wu W. 2002. Migrant housing in urban China choices and constraints. Urban Affairs Review, 38(1): 90-119.

Weber A. 1909. Über den Standort der Industrien. London: Forgotten Books.

Xiao Z, Liu T, Chai Y, et al. 2020. Corporate-run society: The practice of the danwei system in Beijing during the planned economy period. Sustainability, 12: 1338.

Yan X, Liu L, Zhou S, et al. 2013. The pluralization and government-planned mechanism of the central business district in Shenzhen , China//Yeh Go, Yang F F. Producer Services in China. New York: Routledge, 290-313.

Zhang X, Wang J, Kwan M P, ct al. 2018. Reside nearby, behave apart? Activity-space-based segregation among residents of various types of housing in Beijing, China. Cities, 88, 166-180.

Zhao P, Lu B, Linden G J J. 2009. The effects of transport accessibility and jobs-housing balance on commuting time: Evidence from Beijing. International Planning Studies, 14(1): 65-83.

Zheng Z, Zhou S. 2017. Scaling laws of spatial visitation frequency: Applications for trip frequency prediction. Computers, Environment and Urban Systems, 64: 332-343.

Zhou S, Deng L, Kwan M P, et al. 2015. Social and spatial differentiation of high and low income groups' out-of-home activities in Guangzhou, China, Cities, 45: 81-90.

Zhou Y. 1997. On the suburbanization of Beijing. Chinese Geographical Science, 7(3): 208-219.

Zook M A. 2000. The web of production: The economic geography of commercial Internet content production in the United States. Environment and Planning A, 32: 411-426.

索　引

虚实空间互动耦合　178, 179

Y

演化模式　8, 80
有机更新　106, 109

Z

职住空间错位　166, 174
制度转向　14, 15
智慧社区　47, 190, 191

智能化出行　181
智能技术　176, 177, 178, 179, 180, 186, 188
中国城市郊区化模式　166
中心商业高度指数　11, 60
中心商业强度指数　11, 60
众创空间　17, 34, 35, 43, 187, 188
主动郊区化　170
总体形态格局　97

CBD（central business district）　58